电气控制与 PLC 应用
（三菱型）

杨　征　韩慧敏　主编

U0241498

中国纺织出版社

内 容 提 要

本书从实际工程和教学需要出发，采用项目化、理实一体化、任务驱动等先进的教学方法，以"工学结合，项目引导，教学做一体化"为原则编写。本书主要介绍了电动机常用控制电路的安装与调试、典型机床电气控制电路的安装调试与检修、PLC基本逻辑指令及其应用、PLC步进顺控指令及其应用、PLC功能指令及其应用。每个章节后都附有相应的思考与练习题，帮助学生随时检查学习效果。

本书在编写过程中，重点突出实用性和适用性，由浅入深、层次清楚、易于理解、掌握。本书适用于各类学校电气专业、机电一体化专业、自动化专业、测控等专业选作教材和学习参考书，也可作为广大工程技术人员的参考书。

图书在版编目（CIP）数据

电气控制与 PLC 应用：三菱型／杨征，韩慧敏主编
. --北京：中国纺织出版社，2019.3（2021.7重印）
　ISBN 978-7-5180-5679-8

　Ⅰ. ①电…　Ⅱ. ①杨…　②韩…　Ⅲ. ①电气控制②
PLC 技术　Ⅳ. ①TM571.2②TM571.61

中国版本图书馆 CIP 数据核字(2018)第 264260 号

策划编辑：符　芬　　责任校对：寇晨晨
责任印制：何　建

中国纺织出版社出版发行
地址：北京市朝阳区百子湾东里 A407 号楼　邮政编码：100124
销售电话：010—67004422　传真：010—87155801
http://www.c-textilep.com
中国纺织出版社天猫旗舰店
官方微博 http://weibo.com/2119887771
北京虎彩文化传播有限公司印刷　　各地新华书店经销
2019 年 3 月第 1 版　2021 年 7 月第 3 次印刷
开本：787×1092　1/16　印张：18.25
字数：290 千字　定价：80.00 元

前　言

随着科学技术的发展，电气控制技术已发展到了一定的高度，其内容发生了很大变化，有些传统技术已被淘汰；但其基础理论部分对任何先进的控制系统来说仍是必不可少的。PLC 的出现取代了继电器—接触器逻辑控制系统，它是当今电气自动化领域中不可替代的重要控制器件。为了适应本科课程改革的需要，本书对传统的"工厂电气控制技术"和"PLC 原理及应用"两门课程的内容进行了有机的整合，力求突出教育的岗位性、技能性和实践性等特点。

本教材共分为五个模块，具体内容涉及电动机常用控制电路的安装与调试，典型机床电气控制电路的安装调试与检修，PLC 基本逻辑指令及其应用，PLC 步进顺控指令及其应用，PLC 功能指令及其应用。

本教材根据本科"电气控制与 PLC 应用"课程教学大纲，结合国防工业本科教育特点，本着"重视基础知识，理论够用为度，突出技能培训，重在工程应用"的原则编写而成。本书在内容上，既注意反映电气控制领域的新技术，又注意照顾本科学生的知识、能力结构，强调理论联系实际，注重培养学生分析和解决实际问题的能力、工程设计能力和创新能力。在精选传统电器及继电器—接触器控制内容的基础上，增加了智能电器的内容。可编程序控制器以当今最为流行的三菱系列机型为对象进行介绍，突出了工程控制常用的特殊功能模块和联网通信等内容，具有很强的实用性，力求保证基础、体现先进、加强应用。

本教材在编写过程中参阅了很多优秀专家的大量资料，受益匪浅，在此一并向他们表示由衷的敬意和诚挚的谢意。

由于编者水平有限，编写时间仓促，书中难免存在纰漏与不足之处，恳请读者批评指正。

编　者
2018 年 5 月

目 录

模块一　电动机常用控制电路的安装与调试

项目一
电动机的点动控制电路的分析与安装

一、任务导入

图 1-1 所示为三相异步电动机的手动控制电路。当合上刀开关 Q 时,电动机运行;当断开刀开关 Q 时,电动机停止运行。此电路虽然简单,但由于刀开关不宜带负载操作,在电路中仅起隔离电源的作用。因此,在频繁启动、停止的场合,使用这种手动控制方法既不方便,也不安全,而且还不能进行远距离自动控制。那么,如何才能实现既方便又安全的自动控制呢? 这就需要采用按钮和接触器来进行控制。

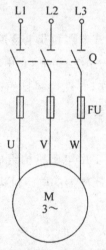

图 1-1　三相异步电动机的手动控制电路

二、相关知识

在电能的生产、输送、分配和使用中,起着控制、调节、检测、转换及保护作用的所有电工器械,简称为电器。我国现行标准将工作在交流 50Hz、额定电压 1200V 及以下和直流额定电压 1500V 及以下电路中的电器称为低压电器。

学习情境 1　低压电器的基本知识

低压电器种类繁多,它作为基本元器件已广泛用于发电厂、变电所、工矿企业、交通运输和国防工业等电力输配电系统和电力传动控制系统中。

(一)低压电器的分类

低压电器的品种、规格很多,作用、构造及工作原理各不相同,因而有多种分类方法。

1.按用途分

低压电器按它在电路中所处的地位和作用可分为控制电器和配电电器两大类。控制电器是指电动机完成生产机械要求的启动、调速、反转和停止等动作所用的电器;配电电器是指正常或事故状态下接通或断开用电设备和供电电网所用的电器。

2.按动作方式分

低压电器按它的动作方式可分为自动电器和手动电器两大类。前者是依靠自身参数的变化或外来信号的作用,自动完成接通或分断等动作;后者主要是需要操作人员用手直接操作来进行切换。

3.按有无触头分

低压电器按有无触头可分为有触头电器和无触头电器两大类。有触头电器有动触头和静触头之分,利用触头的合与分来实现电路的通与断;无触头电器没有触头,主要利用晶体管的导通与截止来实现电路的通与断。

4.按工作原理分

低压电器按工作原理可分为电磁式电器和非电量控制电器两大类。电磁式电器由感受部分(即电磁机构)和执行部分(即触头系统)组成,它由电磁机构控制电器动作,即由感受部分接受外界输入信号,使执行部分动作,实现控制目的;非电量控制电器由非电磁力控制电器触头的动作,如行程开关、速度继电器等。

(二)低压电器的基本结构

低压电器自动电器的感受部分大多由电磁机构组成;手动电器的感受部分通常为电器的操作手柄。下面简单介绍电磁式低压电器的电磁机构和触头系统。

1.电磁机构

电磁机构一般由线圈、铁心及衔铁等几部分组成。

按流过线圈的电流种类分,有交流电磁机构和直流电磁机构;按电磁机构的形状分,有E形和U形两种;按衔铁的运动形式分,有拍合式和直动式两大类,如图1-2所示。

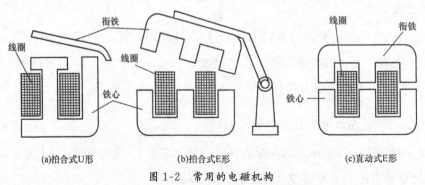

图1-2 常用的电磁机构

（1）铁心。交流电磁机构和直流电磁机构的铁心（衔铁）有所不同，直流电磁铁由于通入的是直流电，其铁心不发热，只有线圈发热，因此线圈和铁心接触以利于散热，线圈形状做成无骨架、瘦高型，以改善自身的散热。

交流电磁铁由于通入的是交流电，铁心中存在磁滞损耗和涡流损耗，线圈和铁心都发热，所以交流电磁铁的线圈有骨架，使铁心和线圈隔离并将线圈制成短而厚的矮胖型，以利于铁心和线圈的散热。铁心用硅钢片叠加而成，以减少涡流损耗。

（2）线圈。线圈是电磁机构的心脏，按接入线圈电源种类的不同，可分为直流线圈和交流线圈。根据励磁的需要，线圈可分为串联和并联两种，前者称为电流线圈，后者称为电压线圈。

（3）工作原理。当线圈中有工作电流通过时，通电线圈产生磁场，于是电磁吸力克服弹簧的反作用力使衔铁与铁心闭合，由连接机构带动相应的触头动作。

（4）短路环的作用。当线圈中通以直流电时，气隙磁场感应强度不变，直流电磁铁的电磁吸力为恒值。当线圈中通以交流电时，气隙磁场感应强度为交变量，交流电磁铁的电磁吸力在 0 和最大值之间变化，会产生剧烈的振动和噪声，因此交流电磁机构一般都有短路环。如图 1-3 所示，其作用是将磁通分相，使合成后的电磁吸力在任一时刻都大于反力，并且能消除振动和噪声。

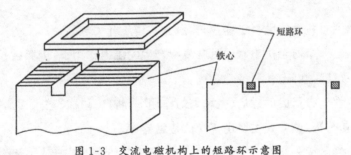

图 1-3　交流电磁机构上的短路环示意图

2.触头系统

触头是用来接通或断开电路的，其结构形式有很多种。下面介绍常见的几种分类方式。

（1）按其接触形式分。触头按其接触形式可分为点接触型、面接触型和线接触型 3 种，如图 1-4 所示。

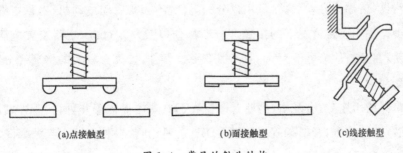

(a)点接触型　　(b)面接触型　　(c)线接触型

图 1-4　常见的触头结构

点接触型允许通过的电流较小,常用于继电器电路或辅助触头。面接触型和线接触型允许通过的电流较大,常用于大电流的场合,如刀开关、接触器的主触头等。

(2)按控制的电路分。触头按控制的电路可分为主触头和辅助触头。主触头用于接通或断开主电路,允许通过较大的电流。辅助触头用于接通或断开控制电路,只允许通过较小的电流。

(3)按原始状态分。触头按原始状态可分为常开触头和常闭触头。当线圈不带电时,动、静触头是分开的,称为常开触头;当线圈不带电时,动、静触头是闭合的,称为常闭触头。

3.电弧的产生与熄灭

(1)电弧的产生。在动、静触头分开瞬间,因两触头间距极小,电场强度极大,在高热及强电场的作用下,金属内部的自由电子从阴极表面逸出,奔向阳极。

这些自由电子在电场中运动时撞击中性气体分子,使之激励和游离,产生正离子和电子,这些电子在强电场作用下继续向阳极移动,同时撞击其他中性分子。因此,在触头间隙中产生了大量的带电粒子,使气体导电形成了炽热的电子流即电弧。电弧产生高温并有强光,可将触头烧损,并使电路的切断时间延长,严重时可引起事故或火灾。

(2)电弧的分类。电弧分直流电弧和交流电弧,交流电弧有自然过零点,故其电弧较易熄灭。

(3)灭弧的方法。

①机械灭弧:通过机械将电弧迅速拉长,该方式用于开关电路。

②磁吹灭弧:在一个与触头串联的磁吹线圈产生的磁力作用下,电弧被拉长且被吹入由固体介质构成的灭弧罩内,电弧被冷却熄灭。

③窄缝灭弧:在电弧形成的磁场、电场力的作用下,将电弧拉长进入灭弧罩的窄缝中,使其分成数段并迅速熄灭,该方式主要用于交流接触器中。

④栅片灭弧:当触头分开时,产生的电弧在电场力的作用下被推入一组金属栅片而被分成数段,彼此绝缘的金属片相当于电极,因而就有许多阴阳极压降,对交流电弧来说,在电弧过零时使电弧无法维持而熄灭,交流电器常用栅片灭弧。

学习情境 2　低压断路器

低压断路器(俗称为自动开关)可用以分配电能、不频繁启动电动机、对供电线路及电动机等进行保护。用于正常情况下的接通和分断操作以及严重过载、短路及欠电压等故障时自动切断电路,在分断故障电流后,一般不需要更换零件,且具有较大的接通和分断能力,因而获得了广泛应用。

低压断路器按用途分,有配电(照明)、限流、灭磁、漏电保护等几种;按动作时间分,有一般型和快速型;按结构分,有框架式(万能式 DW 系列)和塑料外壳式(装置式 DZ 系列),其实物图如图 1-5 所示。

(a)DW15系列万能式断路器　　　(b)DZ20系列塑料外壳式断路器

图 1-5　各类断路器

低压断路器的型号含义及图形、文字符号如图1-6所示。

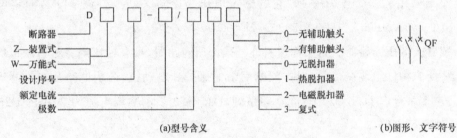

(a)型号含义　　　　　　　　　　(b)图形、文字符号

图 1-6　低压断路器的型号含义及图形、文字符号

1.结构

低压断路器主要由触头系统、灭弧装置、保护装置、操作机构等组成。低压断路器的触头系统一般由主触头、弧触头和辅助触头组成。灭弧装置采用栅片灭弧方法,灭弧栅一般由长短不同的钢片交叉组成,放置在由绝缘材料组成的灭弧室内,构成低压断路器的灭弧装置。保护装置由各类脱扣器(过电流、欠电压、失电压及热脱扣器等)构成,以实现短路、欠电压、失电压、过载等保护功能。低压断路器有较完善的保护装置,但构造复杂,价格较贵,维修麻烦。

2.工作原理

低压断路器的工作原理如图1-7所示。

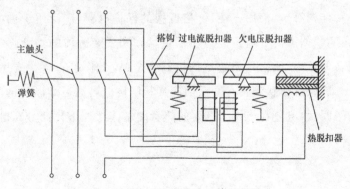

图 1-7　低压断路器的工作原理图

图中低压断路器的 3 个主触头串联在被保护的三相主电路中,由于搭钩钩住弹簧,使主触头保持闭合状态。当线路正常工作时,过电流脱扣器中线圈所产生的吸力不能将它的衔铁吸合。当线路发生短路时,过电流脱扣器的吸力增加,将衔铁吸合,并撞击杠杆把搭钩顶上去,在弹簧的作用下切断主触头,实现了短路保护。线路上电压下降或失去电压时,欠电压、失电压脱扣器的吸力减小或失去吸力,衔铁被弹簧拉开,撞击杠杆把搭钩顶开,切断主触头,实现了失电压、欠电压保护。当线路过载时,热脱扣器的双金属片受热弯曲,也把搭钩顶开,切断主触头,实现了过载保护。

3. 常用低压断路器

(1)万能式低压断路器。它又称敞开式低压断路器,具有绝缘衬底的框架结构底座,所有的构件组装在一起,用于配电网络的保护。主要型号有 DW10 和 DW15 两个系列,目前在工厂、企业最常用的是 DW10 系列,它的额定电压为交流 380V、直流 440V,额定电流有 200A、400A、600A、1000A、1500A、2500A 及 4000A 共 7 个等级。

(2)装置式低压断路器。它又称塑料外壳式低压断路器,具有模压绝缘材料制成的封闭型外壳,将所有构件组装在一起,用作配电网络的保护和电动机、照明电路及电热器等的控制开关。主要型号有 D25、DZ10、D220 等系列,D25-20 表示额定电流为 20A 的 D25 系列塑料外壳式低压断路器。

4. 选型

(1)低压断路器的额定电流和额定电压应大于或等于线路、设备的正常工作电压和工作电流。

(2)低压断路器的极限通断能力应大于或等于电路最大短路电流。

(3)欠电压、失电压脱扣器的额定电压等于线路的额定电压。

(4)过电流脱扣器的额定电流大于或等于线路的最大负载电流。

学习情境 3　熔断器

1. 熔断器的工作原理和保护特性

熔断器是一种结构简单、使用方便、价格低廉的保护电器,广泛用于供电线路和电气设备的短路保护,其实物如图 1-8 所示。熔断器由熔体和安装熔体的熔断管(或座)等部分组成。熔体是熔断器的核心,通常用低熔点的铅锡合金、锌、铜、银的丝状或片状材料制成,新型的熔体通常设计成灭弧栅状和具有变截面的片状结构。当通过熔断器的电流超过一定数值并经过一定的时间后,电流在熔体上产生的热量使熔体某处熔化而分断电路,从而保护了电路和设备。

(a)插入式熔断器　　(b)螺旋式熔断器　　(c)半导体器件保护用熔断器

图 1-8　熔断器实物图

熔断器熔体熔断时的电流值与熔断时间的关系称为熔断器的保护特性曲线,也称为熔断器的安—秒特性,如图 1-9 所示。

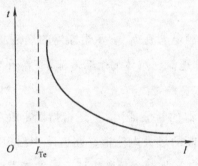

图 1-9　熔断器的安—秒特性

由特性曲线可以看出,流过熔体的电流越大,熔断所需的时间越短。熔体的额定电流 I_{Te} 是熔体长期工作而不致熔断的电流。

熔断器的型号含义和图形、文字符号如图 1-10 所示。

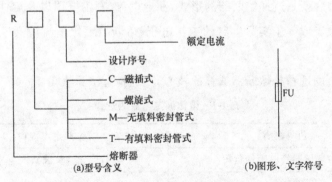

(a)型号含义　　　　　　　　　　　(b)图形、文字符号

图 1-10　熔断器的型号含义和图形、文字符号

2.特点及用途

低压熔断器按形状可分为管式、插入式和螺旋式等;按结构可分为半密封插入式、无填料密封管式和有填料密封管式等。

在电气控制系统中经常选用螺旋式熔断器,它有明显的分断指示,不用任何工具就可取下或更换熔体。

RLS2 系列是快速熔断器,用以保护半导体硅整流器件及晶闸管,可取代老产品 RLSI 系列。

RT12、RT15 等系列是有填料密封管式熔断器,瓷管两端铜帽上焊有连接板,可直接安装在母线排上。RT12、RT15 系列带有熔断指示器,熔断时红色指示器弹出。

RT14 系列熔断器带有撞击器,熔断时撞击器弹出,既可作熔断信号指示,也可触动微动开关以切断接触器线圈电路,使接触器断电,实现三相电动机的断相保护。

3. 主要参数

低压熔断器的主要参数如下。

(1)额定电压。指熔断器长期工作时和分断后能够承受的电压,其值一般等于或大于电气设备的额定电压。

(2)额定电流。熔断器的额定电流 I_{ge} 表示熔断器的规格。熔体的额定电流 I_{Te} 表示熔体在正常工作时不熔断的工作电流。熔体的熔断电流 I_b 表示使熔体开始熔断的电流,它与熔体额定电流的关系为:$I_b > (1.3 \sim 2.1)I_{Te}$。

(3)极限分断能力。熔断器的断流能力 I_d 是指熔断器在规定的额定电压和功率因数(或时间常数)的条件下,能分断的最大电流值。在电路中出现的最大电流值一般指短路电流值,所以极限分断能力也反映了熔断器分断短路电流的能力。

如果线路电流大于熔断器的断流能力,熔丝熔断时电弧不能熄灭,可能引起爆炸或其他事故。低压熔断器的几个主要参数之间的关系为:$I_d > I_b > I_{ge} \geqslant I_{Te}$。

4. 选型

熔断器的选型主要是选择熔断器的形式、额定电流、额定电压以及熔体额定电流。熔断器的额定电压应大于或等于实际电路的工作电压;熔断器额定电流应大于或等于所装熔体的额定电流。

熔体额定电流的选择是熔断器选择的核心,其选择方法见表 1-1。

表 1-1　熔体额定电流的选择

负载性质		熔体额定电流(I_{Te})
电炉和照明等电阻性负载		$I_{Te} \geqslant I_N$(负载额定电流)
单台电动机	线绕式电动机	$I_{Te} \geqslant (1 \sim 1.25)I_N$
	笼型电动机	$I_{Te} \geqslant (1.5 \sim 2.5)I_N$
	启动时间长的某些笼型电动机	$I_{Te} \geqslant 3I_N$
	连续工作制直流电动机	$I_{Te} = I_N$
	反复短时工作制直流电动机	$I_{Te} = 1.25I_N$

续表

负载性质	熔体额定电流(I_{Te})
多台电动机	$I_{Te} \geq (1.5 \sim 2.5) I_{Nmax} + \Sigma I_{de}$（$I_{Nmax}$ 为最大一台电动机额定电流，ΣI_{de} 为其他电动机额定电流之和）

学习情境 4　控制按钮

主令电器是用来发布命令、改变控制系统工作状态的电器，它可以直接作用于控制电路，也可以通过电磁式电器的转换对主电路实现控制。

由于它是一种专门发号施令的电器，故称为主令电器。主令电器应用广泛，种类繁多，常用的主令电器有控制按钮、行程开关、转换开关、凸轮控制器等。

控制按钮俗称按钮，是一种结构简单、应用广泛的主令电器，一般情况下它不直接控制主电路的通断，而在控制电路中发出手动"指令"去控制接触器、继电器等电器，再由它们去控制主电路，也可用来转换各种信号线路与电气联锁线路等。

控制按钮的实物图和结构图如图 1-11 所示，它由按钮帽、复位弹簧、桥式触头和外壳等组成。其图形符号如图 1-12 所示，其文字符号为 SB。

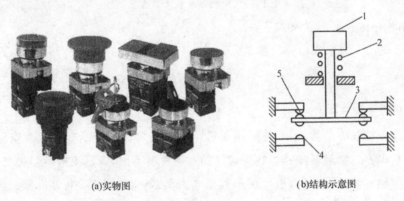

(a)实物图　　　　　　　　　　　　(b)结构示意图

图 1-11　控制按钮

1—按钮帽　2—复位弹簧　3—动触头　4—常开静触头　5—常闭静触头

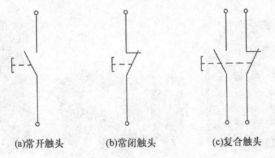

(a)常开触头　　　(b)常闭触头　　　(c)复合触头

图 1-12　控制按钮的图形符号

常开（动合）按钮，未按下时，触头是断开的，按下时，触头闭合接通；当松开后，按钮在复位弹簧的作用下复位断开。

常闭(动断)按钮与常开按钮相反,未按下时,触头是闭合的,按下时,触头断开;当手松开后,按钮在复位弹簧的作用下复位闭合。

复合按钮是将常开与常闭按钮组合为一体的按钮。未按下时,常闭触头是闭合的,常开触头是断开的。按下时,常闭触头首先断开,继而常开触头闭合;当松开后,按钮在复位弹簧的作用下,首先将常开触头断开,继而将常闭触头闭合。

控制按钮使用时应注意触头间的清洁,防止油污、杂质进入造成短路或接触不良等事故,在高温下使用的控制按钮应加紧固垫圈或在接线柱螺钉处加绝缘套管。

为了便于识别各个控制按钮的作用,避免误动作,通常在按钮帽上做出不同标记或涂上不同颜色,一般红色表示停止,绿色表示启动等。在机床电气设备中,常用的按钮有 LA—18、LA—19、LA—20、LA—25 系列按钮。控制按钮型号的含义如图 1-13 所示。

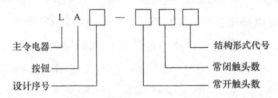

图 1-13 控制按钮型号的含义

其中,结构形式代号的含义如下:

K—开启式,S—防水式,J—紧急式,X—旋钮式,H—保护式,F—防腐式,Y—钥匙式,D—带灯按钮。

学习情境 5 接触器

接触器属于控制类电器,是一种适用于远距离频繁接通和分断交直流主电路和控制电路的自动控制电器。接触器按其主触头通过的电流种类不同,有直流接触器和交流接触器。

其主要控制对象是电动机,也可用于其他电力负载,如电热器、电焊机等。接触器具有欠电压保护、零电压保护、控制容量大、工作可靠、寿命长等优点,它是自动控制系统中应用最多的一种电器,其实物图如图 1-14 所示。

(a)CJ20交流接触器   (b)CJ12直流接触器   (c)CZ0直流接触器

图 1-14 接触器实物图

（一）结构

接触器由电磁系统、触头系统、灭弧装置、释放弹簧及基座等几部分构成，电磁系统包括线圈、静铁心和动铁心（衔铁）；触头系统包括用于接通、切断主电路的主触头和用于控制电路的辅助触头；灭弧装置用于迅速切断主触头断开时产生的电弧（一个很大的电流），以免使主触头熔焊，对于容量较大的交流接触器，常采用灭弧栅灭弧。

（二）工作原理

接触器的工作原理是利用电磁铁吸力及弹簧反作用力配合动作，使触头接通或断开。在线圈上施加电压后，铁心中产生磁通，该磁通对衔铁产生克服复位弹簧拉力的电磁吸力，使衔铁带动触头动作。触头动作时，常闭先断开，常开后闭合。主触头和辅助触头是同时动作的。当线圈中的电压值降到某一数值时，铁心中的磁通下降，吸力减小到不足以克服复位弹簧的反力时，衔铁就在复位弹簧的反力作用下复位，使主触头和辅助触头的常开触头断开，常闭触头恢复闭合。这个功能就是接触器的失电压保护功能，如图 1-15 所示。

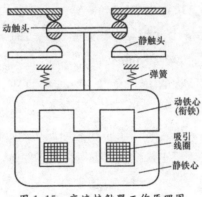

图 1-15　交流接触器工作原理图

（三）常用接触器

1. 交流接触器

交流接触器用于控制电压不超过 380V、电流不超过 600A 的 50Hz 交流电路。铁心为双 E 形，由硅钢片叠成。在静铁心端面上嵌入短路环。对于 CJ0、CJ10 系列交流接触器，大都采用衔铁做直线运动的双 E 直动式或螺管式电磁机构。而 CJ12、CJ12B 系列交流接触器，则采用衔铁绕轴转动的拍合式电磁机构。线圈做成短而粗的形状，线圈与铁心之间留有空隙以增加铁心的散热效果。

接触器的触头用于分断或接通电路。交流接触器一般有 3 对主触头、2 对辅助触头。主触头用于接通或分断主电路，主触头和辅助触头一般采用双断点的桥式触头，电路的接通和分断由两个触头共同完成。由于这种双断点的桥式触头具有电动力吹弧的作用，所以 10A 以下的交流接触器一般无灭弧装置，而 10A 以上的交流接触器则采用栅片灭弧罩灭弧。

交流接触器工作时，施加的交流电压大于线圈额定电压值的 85% 时，接触器才能够可靠地吸合。

2.直流接触器

直流接触器主要用于电压 440V、电流 600A 以下的直流电路。其结构与工作原理基本上与交流接触器相同,即由线圈、铁心、衔铁、触头、灭弧装置等部分组成。所不同的是除触头电流和线圈电压为直流外,其主触头大都采用滚动接触的指形触头,辅助触头则采用点接触的桥形触头。铁心由整块钢或铸铁制成,线圈制成长而薄的圆筒形。为保证衔铁可靠地释放,常在铁心与衔铁之间垫有非磁性垫片。由于直流电弧不像交流电弧有自然过零点,所以更难熄灭,因此直流接触器常采用磁吹式灭弧装置。常用的直流接触器有 C218、C221、C222、CZ0 等,CZ0 实物图如图 1-14(c)所示。

(四)接触器的主要技术参数及型号的含义

1.主要技术参数

(1)额定电压。接触器铭牌上的额定电压是指接触器主触头的额定电压,交流有 127V、220V、380V、500V 等;直流有 110V、220V、440V 等。

(2)额定电流。接触器铭牌上的额定电流是指主触头的额定电流。有 5A、10A、20A、40A、60A、100A、150A、250A、400A 和 600A。

(3)接触器线圈的额定电压。交流有 36V、110V、127V、220V、380V;直流有 24V、48V、220V、440V。

(4)电气寿命和机械寿命。电气寿命是指在不同使用条件下不需修理或更换零件的负载操作次数;机械寿命是指在需要正常维修或更换机械零件前,包括更换触头所能承受的无载操作循环次数。

(5)额定操作频率。是指接触器每小时的操作次数。

2.接触器的型号含义

接触器的型号含义如图 1-16 所示。

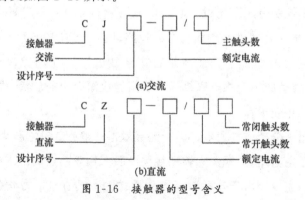

图 1-16 接触器的型号含义

3.接触器的图形符号和文字符号

接触器的图形符号和文字符号如图 1-17 所示。

12

图 1-17　接触器的图形符号和文字符号

(五)接触器的选用

选择接触器时应注意以下几点。

(1)接触器的类型选择。根据接触器所控制的负载性质,选择直流接触器或交流接触器。

(2)接触器主触头的额定电压应大于等于负载额定电压。

(3)接触器的额定电流应大于或等于所控制电路的额定电流。对于电动机负载可按下列经验公式计算:

$$I_\mathrm{C}=\frac{P_\mathrm{N}}{KU_\mathrm{N}}$$

式中:I_C 为接触器主触头电流,单位为 A;P_N 为电动机额定功率,单位为 kW;U_N 为电动机额定电压,单位为 kV;K 为经验系数,一般取 1~1.4。

(4)接触器线圈额定电压。当线路简单、使用电器较少时,可选用 220V 或 380V;当线路复杂、使用电器较多或在不太安全的场所时,可选用 36V、110V 或 127V。

(5)接触器的触头数量、种类应满足控制电路要求。

(6)操作频率即每小时触头通断次数。当通断电流较大且通断频率超过规定数值时,应选用额定电流大一级的接触器。否则会使触头严重发热,甚至熔焊在一起,造成电动机等负载缺相运行。

学习情境 6　电动机点动控制电路的分析

电动机的点动控制电路是用按钮、接触器来控制电动机运转的,是最简单的控制电路,其控制电路如图 1-18 所示。

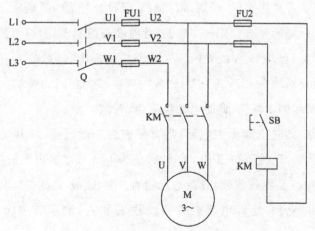

图 1-18　电动机点动控制电路

这种电路的工作原理如下：当电动机需要点动运行时，合上电源开关Q；再按下启动按钮SB，使接触器KM的线圈得电，接触器KM的三对常开主触头闭合，电动机M便启动运转；当电动机M需要停止时，只要松开启动按钮SB，使接触器KM的线圈失电，接触器KM的三对常开主触头恢复断开，电动机M便失电而停转。这种当按钮按下时电动机就运转，按钮松开后电动机就停止的控制方式，即点一下，动一下，不点则不动，称为点动控制，这种控制方法常用于如电动葫芦的电动机控制和机床上的手动校调控制。

三、项目实施

1. 元器件选择与检查

从电气控制柜中选出图1-18中所需的电气元器件，并分别检查其好坏。

2. 电路的安装与连接

(1)装接电路的原则。应遵循"先主后控，先串后并；从上到下，从左到右；上进下出，左进右出"的原则进行接线。其意思是接线时应先接主电路，后接控制电路；先接串联电路，后接并联电路；并且按照从上到下，从左到右的顺序逐根连接；对于电气元器件的进出线，则必须按照上面为进线，下面为出线，左边为进线，右边为出线的原则接线，以免造成元器件被短接或接错。

(2)装接电路的工艺要求。"横平竖直，弯成直角；少用导线少交叉，多线并拢一起走"，意思是横线要水平，竖线要垂直，转弯应为直角，不能有斜线。接线时，尽量用最少的导线，并避免导线交叉，如果一个方向有多条导线，要并在一起，以免接成蜘蛛网。

在遵循上述原则的基础上，按照原理图画出接线图，逐根地接线。

3. 电路的检查

(1)对照电路图进行粗查。从电路图的电源端开始，逐段核对接线及接线端子处的线号是否正确；检查导线接点是否牢固，否则，带负载运行时会产生闪弧现象。

(2)用万用表进行通断检查。先查主电路，此时断开控制电路，将万用表置于欧姆挡，将其表笔分别放在U1—U2、V1—V2、W1—W2之间的线端上，读数应接近零；人为将接触器KM吸合，再将表笔分别放在U1—V1、V1—W1、W1—U1之间的线端上，此时万用表的读数应为电动机两个绕组的串联值(此时电动机应为Y联结)。

再检查控制电路，此时应断开主电路，将万用表置于欧姆挡，将其表笔分别放在U2—V2线端上，读数应为"∞"；按下按钮SB时，读数应为KM线圈的电阻值。

(3)用绝缘电阻表(又称兆欧表)进行绝缘检查。将U或V或W与绝缘电阻表的接线柱L相连，电动机的外壳和绝缘电阻表的接线柱E相连，测量其绝缘电阻，应大于或等于1MΩ。

4. 通电试车

通过上述检查正确后,可在教师的监护下通电试车。

合上电源开关 Q,按下按钮 SB,观察接触器是否吸合,电动机是否运转。在观察中,若遇异常现象,应立即停车,检查故障。常见的故障一般分为主电路故障和控制电路故障两类。若接触器吸合,此时电动机不转,则故障可能出现在主电路中;若接触器不吸合,则故障可能出现在控制电路中。

通电试车完毕后,断开 Q,切断电源。

四、知识拓展——刀开关

刀开关在电路中用于隔离电源,以确保电路和设备维修的安全,或用于不频繁地接通和分断额定电流以下的负载,如不频繁地接通和分断容量不大的低压电路或直接启动小容量电动机。刀开关处于断开位置时,可明显地观察到断口,能确保电路检修人员的安全。刀开关由操纵手柄、闸刀(动触头)、刀座(静触头)和绝缘底板等组成。其实物图如图 1-19 所示,常用的有瓷底刀开关和封闭式负荷开关。

(a)HK2瓷底刀开关

(b)HD11B封闭式刀开关

(c)HS开启式刀开关

图 1-19　各类刀开关

(1)瓷底刀开关。旧称胶盖闸刀开关,是由刀开关和熔丝组合而成的一种电器。刀开关用于手动不频繁地接通和分断电路,熔丝作为保护用。刀开关的结构简单,使用维修方便,价格便宜,在小容量电动机中得到了广泛应用。

(2)封闭式负荷开关。负荷开关是在刀开关上加装快速分断机构和简单的灭弧装置,以保证可靠地分断电流。封闭式负荷开关旧称铁壳开关,是由刀开关、熔断器、速断弹簧等组成,并装在金属壳内。封闭式负荷开关采用侧面手柄操作,并设有机械联锁装置,使箱盖打开时不能合闸,合闸时箱盖不能打开,保证了用电安全。手柄与底座间的速断弹簧使开关通断动作迅速,灭弧性能好,因此可用于粉尘飞扬的场所。

选用刀开关时,刀的极数要与电源进线相数相等;刀开关的额定电压应等于或大于电源额定电压,额定电流应等于或大于电路负载电流,若用刀开关控制小型电动机,应考虑电动机的启动电流,选用额定电流较大的电器;刀开关断开负载电流时,不应大于允许断开电流值,一般结构的刀开关不允许带负载操作,但装有灭弧室的刀开关,可作不频繁带负载操作;刀开关所在电路的三相短路电流不应超过规定的动、热稳定值。

刀开关的型号含义和图形符号如图 1-20 所示。

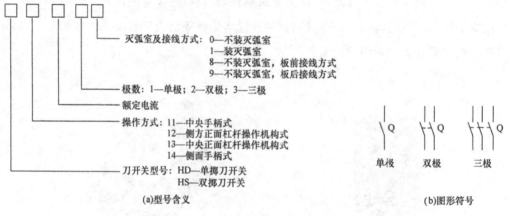

(a)型号含义   (b)图形符号

图 1-20   刀开关的型号含义和图形符号

五、思考与练习

1.什么是低压电器?按用途如何分类?其主要的技术参数有哪些?

2.低压熔断器有哪几种类型?试写出各种熔断器的型号。

3.接触器的结构由哪几部分组成?若将控制电路的 380V 电源误接成 220V,会有什么现象?

4.交流接触器线圈过热的原因有哪些?

项目二
电动机的连续运行控制电路的分析与安装

一、任务导入

在生产过程中,要经常对电气控制系统进行维护,这就要接触到各种各样的电气图样,那么到底有哪些种类的电气图呢? 同时,在生产过程中,往往要求启动生产后,生产要能够连续进行,这就需要电动机能够连续运行,显然,电动机的点动控制电路不能实现此功能,那么,到底如何实现电动机的连续运行呢?

二、相关知识

学习情境 1　电气控制系统的基础知识

电气控制电路是用导线将电动机、继电器、接触器等电气元器件按一定的要求和方法连接起来,并能实现某种控制功能的电路。

电气控制系统中的基本电路包括电机(电动机和发电机)的启动、调速和制动等控制电路。

电气控制电路图是根据国家电气制图标准,用规定的图形符号、文字符号以及规定的画法绘制的。将各电气元器件的连接用图来表达,各种电气元器件用不同的图形符号表示,并用不同的文字符号来说明其所代表电气元器件的名称、用途、主要特征及编号等。

常用的电气控制系统图有 3 种:电路图(电气系统图、电气原理图、电气线路图)、元器件布置图和接线图。

(一)图形符号和文字符号

1.图形符号

图形符号由符号要素、限定符号、一般符号以及常用的非电操作控制的动作符号(如机械控制符号等)根据不同的具体器件情况组合构成,如表 1-2 所示。

表 1-2　基本图形符号

限定符号及操作方法符号		组合符号举例	
图形符号	说明	图形符号	说明
	接触器功能		接触器主触头

续表

限定符号及操作方法符号		组合符号举例	
图形符号	说明	图形符号	说明
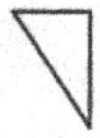	位置开关功能	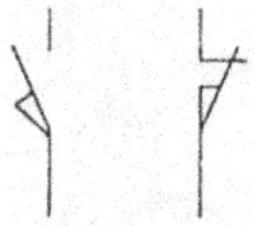	位置开关触头
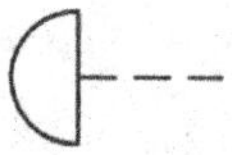	紧急开关(蘑菇头按钮)	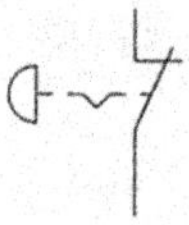	急停开关
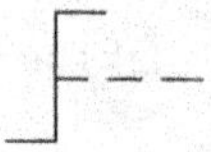	选择操作件	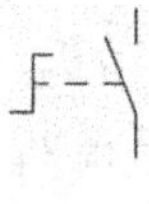	旋转开关
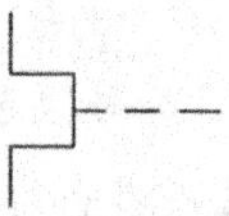	热器件操作		热继电器触头
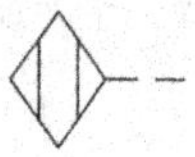	接近效应操作件	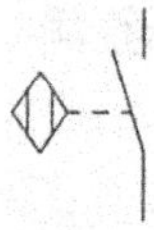	接近开关
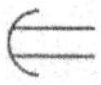	延时动作	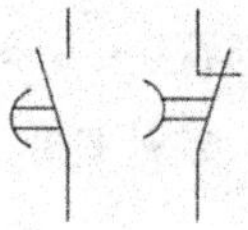	时间继电器触头

2.文字符号

电气工程图中的文字符号分为基本文字符号和辅助文字符号。

基本文字符号有单字母符号和双字母符号,单字母符号表示电气设备、装置和元器件的大类,如 K 为继电器类元件;双字母符号由一个表示大类的单字母与另一个表示器件某些特性的字母组成。

辅助文字符号用来进一步表示电气设备、装置和元器件的功能、状态和特征。

（二）电路图

电路图用于表达电路、设备、电气控制系统的组成部分和连接关系。

1.概述

电气原理图一般分为主电路和辅助电路两个部分。主电路是电气控制电路中强电流通过的部分，是由电动机以及与它相连接的电气元器件（如组合开关、接触器的主触头、热继电器的热元件、熔断器等）组成的电路。辅助电路中通过的电流较小，包括控制电路、照明电路、信号电路及保护电路。其中，控制电路是由按钮、继电器和接触器的线圈和辅助触头等组成。一般来说，信号电路是附加的，如果将它从辅助电路中分开，并不影响辅助电路工作的完整性。电气原理图能够清楚地表明电路的功能，对于分析电路的工作原理十分方便。

2.绘制电气原理图的原则

根据简单清晰的原则，原理图采用电气元器件展开的形式绘制。它包括所有电气元器件的导电部件和接线端点，但并不按照电气元器件的实际位置来绘制，也不反映电气元器件的尺寸大小。绘制电气原理图应遵循以下原则。

（1）所有电动机、电器等元器件都应采用国家统一规定的图形符号和文字符号来表示。

（2）主电路绘制在图的左侧或上方，辅助电路绘制在图的右侧或下方。

（3）无论是主电路还是辅助电路或其元器件，均应按功能布置，各元器件尽可能按动作顺序从上到下、从左到右排列。

（4）在原理图中，同一电路的不同部分（如线圈、触头）应根据便于阅读的原则安排在图中，为了表示是同一元器件，要在电器的不同部分使用同一文字符号来标明。对于同类电器，必须在名称后或下标加上数字序号以区别，如 KM1、KM2 等。

（5）所有电器的可动部分均以自然状态画出，所谓自然状态是指各种电器在没有通电和没有外力作用时的状态。对于接触器、电磁式继电器等是指其线圈未加电压，触头未动作；控制器按手柄处于零位时的状态画；按钮、行程开关触头按未受外力作用时的状态画。

（6）电气原理图上应尽可能减少线条和避免线条交叉。各导线之间有电联系时，在导线的交点处画一个实心圆点。根据图面布置的需要，可以将图形符号旋转90°、180°或45°绘制。

一般来说，原理图的绘制要求是层次分明，各电气元器件以及它们的触头安排要合理，并保证电气控制电路运行可靠，节省连接导线以及施工、维修方便。

3.图面区域的划分

为了便于检索电路，方便阅读电气原理图，应将图面划分为若干区域，图区的编号一般写在图的下部。图的上方设有用途栏，用文字注明该栏对应电路或元器件的功能，以利于理解原理图各部分的功能及全电路的工作原理。

例如，图 1-21 所示为电动机正反转控制电路的电气原理图。

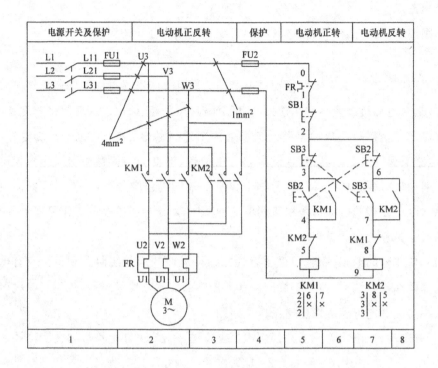

图 1-21　电动机正反转控制电路的电气原理图

图中接触器线圈下方的触头表是用来说明线圈和触头的从属关系的,其含义如下:

KM				KM		
2	6	×		主触头所	辅助常开触头	辅助常闭触头
2	×	×		在图区	所在图区	所在图区
2						

对未使用的触头用"×"表示。

4.电路图中技术数据的标注

电路图中元器件的数据和型号(如热继电器动作电流和整定值的标注、导线截面积等)可用小号字体标注在元电器文字符号的下面。

(三)元器件布置图

元器件布置图主要是表明机械设备上所有电气设备和电气元器件的实际安装位置,是电气控制设备制造、安装和维修必不可少的技术文件。在图中电气元器件用实线框表示,而不必按其外形形状画出,在图中往往还留有 10% 以上的备用面积以及导线管的位置,以供走线和改进设计时用,在图中还需要标出必要的尺寸。图 1-22 所示为电动机正反转控制电路的元器件布置图。

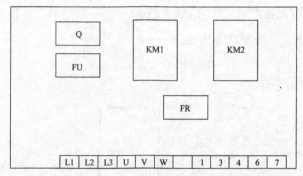

图 1-22　电动机正反转控制电路的元器件布置图

（四）接线图

接线图是各控制单元内部元器件之间的接线关系，主要用于安装接线、线路检查、线路维修和故障处理。图 1-23 所示为电动机正反转控制电路的接线图。

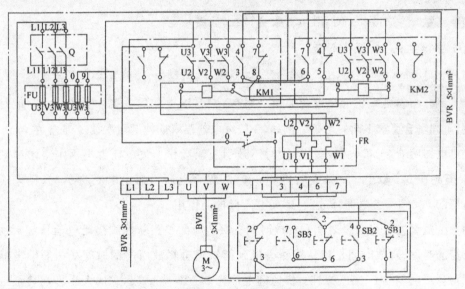

图 1-23　电动机正反转控制电路的接线图

学习情境 2　继电特性和热继电器

（一）继电特性

继电器是一种根据某种输入信号的变化而接通或断开控制电路，实现控制目的的电器。它具有输入电路（又称感应元件）和输出电路（又称执行元件）。

继电器的输入信号可以是电流、电压等电量，也可以是温度、速度、时间、压力等非电量，而输出通常是触头的接通或断开。

当感应元件中的输入量（如电压、电流、温度、压力等）变化到某一定值时继电器动作，执行元件便接通和断开控制电路。

继电器的主要特性是输入—输出特性，即继电特性。其特性曲线如图 1-24 所示。图中

x_2 称为继电器吸合值,欲使继电器吸合,输入须大于或等于此值;x_1 称为继电器释放值,欲使继电器释放,输入量必须小于或等于此值。

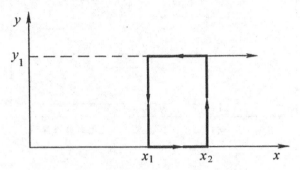

图 1-24　继电器的输入—输出特性曲线

当继电器输入量 x 由零增至 x_2 以前,输出量 y 为零。

当输入量 x 增加到 x_2 时,继电器吸合,输出量为 y_1。

若 x 再增大,y_1 值保持不变。

当 x 减小到小于等于 x_1 时,继电器触点释放,输出量由 y_1 降至零。

令 $k=x_1/x_2$,则 k 称为继电器的返回系数,它是继电器的重要参数之一。k 值是可以调节的,不同场合要求不同的 k 值。例如,一般继电器要求低的返回系数,k 值应在 0.1～0.4,这样当继电器吸合后,输入量波动较大时不致引起误动作。欠电压继电器则要求高的返回系数,k 值应在 0.6 以上。如某继电器 $k=0.66$,吸合电压为额定电压的 90%,则电压低于额定电压的 60% 时,继电器释放,起到欠电压保护的作用。

另一个重要参数是吸合时间和释放时间。吸合时间是指从线圈接受电信号到衔铁完全吸合所需的时间;释放时间是指从线圈失电到衔铁完全释放所需的时间。一般继电器的吸合时间与释放时间为 0.05～0.15s,快速继电器为 0.005～0.05s,它的大小影响着继电器的操作频率。

无论继电器的输入量是电量还是非电量,继电器工作的最终目的总是控制触头的分断或闭合,而触头又是控制电路通断的,就这一点来说接触器与继电器是相同的。但是它们又有区别,主要表现在以下几个方面。

1. 所控制的电路不同

继电器用于控制电信电路、仪表电路、自控装置等小电流电路及控制电路;接触器用于控制电动机等大功率、大电流电路及主电路。

继电器一般不用来直接控制有较大电流的主电路,而是通过接触器或其他电器对主电路进行控制。因此,同接触器相比较,继电器的触头断流容量较小,一般不需灭弧装置,但对继电器动作的准确性则要求较高。

2. 输入信号不同

继电器的输入信号可以是各种物理量，如电压、电流、时间、压力、速度等，而接触器的输入量只有电压。

继电器的种类很多，按其用途可分为控制继电器、保护继电器、中间继电器。按动作时间可分为瞬时继电器和延时继电器。按输入信号的性质可分为电压继电器、电流继电器、时间继电器、温度继电器、速度继电器和压力继电器等。按工作原理可分为电磁式继电器、感应式继电器、电动式继电器、热继电器和电子式继电器等。按输出形式可分为有触头继电器和无触头继电器。

继电器的型号含义如图 1-25 所示。

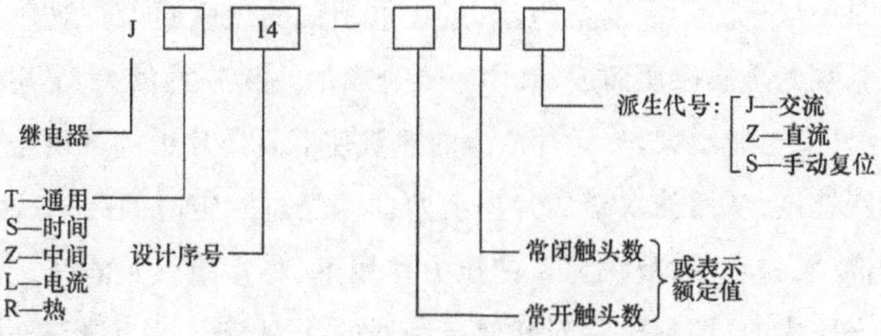

图 1-25　继电器的型号含义

(二)热继电器

热继电器就是利用电流的热效应原理，在出现电动机不能承受的过载时切断电动机电路，为电动机提供过载保护的保护电器。热继电器可以根据过载电流的大小自动调整动作时间，具有反时限保护特性。当电动机的工作电流为额定电流时，热继电器应长期不动作。

1. 结构

热继电器主要由热元件、双金属片和触头等部分组成，其外形、结构及图形、文字符号如图 1-26 所示。

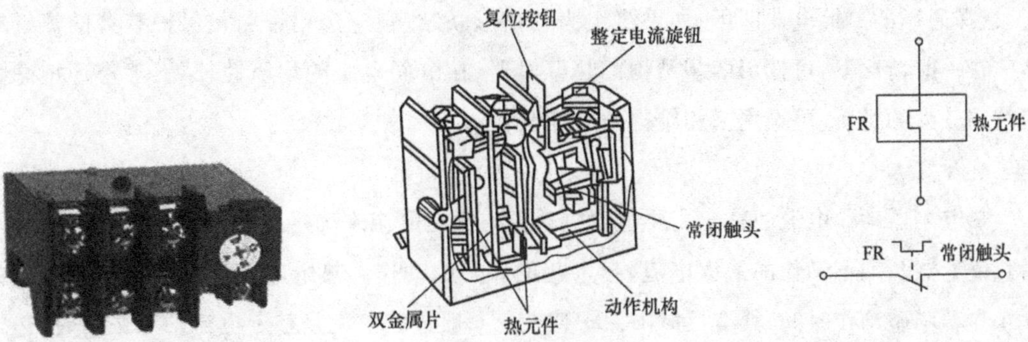

(a)外形　(b)结构　(c)图形、文字符号

图 1-26　热继电器外形、结构及图形、文字符号

2. 工作原理

热继电器的工作原理示意如图 1-27 所示。

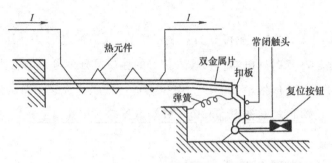

图 1-27　热继电器的工作原理示意图

图中热元件是一段电阻不大的电阻丝,接在电动机的主电路中。双金属片由两种受热后有不同热膨胀系数的金属碾压而成,其中下层金属的热膨胀系数大,上层的小。当电动机过载时,流过热元件的电流增大,热元件产生的热量使双金属片中的下层金属的膨胀速度大于上层金属的膨胀速度,从而使双金属片向上弯曲。经过一定时间后,弯曲位移增大,使双金属片与扣板分离(脱扣)。扣板在弹簧的拉力作用下,将常闭触头断开。常闭触头是串接在电动机的控制电路中的,控制电路断开使接触器的线圈断电,从而断开电动机的主电路。若要使热继电器复位,则按下复位按钮即可。

热继电器就是利用电流的热效应原理,在出现电动机不能承受的过载时切断电动机电路,是为电动机提供过载保护的保护电器。由于热惯性,当电路短路时,热继电器不能立即动作使电路立即断开。因此,在控制系统主电路中,热继电器只能用于电动机的过载保护,而不能起到短路保护的作用。在电动机启动或短时过载时,热继电器也不会动作,这可避免电动机不必要的停车。

3. 选用

热继电器型号的选用应根据电动机的接法和工作环境决定。当定子绕组为星形联结时,选择通用的热继电器即可;如果绕组为三角形联结,则应选用带断相保护装置的热继电器。在一般情况下,可选用两相结构的热继电器;在电网电压的均衡性较差、工作环境恶劣或维护较少的场所,可选用三相结构的热继电器。

4. 整定

热继电器动作电流的整定主要根据电动机的额定电流来确定。热继电器的整定电流是指热继电器长期不动作的最大电流,超过此值即开始动作。热继电器可以根据过载电流的大小自动调整动作时间,具有反时限保护特性。一般过载电流是整定电流的 1.2 倍时,热继电器动作时间小于 20min;过载电流是整定电流的 1.5 倍时,动作时间小于 2min;过载电流是整定电流的 6 倍时,动作时间小于 5s。

热继电器的整定电流通常与电动机的额定电流相等或是额定电流的 0.95～1.05 倍。如果电动机拖动的是冲击性负载或电动机的启动时间较长时,热继电器的整定电流要比电动机额定电流高一些。但对于过载能力较差的电动机,则热继电器的整定电流应适当小些。热继电器的型号含义如图 1-28 所示。

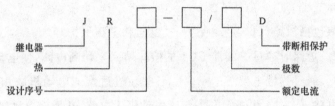

图 1-28　热继电器的型号含义

学习情境 3　电动机的连续运行控制电路

在点动控制的基础上增加停止按钮和交流接触器的辅助常开触头后,即为单向连续运行(又称启保停)控制,其电路图如图 1-29 所示。

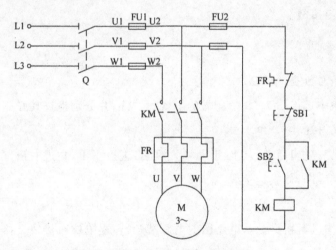

图 1-29　电动机的启保停电路

1. 启动电动机

按下启动按钮 SB2,接触器 KM 的吸引线圈得电,主触头 KM 闭合,电动机启动。同时,KM 辅助常开触头闭合,当松手断开 SB2 启动按钮后,线圈 KM 继续保持通电,故电动机不会停止。

电路中接触器 KM 的辅助常开触头并联于启动按钮 SB2,称为"自锁"环节。"自锁"环节一般是由接触器 KM 的辅助常开触头与主令电器的常开触头并联组成,这种由接触器(或继电器)本身的触头使其线圈长期保持通电的环节称为"自锁"环节。"自锁"环节具有对命令的"记忆"功能,当启动命令下达后,能保持长期通电;而当停机命令或停电出现后不会自启动。自锁环节不仅常用于电路的启、停控制,凡是需要"记忆"的控制都可以经常运用自锁环节。

2.停止电动机

按停止按钮 SB1,接触器 KM 的线圈失电,KM 主触头断开,电动机失电停转。同时,KM 辅助触头断开,消除自锁电路,清除"记忆"。

3.电路保护环节

电路保护环节包括短路保护、过载保护、欠电压和零压保护等。

(1)短路保护。短路时通过熔断器 FU1 的熔体熔断来切断电路,使电动机立即停转。

(2)过载保护。通过热继电器 FR 实现。当电动机过载或电动机缺相运行时,FR 常闭触头会断开控制电路,使 KM 线圈失电来切断电动机主电路,从而使电动机停转。

(3)欠电压保护。通过接触器 KM 的自锁触头来实现。当电源停电或者电源电压严重下降,接触器 KM 由于铁心吸力消失或减小而释放,这时电动机停转,接触器辅助常开触头 KM 断开并失去自锁。欠电压保护可以防止电压严重下降时电动机在负载情况下的低压运行;避免电动机同时启动而造成电压的严重下降;防止电源电压恢复时,电动机突然启动运转,造成设备和人身事故。

三、项目实施

1.元器件选择与检查

从电气控制柜中选出图 1-29 中所需的电气元器件,并分别检查其好坏。

2.电路的安装与连接

遵循"先主后控,先串后并;从上到下,从左到右;上进下出,左进右出"的原则进行接线,按照原理图画出接线图,逐根地接线。

3.电路检查

(1)对照电路图进行粗查。从电路图的电源端开始,逐段核对接线及接线端子处的线号是否正确;检查导线接点是否牢固,否则,带负载运行时会产生闪弧现象。

(2)用万用表进行通断检查。先查主电路,此时断开控制电路,将万用表置于欧姆挡,人为将接触器 KM 吸合,再将表笔分别放在 U1—V1、V1—W1、W1—U1 之间的线端上,此时万用表的读数应为电动机两个绕组的串联值(此时电动机应为Y联结)。

再检查控制电路,此时应断开主电路,将万用表置于欧姆挡,将其表笔分别放在 U2—V2 线端上,读数应为"∞";按下按钮 SB2 时,读数应为 KM 线圈的电阻值。

(3)用绝缘电阻表进行绝缘检查。将 U 或 V 或 W 与绝缘电阻表的接线柱 L 相连,电动机的外壳和绝缘电阻表的接线柱 E 相连,测量其绝缘电阻,应大于或等于 1MΩ。

4.通电试车

通过上述检查正确后,可在教师的监护下通电试车。

合上开关 Q,按下启动按钮 SB2,接触器线圈 KM 得电吸合,电动机连续运行;按下停止按钮 SB1,接触器线圈 KM 失电断开,电动机停转。

通电试车完毕后,断开 Q,切断电源。

四、知识拓展——电动机的点动与连续运行电路

单向点动与连续运行控制是在点动控制与单向连续运行控制的基础上增加一个复合按钮,即为连续运行与单向点动控制电路,其电路图如图 1-30 所示。电路工作原理如下。

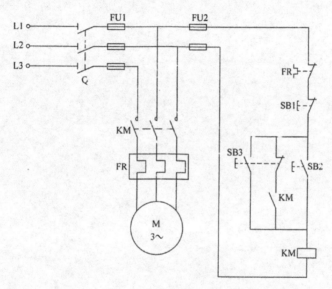

图 1-30　电动机的单向点动与连续运行电路

1.连续运行

启动电动机:按下连续启动按钮 SB2,接触器 KM 的线圈得电,主触头 KM 闭合,电动机启动。同时,KM 辅助常开触头闭合,当松手断开 SB2 启动按钮后,线圈 KM 继续保持通电,故电动机连续运行。

停止电动机:按停止按钮 SB1,接触器 KM 的线圈失电,KM 主触头断开,电动机失电停转。同时,KM 辅助触头断开,消除自锁电路,清除"记忆"。

2.点动运行

按下点动运行按钮 SB3:接触器 KM 的线圈得电,主触头 KM 闭合,电动机启动;同时,SB3 的常闭触头断开,破坏了自锁回路。当松开 SB3 按钮后,线圈 KM 失电,故电动机停止运行,实现了点动运行。

五、思考与练习

1.三相异步电动机点动、连续运行控制有何不同? 什么是"自锁"?

2.在实验中,刚一接通电源,未按启动按钮电动机立即启动旋转,是何原因？按下停止按钮,电动机不能停车又是何原因？

3.若电动机不能实现连续运行,可能的故障是什么？

4.若自锁常开触头错接成常闭触头,会发生怎样的现象？

5.电路中已用了热继电器,为什么还要装熔断器？是否重复？

项目三
电动机的正反转控制电路的分析与安装

一、任务导入

在生产和生活中,许多设备需要两个相反的运行方向,如电梯的上升和下降,机床工作台的前进和后退,其本质就是电动机的正反转,那么,电动机的正反转在电路中是如何实现的呢?

要实现电动机的正反转,只要将接至电动机三相电源进线中的任意两相对调接线,即可达到反转的目的。

二、相关知识

学习情境 1　电动机正反转控制电路

图 1-31 所示为两个接触器的电动机正反转控制电路。按下 SB2 时,接触器 KM1 线圈得电,电源和电动机通过接触器 KM1 主触头接通,使电源 L1 相和电动机 U 相、电源 L2 相和电动机 V 相、电源 L3 相和电动机 W 相分别接通,电动机正转;按下 SB3 时,接触器 KM2 线圈得电,电源和电动机通过接触器 KM2 主触头接通,即电源 L1 相和电动机 W 相、电源 L2 相和电动机 V 相、电源 L3 相和电动机 U 相分别接通,电动机电源反相序,电动机反转。

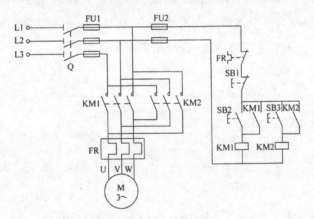

图 1-31　电动机正反转控制电路

在图 1-31 所示电路中,若同时按下 SB2 和 SB3,则接触器 KM1 和 KM2 线圈同时得电并自锁,它们的主触头都闭合,这时会造成电动机三相电源的相间短路事故。为了避免两接触器同时得电而造成电源相间短路,在控制电路中,分别将两个接触器 KM1、KM2 的辅助常闭触头串接在对方的线圈支路里,如图 1-32 所示。这样可以形成互相制约的控制,即一个接触器通电时,其辅助常闭触头会断开,使另一个接触器的线圈支路不能通电。这种利用两个接触器(或继电器)的常闭触头互相制约的控制方法称为互锁(也称联锁),而这两对起互锁作用的触头称为互锁触头。

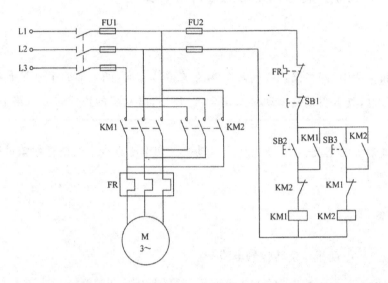

图 1-32　接触器互锁的电动机正反转控制电路图

在图 1-32 所示的接触器互锁正反转控制电路中,若其中一个接触器发生熔焊现象,则当接触器线圈得电时其常闭触头不能断开另一个接触器的线圈电路,这时仍会发生电动机相间短路事故,而采用图 1-33 所示的按钮、接触器双重互锁的正反转控制电路可以避免这种情况,提高可靠性。所谓按钮互锁,就是将复合按钮常开触头作为启动按钮,而将常闭触头作为互锁触头串接在另一个接触器线圈支路中,这样,要使电动机改变转向,只要直接按反转按钮就可以了,而不必先按停止按钮,简化了操作。

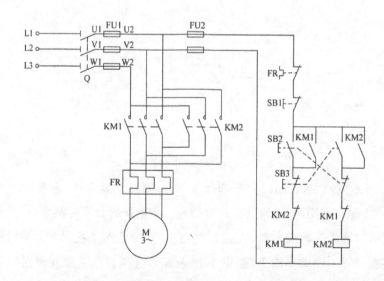

图 1-33　按钮、接触器双重互锁的电动机正反转控制电路图

学习情境 2　电动机自动往返控制电路

有些生产机械,如万能铣床,要求工作台在一定范围内能自动往返运动,以便实现对工件的连续加工,提高生产效率。由行程开关控制的工作台自动往返控制电路称为正反转行程控制,图 1-34(a)所示为工作台自动往返的示意图,行程开关 SQ1 和 SQ2 安装在指定位置,工作台下面的挡铁(B)压到行程开关 SQ1 就向左移动,压到行程开关 SQ2 就向右移动。图 1-34(b)所示为工作台自动往返的控制电路图。

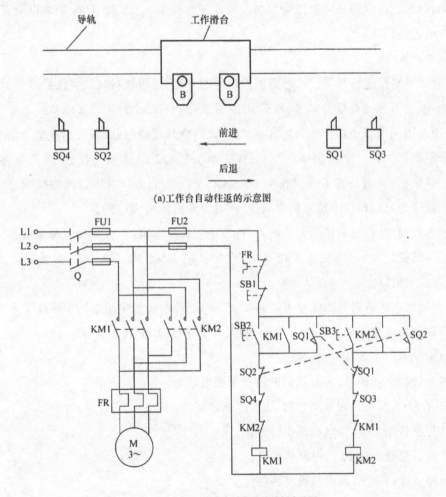

(a)工作台自动往返的示意图

(b)工作台自动往返的控制电路图

图 1-34　工作台自动往返原理图

在控制电路中,行程开关 SQ3、SQ4 为极限位置保护,是为了防止 SQ1、SQ2 可能失效引起事故而设的,SQ4 和 SQ3 分别安装在电动机正转和反转时运动部件的行程极限位置。如果 SQ2 失灵,运动部件继续向左前行压下 SQ4 后,KM1 失电而使电动机停止。SQ3 的作用原理与 SQ4 相同。这种限位保护的行程开关在位置控制电路中必须设置。

三、项目实施

按钮、接触器双重互锁的电动机正反转控制电路图的安装调试步骤如下。

1. 元器件选择与检查

从电气控制柜中选出图 1-33 中所需的电气元器件，并分别检查其好坏。

2. 电路的安装与连接

在按图 1-33 连接电路时，要注意主电路中 KM1 和 KM2 的相序，即 KM1 和 KM2 进线的相序要相反，而出线的相序则完全相同。另外还要注意 KM1 和 KM2 的辅助常开和辅助常闭触头的连接。

3. 电路检查

（1）对照电路图进行粗查。从电路图的电源端开始，逐段核对接线及接线端子处的线号是否正确；检查导线接点是否牢固，若不牢固，带负载运行时会产生闪弧现象。

（2）用万用表进行通断检查。先查主电路，此时断开控制电路，将万用表置于欧姆挡，将其表笔分别放在 U1—U2、V1—V2、W1—W2 之间的线端上，读数应接近零；人为将接触器 KM1 或 KM2 吸合，再将表笔分别放在 U1—V1、V1—W1、W1—U1 之间的线端上，此时万用表的读数应为电动机两个绕组的串联值（此时电动机应为Y联结）。

再检查控制电路，此时应断开主电路，将万用表置于欧姆挡，将其表笔分别放在 U2—V2 线端上，读数应为"∞"；按下按钮 SB1（或 SB2 或 KM1 或 KM2）时，读数应为 KM1 或 KM2 线圈的电阻值。

（3）用绝缘电阻表进行绝缘检查。将 U 或 V 或 W 与绝缘电阻表的接线柱 L 相连，电动机的外壳和绝缘电阻表的接线柱 E 相连，测量其绝缘电阻，应大于或等于 1MΩ。

4. 通电试车

通过上述检查正确后，可在教师的监护下通电试车。

合上开关 Q，按下正转启动按钮 SB2，电动机正转。

按下停止按钮 SB1，则电动机正转停止。

按下反转启动按钮 SB3，电动机反转。

按下停止按钮 SB1，则电动机反转停止。

通电试车完毕后，断开 Q，切断电源。

四、知识拓展

(一)行程开关

行程开关（又称限位开关或位置开关），主要用于检测工作机械的位置，发出命令以控制其运动方向或行程长短。其作用与按钮相同，是对控制电路发出接通或断开、信号转换等指令的。

　　行程开关按结构分为机械结构的接触式有触头行程开关和电气结构的非接触式接近开关。

　　接触式行程开关靠运动物体碰撞行程开关的顶杆而使行程开关的常开触头接通和常闭触头分断,从而实现对电路的控制作用。

　　为适应各种条件下的碰撞,行程开关有很多构造形式,用来限制机械运动的位置或行程以及使运动机械按一定行程自动停车、反转或变速、循环等,以实现自动控制的目的。

　　常用的行程开关有 LX－19 系列和 JLXK1 系列。各种系列行程开关的基本结构相同,都是由操作点、触头系统和外壳组成,区别仅在于使行程开关动作的传动装置不同。行程开关一般有旋转式、按钮式等数种。常见的行程开关实物图如图 1-35 所示,其图形符号及型号含义如图 1-36 所示,其文字符号为 SQ。

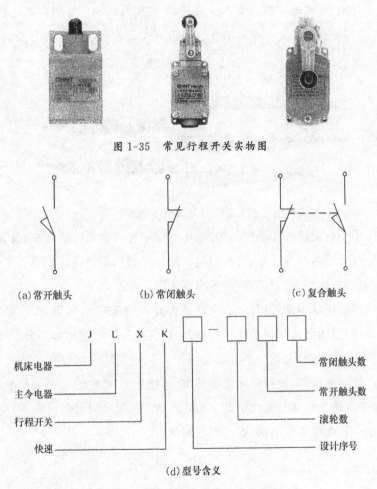

图 1-35　常见行程开关实物图

(a) 常开触头　　　(b) 常闭触头　　　(c) 复合触头

(d) 型号含义

图 1-36　行程开关图形符号及型号含义

行程开关可按下列要求进行选用。

(1)根据应用场合及控制对象选择种类。

(2)根据安装环境选择防护形式。

(3)根据控制电路的额定电压和电流选择系列。

(4)根据机械位置开关的传力与位移关系选择合适的操作形式。

使用行程开关时安装位置要准确牢固,若在运动部件上安装,接线应有套管保护,使用时应定期检查,以防接触不良或接线松脱造成误动作。

(二)接近开关

前面介绍的低压电器为有触头的电器,利用其触头闭合与断开来接通或断开电路,以达到控制目的。随着开关速度的加快,依靠机械动作的触头有的难以满足控制要求;同时,有触头电器还存在着一些固有的缺点,如机械磨损、触头的电蚀损耗、触头分合时往往颤动而产生电弧等。因此,较容易损坏,开关动作不可靠。

随着微电子技术、电力电子技术的不断发展,人们应用电子元器件组成各种新型低压控制电器,可以克服有触头电器的一系列缺点。接近开关又称无触头位置开关,其实物图如图1-37 所示。

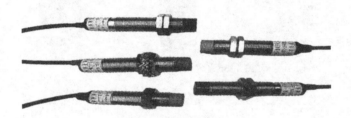

图 1-37 接近开关实物图

接近开关除用于行程控制和限位保护外,还可用于检测金属体的存在、高速计数、测速、定位、变换运动方向、检测零件尺寸、液面控制及用作无触头按钮等。它具有工作可靠、寿命长、无噪声、动作灵敏、体积小、耐振、操作频率高和定位精度高等优点。

接近开关以高频振荡型最常用,它占全部接近开关用量的 80% 以上。高频振荡型接近开关电路形式多样,但其电路结构不外乎由振荡、检测及晶体管输出等部分组成。它的工作基础是高频振荡电路状态的变化。当金属物体进入以一定频率稳定振荡的线圈磁场时,由于该物体内部产生涡流损耗,使振荡回路电阻增大,能量损耗增加,以致振荡减弱直至终止。

因此,在振荡电路后面接上放大电路与输出电路,就能检测出金属物体存在与否,并能给出相应的控制信号去控制继电器,以达到控制的目的。

五、思考与练习

1.在项目实施过程中,按下图 1-33 中的 SB1(或 SB2)电动机正常运行后,很轻地按一下 SB2(或 SB1)看电动机运转状态有什么变化?电路中会发生什么现象?为什么?

2.在项目实施过程中,如发现按下正(或反)转按钮,电动机旋转方向不变,分析故障原因。

3.若运行过程中主电路有一相熔断器熔断,可能会发生什么情况?

项目四
电动机的顺序控制电路的分析与安装

一、任务导入

在多台电动机驱动的生产机械上,各台电动机所起的作用不同,设备有时要求某些电动机按一定顺序启动并工作,以保证操作过程的合理性和设备工作的可靠性。例如,机械加工车床的主轴启动时必须先让油泵电动机启动,以使齿轮箱有充分的润滑油。这对电动机启动过程提出了顺序控制的要求,实现顺序控制要求的电路称为顺序控制电路。如何实现电动机的顺序控制呢?

二、相关知识

常用的顺序控制电路有两种:一种是主电路的顺序控制;另一种是控制电路的顺序控制。

学习情境 1　电动机主电路的顺序控制电路

图 1-38 所示为电动机主电路的顺序控制电路图。

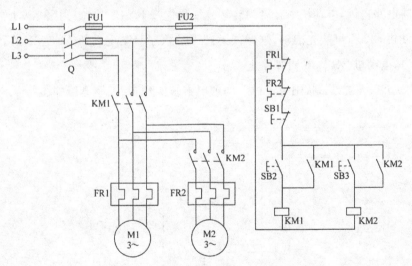

图 1-38　电动机主电路的顺序控制电路图

其工作原理为:合上电源开关 Q,按下启动按钮 SB2,KM1 线圈通电并自锁,电动机 M1启动旋转,此时再按下按钮 SB3,KM2 线圈通电并自锁,电动机 M2 启动旋转。如果先按下SB3 按钮,则因 KM1 主触头断开,电动机 M2 主电路断开,不能先启动,这样便达到了按顺序启动电动机 M1、M2 的目的。停止时,按下 SB1,电动机 M1、M2 同时停止。

学习情境 2 电动机控制电路的顺序控制电路

控制电路实现的顺序控制可分为手动顺序控制和自动顺序控制。下面介绍如何实现手动顺序控制,手动顺序控制电路如图 1-39 所示。

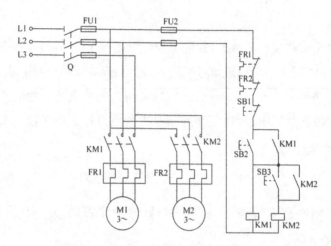

图 1-39 手动顺序控制电路

其工作原理为:合上电源开关 Q,按下启动按钮 SB2,KM1 线圈通电并自锁,电动机 M1 启动旋转,同时串在 KM2 控制电路中的 KM1 常开辅助触头也闭合,此时再按下按钮 SB3,KM2 线圈通电并自锁,电动机 M2 启动旋转。如果先按下 SB3 按钮,则因 KM1 常开辅助触头断开,电动机 M2 不可能先启动,这样便达到了按顺序启动电动机 M1、M2 的目的。停止时,按下 SB1,电动机 M1、M2 同时停止。

若想实现自动顺序控制,则可通过时间继电器来实现,其控制电路如图 1-40 所示。

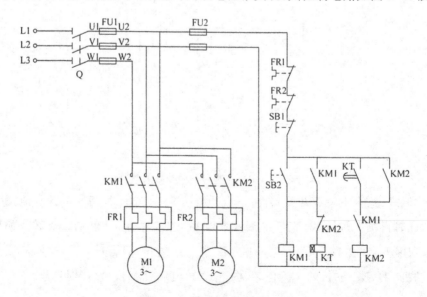

图 1-40 自动顺序控制电路图

其工作原理为:合上电源开关 Q,按下启动按钮 SB2,KM1、KT 同时通电并自锁,电动机 M1 启动运转,当通电延时型时间继电器 KT 延时时间到时,其延时闭合的常开触头闭合,接通 KM2 线圈电路并自锁,电动机 M2 启动旋转,同时 KM2 常闭辅助触头断开将时间继电器 KT 线圈电路切断,KT 不再工作,实现了两台电动机的自动顺序启动。停止时,按下 SB1,电动机 M1、M2 同时停止。

三、项目实施

电动机自动顺序控制电路的安装与调试步骤如下。

1.元器件选择与检查

从电气控制柜中选出图 1-40 中所需的电气元器件,并分别检查其好坏。

2.电路的安装与连接

在电路装接时,注意主电路要接两台电动机,同时要注意时间继电器的引脚分配。

3.电路检查

(1)对照电路图进行粗查。从电路图的电源端开始,逐段核对接线及接线端子处的线号是否正确;检查导线接点是否牢固,若不牢固,带负载运行时会产生闪弧现象。

(2)主电路的检查方法同前面的项目,控制电路的检查方法如下。

将万用表置于欧姆挡,两表笔放在 U2—V2 之间,未按任何按钮时,万用表指针应指到无穷大,说明控制电路没有短接。

按下按钮 SB2 时,万用表应指示 KM1、KT 线圈电阻的并联值;按下接触器 KM1 时,万用表指示的电阻值应与上述值相同。同时按下 SB2 和 SB1,指针指向无穷大,则说明电动机 M1 启动及停止控制电路接线正确。

强迫按下时间继电器 KT 的常开触头与 SB2,延时后万用表应指示 KM2、KM1、KT 线圈电阻的并联值;松开 KT 的常开触头后,万用表应指示 KM1、KT 线圈电阻的并联值,说明电动机 M2 延时启动电路接线正确。

按下接触器 KM1、KM2 时,万用表应指示 KM1、KM2 线圈电阻的并联值,说明电动机 M2 启动电路自锁部分接线正确。

4.通电试车

通过上述检查正确后,可在教师的监护下通电试车。合上电源开关 Q,按下启动按钮 SB2,电动机 M1 启动运行;经过延时后,电动机 M2 自行启动并连续运行。

按下停止按钮 SB1,电动机 M1、M2 同时停转。

通电试车完毕后,断开 Q,切断电源。

四、知识拓展

(一)时间继电器

在自动控制系统中,需要有瞬时动作的继电器,也需要延时动作的继电器。时间继电器就是利用某种原理实现触头延时动作的自动电器,经常用于按时间原则进行控制的场合。其种类主要有电磁式、空气阻尼式、电子式等。本节介绍直流电磁式时间继电器、空气阻尼式时间继电器和电子式时间继电器。

时间继电器的延时方式有两种。

通电延时。接受输入信号后延迟一定的时间,输出信号才发生变化。当输入信号消失后,输出瞬时复原。

断电延时。接受输入信号时,瞬时产生相应的输出信号。当输入信号消失后,延迟一定的时间,输出才复原。

时间继电器的图形符号如图 1-41 所示,文字符号用 KT 表示。

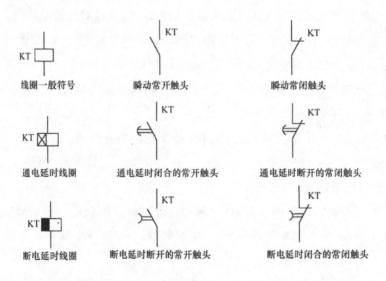

图 1-41　时间继电器的图形符号

1.直流电磁式时间继电器

直流电磁式时间继电器是在电磁式电压继电器铁心上加一个阻尼铜套后构成,如图 1-42 所示。当电磁线圈接通电源时,在阻尼铜套内产生感应电动势,流过感应电流。感应电流产生的磁通阻碍穿过铜套内的原磁通变化,对原磁通起阻尼作用,使磁路中的原磁通增加缓慢,达到吸合磁通值的时间加长,衔铁吸合时间后延,触头延时动作。由于线圈通电前,衔铁处于打开位置,磁路气隙大,磁阻大,磁通小,阻尼作用也小,衔铁吸合的延时只有 $0.1\sim 0.5s$,延时作用可不计。

但当衔铁已处于吸合位置,在断开线圈直流电源时,因磁路气隙小,磁阻小,磁通变化大,铜套的阻尼作用大,线圈断电后衔铁延时释放的时间可达0.3~5s。

改变铁心与衔铁间非磁性垫片的厚薄(粗调)或改变释放弹簧的松紧(细调)可调节延时时间的长短。垫片厚则延时短,垫片薄则延时长;释放弹簧紧则延时短,释放弹簧松则延时长。

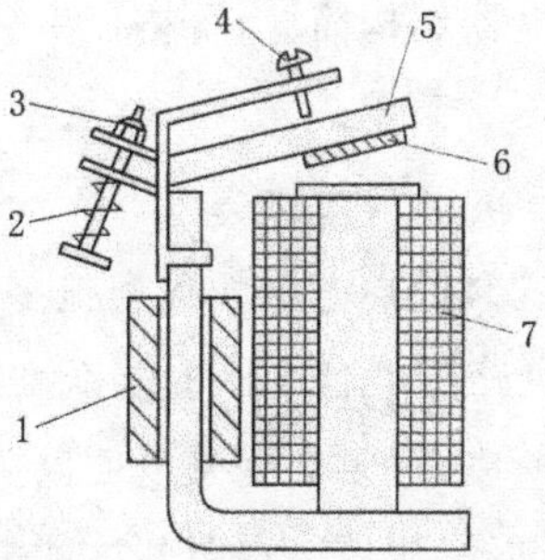

直流电磁式时间继电器的特点是结构简单、寿命长、允许操作频率高,但延时准确度较低、延时时间较短,仅能获得断电延时。常用产品有JT3、JT18等系列。

图1-42 直流电磁式时间继电器结构示意图
1—阻尼套筒 2—释放弹簧 3—调节螺母
4—调节螺钉 5—衔铁 6—非磁性垫片
7—电磁线圈

2. 空气阻尼式时间继电器

空气阻尼式时间继电器是利用空气阻尼原理获得延时的,由电磁机构、延时机构和触头三部分组成。电磁机构为双E直动式,触头系统是LX5型微动开关,延时机构采用气囊式阻尼器。

空气阻尼式时间继电器的电磁机构可以是直流的,也可以是交流的;既有通电延时型,也有断电延时型的。只要改变电磁机构的安装方向,便可实现不同的延时方式:当衔铁位于铁心和延时机构之间时为通电延时,如图1-43(a)所示;当铁心位于衔铁和延时机构之间时为断电延时,如图1-43(b)所示。

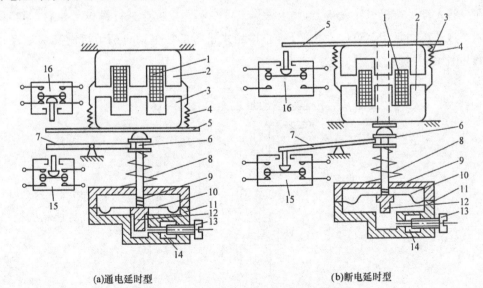

(a)通电延时型　　　　　　　　　(b)断电延时型

图1-43 JS7系列时间继电器动作原理
1—线圈 2—铁心 3—衔铁 4—反力弹簧 5—推板 6—活塞盖 7—杠杆 8—塔形弹簧
9—弱弹簧 10—橡皮膜 11—空气室壁 12—活塞 13—调节螺杆 14—进气孔 15、16—微动开关

此继电器结构简单,价格低廉,但是精度低,延时误差大(±20%),因此在要求延时精度高的场合不宜采用。

3.电子式时间继电器

电子式时间继电器的种类很多,它们大多是利用电容充放电原理来达到延时目的的,即利用 RC 电路中电容电压不能跃变,只能按指数规律逐渐变化的原理——电阻尼特性获得延时的。所以,只要改变充电回路的时间常数即可改变延时时间。由于调节电容比调节电阻困难,所以多用调节电阻的方式来改变延时时间。JSZ3 系列电子式时间继电器具有体积小、重量轻、延时范围广、延时精度高、延时调节方便、性能稳定、触头容量较大等优点,其实物图如图 1-44 所示。

图 1-44　JSZ3 系列电子式时间继电器的实物图

(二)电动机的多地控制电路

在一些大型生产机械和设备上,要求操作人员在不同方位能进行操作与控制,即实现多地控制。多地控制是用多组启动按钮、停止按钮来进行的。电动机两地启动和两地停止控制电路如图 1-45 所示。

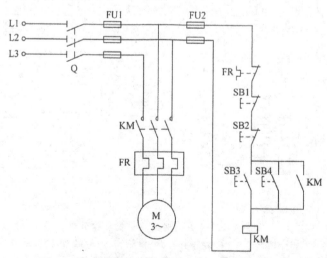

图 1-45　电动机的两地启动和两地停止控制电路

电动机若要两地启动,可按下按钮 SB3 或 SB4;若要两地停止,可按下按钮 SB1 或 SB2。

五、思考与练习

1.按图 1-40 所示电路接好线后,若按下 SB2 后,电动机 M1、M2 同时启动,则有可能是哪些地方接错了?

2.按图 1-40 所示电路接好线后,若合上电源开关 Q 后,电动机 M2 就开始转动,而按下 SB2 后,电动机 M1 开始转动,过一会儿,电动机 M2 又停转,则有可能是哪些地方接错了?

3.如果要把图 1-40 所示电路改为 M1、M2 同时启动,M1 先停,M2 后停,电路该如何设计?

项目五
电动机减压启动控制电路的分析与安装

一、任务导入

电动机通电后由静止状态逐渐加速到稳定运行状态的过程称为电动机的启动,前面所讲的电动机的点动控制电路、连续运行电路等都是全压启动电路,即将额定电压全部加到电动机定子绕组上使电动机启动,也称直接启动。

电动机采用全压启动时,控制电路简单,但是电动机的全压启动电流一般可达额定电流的 4～7 倍,过大的启动电流将导致电源变压器输出电压大幅度下降,不仅会减小电动机本身的启动转矩,甚至使电动机无法启动,而且还将影响同一供电网络中其他设备的正常工作,甚至使它们停转或无法启动。因此较大容量的电动机需要采用减压启动。有时为了减少和限制启动时对机械设备的冲击,即使允许直接启动的电动机,也往往采用减压启动。那么,什么是减压启动呢? 减压启动的方法有哪些? 它们又是如何实现的呢?

减压启动是指利用启动设备将电压适当降低后再加到电动机的定子绕组上进行启动,待电动机启动运转后,再使其电压恢复到额定值正常运转。由于电流随电压的降低而减少,所以减压启动达到了减少启动电流的目的,但同时由于电动机转矩与电压的二次方成正比,所以减压启动也将导致电动机的启动转矩大为降低,因此减压启动需要在空载或轻载下进行。

常用的减压启动方法有:定子串电阻(或电抗)启动、Y/△减压启动、定子串接自耦变压器减压启动等。

二、相关知识

学习情境 1 定子串电阻减压启动电路

这种启动方法是:启动时在电动机的定子绕组中串接电阻,通过电阻的分压作用,使电动机定子绕组上的电压减少;待启动完毕后,将电阻切除,使电动机在额定电压(全压)下正常运转。其控制电路如图1-46 所示。

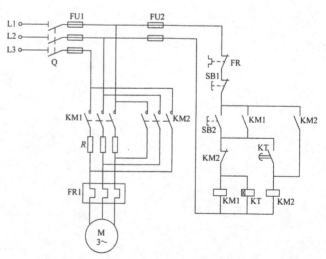

图 1-46 定子串电阻减压启动控制电路

电路的工作原理:合上电源开关 Q,当按下启动按钮 SB2 后,接触器 KM1 线圈得电吸合,KM1 主触头闭合,电动机 M 串电阻 R 减压启动;与此同时,时间继电器 KT 线圈得电吸合,延时时间到后,KT 常开触头闭合,接触器 KM2 线圈得电,主触头闭合,启动电阻 R 被短接,电动机全压运行,同时 KM2 的常闭触头断开,KM1、KT 线圈断电释放,完成启动过程。

采用定子绕组串电阻减压启动的缺点是:减少了电动机启动转矩;在电阻上功率损耗较大;如果启动频繁,则电阻的温升很高,对于精密的机床会产生一定的影响。

学习情境 2　Y/△减压启动电路

Y/△减压启动控制是指电动机启动时,使定子绕组接成Y联结,以降低启动电压,限制启动电流;电动机启动后,当转速上升到接近额定值时,再把定子绕组改接为△联结,使电动机在额定电压下运行。

凡是正常运行时定子绕组接成三角形的电动机,均可采用Y/△减压启动。定子绕组Y联结时,启动电压为直接采用△联结时的 $1/\sqrt{3}$,启动电流为△联结时的 $1/3$,启动转矩也只有△联结的 $1/3$。这种启动方法的优点是:启动设备简单,成本低,运行比较可靠,维护方便,所以广泛使用。其缺点是转矩特性差,适用于轻载或空载启动的场合,Y−△联结时要注意其旋转方向的一致性。Y/△减压启动控制电路图如图 1-47 所示。

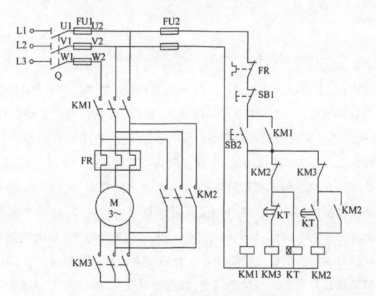

图 1-47　Y/△减压启动控制电路图

电路工作过程:合上电源开关 Q 后,按下启动按钮 SB2,接触器 KM1 和 KM3 线圈同时得电吸合,KM1 和 KM3 主触头闭合,电动机Y联结减压启动,与此同时,时间继电器 KT 的线圈同时得电。延时时间到后,KT 常闭触头断开,KM3 线圈断电释放,KT 常开触头闭合,KM2 线圈得电吸合,电动机定子绕组由Y联结自动换接成△联结,时间继电器 KT 的触头延时动作时间由电动机的容量及启动时间的快慢等决定。

学习情境 3　定子串接自耦变压器减压启动电路

定子串接自耦变压器减压启动是指电动机启动时利用自耦变压器来降低加在电动机定子绕组上的启动电压,待启动一定时间,转速升高到预定值后,将自耦变压器切除,电动机定子绕组直接接上电源电压,进入全压运行。

图 1-48 所示为定子串接自耦变压器减压启动的控制电路,控制电路中选用中间继电器 KA,用以增加触头个数和提高控制电路设计的灵活性,指示电路用于通电、启动、运行指示。

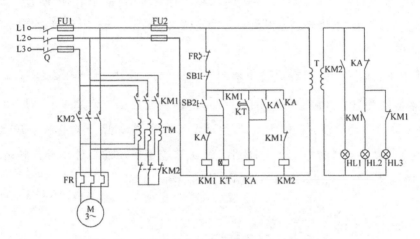

图 1-48　定子串接自耦变压器减压启动控制电路

电路工作过程:合上电源开关 Q 后,当按下启动按钮 SB2 时,接触器 KM1 和时间继电器 KT 的线圈先后得电吸合,电动机串接自耦变压器减压启动。延时时间到后,KT 常开触头延时闭合,中间继电器 KA 线圈得电吸合,常开触头闭合,常闭触头断开,使 KM1 线圈断电,KM1 常闭触头闭合,KM2 线圈得电,电动机脱离自耦变压器进入全压运行。

自耦变压器减压启动适用于容量较大的电动机的不频繁启动,启动转矩可以通过改变变压器抽头的连接位置得到改变。在自耦变压器减压启动过程中,启动电流与启动转矩的比值按变比二次方倍降低。因此,从电网取得同样大小的启动电流,采用自耦变压器减压启动比采用电阻减压启动产生的启动转矩大。这种启动方法常用于容量较大、正常运行为Y联结的电动机。其缺点是自耦变压器价格较贵,结构相对复杂,体积庞大,不允许频繁操作。

学习情境 4　绕线式异步电动机转子绕组串接电阻启动电路

在大、中容量电动机的重载启动时,增大启动转矩和限制启动电流两者之间的矛盾十分突出。三相绕线式电动机的突出优点是可以在转子绕组中串接外加电阻或频敏变阻器进行启动,由此达到减小启动电流,提高转子电路的功率因数和增加启动转矩的目的。一般在要求启动转矩较高的场合,绕线式异步电动机的应用非常广泛,例如桥式起重机吊钩电动机、卷扬机等。

绕线式三相异步电动机转子串电阻启动时,转子串入全部电阻,以限制启动电流和提高启动转矩,启动过程中,随着电动机转速的提高,电流下降,应将转子电阻逐级切除,到启动结束时,转子电阻全部切除,电动机全压运行。在电动机启动过程中,串接的启动电阻级数越多,电动机启动时的转矩波动就越小,启动越平滑。启动电阻被逐段地切除,电动机转速不断升高,最后进入正常运行状态,因此控制电路既可按时间原则组成控制电路,也可按电流原则组成控制电路。

1. 按时间原则组成的绕线式异步电动机启动控制电路

图 1-49 所示为按时间原则组成的绕线式异步电动机启动控制电路,依靠时间继电器的依次动作短接启动电阻,实现启动控制。

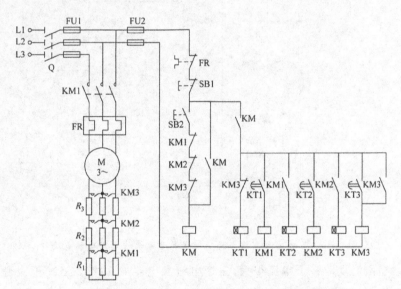

图 1-49　按时间原则组成的绕线式异步电动机启动控制电路

电路工作过程如下:合上电源开关 Q 后,当按下启动按钮 SB2 时,接触器 KM 线圈得电吸合,电动机转子串入全部电阻启动,同时,时间继电器 KTI 线圈得电开始延时,当延时时间到,常开触头闭合,使 KM1 线圈得电,KM1 常开触头闭合,切除第一级启动电阻 R,同时时间继电器 KT2 线圈得电开始延时,当延时时间到,KT2 的常开触头闭合,使 KM2 线圈得电,KM2 常开触头闭合,切除第二级启动电阻 R_2,同时时间继电器 KT3 线圈得电开始延时,当延时时间到,KT3 的常开触头闭合,使 KM3 线圈得电,KM3 常开触头闭合并自锁,切除第三级启动电阻 R_3,这时电动机开始全压运行。

图 1-49 中在 KM 线圈支路中串联 KM1、KM2、KM3 的常闭触头,主要是为了确保在电动机启动瞬间串接了所有启动电阻。

2. 按电流原则组成的绕线式异步电动机启动控制电路

按电流原则启动控制是指通过欠电流继电器的释放值设定进行控制,利用电动机启动时转子电流的变化来控制转子串接电阻的切除。

图 1-50 所示为按电流原则组成的绕线式异步电动机启动控制电路。图中,KI1、KI2、KI3 为电流继电器。这 3 个继电器线圈的吸合电流相同,但释放电流不一样,KI1 释放电流>KI2 释放电流>KI3 释放电流。

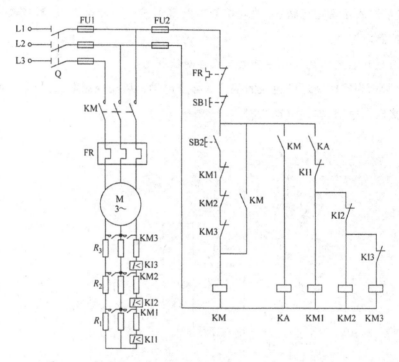

图 1-50 按电力原则组成的绕线式异步电动机启动控制电路

由于电动机刚启动时转子电流很大,三个电流继电器 KI1、KI2、KI3 都吸合,它们的常闭触头全部断开,转子绕组串接全部电阻启动。随着电动机转速的升高,转子电流逐渐减小,当减小至 KI1 的释放电流时,KI1 首先释放,KI1 的常闭触头恢复闭合,接触器 KM1 线圈得电,主触头闭合,切除第一级启动电阻 R_1,R_1 切除后,转子电流重新增大,但随着电动机转速的继续升高,转子电流又继续减小,当减小至 KI2 的释放电流时,KI2 释放,KI2 的常闭触头恢复闭合,接触器 KM2 线圈得电,主触头闭合,切除第二级电阻 R_2。如此继续下去,直到全部电阻切除,电动机启动完成,进入正常运行状态。

图 1-50 中的中间继电器 KA 是为了保证启动时接入全部电阻而设计的。因为刚启动时,若无 KA,电流从零开始,KI1、KI2、K3 都未动作,全部电阻都被短接,电动机处于直接启动状态;增加了 KA,从 KM 线圈得电到 KA 的常开触头闭合需要一段时间,这段时间能保证电流冲击到最大值,使 KI1、KI2、KI3 全部吸合,接于控制电路中的常闭触头全部断开,从

而保证电动机全电阻启动。

三、项目实施

电动机Y/△减压启动控制电路的安装与调试步骤如下。

1. 元器件选择与检查

从电气控制柜中选出图 1-47 中所需的电气元器件,并分别检查其好坏。

2. 电路的安装与连接

主电路的接线比较复杂,可按图 1-51 所示进行接线,其接线步骤如下。

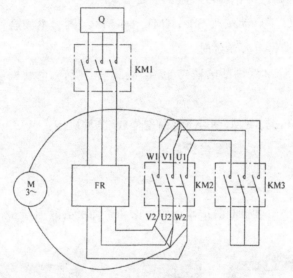

图 1-51　Y/△减压启动电路主电路接线图

(1)按图 1-51 所示将电动机的 6 条引线分别接至 KM2 接触器的主触头上。

(2)从 W1、V1、U1 分别引出一条线,不分相序地接至 KM3 接触器的主触头的 3 条进线处,KM3 接触器主触头的 3 条出线短接在一起。

(3)从 W2、V2、U2 分别引出一条线,不分相序地接至 FR 的 3 条出线处,再将主电路的其他接线按图 1-51 所示进行连接即可。

控制电路按图 1-47 连接即可。

3. 电路检查

(1)对照电路图进行粗查。从电路图的电源端开始,逐段核对接线及接线端子处的线号是否正确;检查导线接点是否牢固,若不牢固,带负载运行时会产生闪弧现象。

(2)用万用表进行通断检查。先查主电路,此时断开控制电路,将万用表置于欧姆挡,人为将接触器 KM(即图 1-47 中 KM1)和 KM3 吸合,再将表笔分别放在 U1—V1、V1—W1、W1—U1 之间的线端上,此时万用表的读数应为电动机两个绕组的串联值;若人为将接触器KM1 和 KM2 吸合,再将表笔分别放在 U1—V1、V1—W1、W1—U1 之间的线端上,此时万用表的读数应为小于电动机一个绕组的电阻值。

再检查控制电路,此时应断开主电路,将万用表置于欧姆挡,将其表笔分别放在 U2—V2 线端上,读数为"∞";按下按钮 SB2 时,读数应为 KM1、KM3、KT 线圈并联的电阻值;若人为将接触器 KM1 和 KM2 吸合,则读数应为 KM1、KM2 线圈并联的电阻值。

(3)用绝缘电阻表进行绝缘检查。将 U1 或 V1 或 W1 与绝缘电阻表的接线柱 L 相连,电动机的外壳和绝缘电阻表的接线柱 E 相连,测量其绝缘电阻,应大于或等于 1MΩ。

4.通电试车

通过上述检查正确后,可在教师的监护下通电试车。

(1)合上开关 Q,按下启动按钮 SB2,KM1 和 KM3 线圈得电吸合,电动机星形启动,并且时间继电器 KT 线圈得电开始延时。

(2)延时时间到,KM3 线圈断电释放,KM2 线圈得电吸合,电动机三角形运行,同时 KT 线圈失电释放。

(3)按下停止按钮 SB1,KM1 和 KM2 断电释放,电动机停止。

通电试车完毕后,断开 Q,切断电源。

四、知识拓展——电磁式继电器

电磁式继电器是应用最早同时也是应用最多的一种继电器,其实物图如图 1-52 所示。

(a)电压继电器　　　　(b)电流继电器　　　　(c)中间继电器

图 1-52　电磁式继电器实物图

电磁式继电器的结构与原理和电磁式接触器相似,它也是由电磁机构和触头系统两个主要部分组成。图 1-53 所示为电磁式继电器的典型结构图。当线圈通电后,线圈的励磁电流就产生磁场,从而产生电磁吸力吸引衔铁。一旦磁力大于弹簧反作用力,衔铁就开始运动,并带动与之相连的触头向下移动,使动触头与其上面的常闭触头分开,而与其下面的常开触头吸合。最后,衔铁被吸合在与极靴相接触的最终位置上。若在衔铁处于最终位置时切断线圈电源,磁场便逐渐消失,衔铁会在弹簧反作用力的作用下脱离极靴,并再次带动触头脱离常开触头,返回到初始位置。

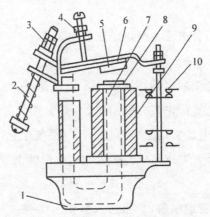

图 1-53　电磁式继电器的典型结构

1—底座　2—反力弹簧　3、4—调节螺钉　5—非磁性垫片

6—衔铁　7—铁心　8—极靴　9—电磁线圈　10—触头系统

电磁式继电器的种类很多,如电压继电器、电流继电器、中间继电器都属于这一类。

1.电磁式电压继电器

电磁式电压继电器的动作与线圈所加电压大小有关,使用时和负载并联。电压继电器的线圈匝数多、导线细、阻抗大。电压继电器又分过电压继电器、欠电压继电器和零电压继电器。

(1)过电压继电器。在电路中用于过电压保护,当其线圈为额定电压值时,衔铁不产生吸合动作,只有当电压高于额定电压 105%～120% 时才产生吸合动作,当电压降低到释放电压时,触头复位。

(2)欠电压继电器。在电路中用于欠电压保护,当其线圈在额定电压下工作时,欠电压继电器的衔铁处于吸合状态。如果电路出现电压降低,并且低于欠电压继电器线圈的释放电压时,其衔铁打开,触头复位,从而控制接触器及时切断电气设备的电源。

通常,欠电压继电器的吸合电压的整定范围是额定电压的 30%～50%,释放电压的整定范围是额定电压的 10%～35%。

零电压继电器是当电路电压降低到额定电压的 5%～25% 时释放,对电路实现零电压保护。它用于电路的失电压保护。

2.电磁式电流继电器

电磁式电流继电器的动作与通过线圈的电流大小有关,使用时和负载串联。为降低负载效应和对被测量电路参数的影响,线圈匝数少,导线粗,阻抗小。电流继电器除用于电流型保护的场合外,还经常用于按电流原则控制的场合。电流继电器有欠电流和过电流继电器两种。

(1)欠电流继电器。正常工作时,欠电流继电器的衔铁处于吸合状态。如果电路中负载电流过低,并且低于欠电流继电器线圈的释放电流时,其衔铁打开,触头复位,从而切断电气设备的电源。

通常,欠电流继电器的吸合电流为额定电流值的 30%~65%,释放电流为额定电流值的 10%~20%。

(2)过电流继电器。过电流继电器线圈在额定电流值时,衔铁不产生吸合动作,当电路发生过载或短路故障时,过电流继电器才吸合,吸合后立即使所控制的接触器或电路分断,然后自己也释放。过电流继电器常用于电力拖动控制系统中起保护作用。

通常,过电流继电器的吸合电流整定范围为额定电流的 1.1~3.5 倍。

3. 电磁式中间继电器

中间继电器实质上是电压继电器,只是触头数量多(一般有 8 对),容量也大,起到中间放大(触头数目和电流容量)的作用。

4. 电磁式继电器的整定

继电器在投入运行前,必须把它的返回系数 K 调整到控制系统所要求的范围以内。一般整定方法有两种。

(1)调整释放弹簧的松紧程度。释放弹簧越紧,反作用力越大,则吸合值和释放值都增加,返回系数上升;反之,则返回系数下降。这种调节为精调,可以连续调节。但若弹簧太紧,电磁吸力不能克服反作用力,有可能吸不上;弹簧太松,反作用力太小,又不能可靠释放。

(2)改变非磁性垫片的厚度。非磁性垫片越厚,衔铁吸合后磁路的气隙和磁阻增大,释放值增大,使返回系数增大;反之,则释放值减小,返回系数减小。采用这种调整方式,吸合值基本不变。这种调节为粗调,不能连续调节。

5. 电磁式继电器的选择

电磁式继电器选用时主要依据继电器所保护或所控制对象对继电器提出的要求,如触头的数量、种类、返回系数,控制电路的电压、电流、负载性质等。由于继电器触头容量小,所以经常将触头并联使用。有时为增加触头的分断能力,也有把触头串联起来使用的。

6. 电磁式继电器的图形符号和文字符号

电磁式继电器的图形符号如图 1-54 所示。电流继电器的文字符号为 KI,电压继电器的文字符号为 KV(过电压继电器为 KOV,欠电压继电器为 KUV),中间继电器的文字符号为 KA。

图 1-54　电磁式继电器的图形符号

五、思考与练习

1.Y/△减压启动适合什么样的电动机？分析电动机绕组在启动过程中的连接方式。

2.电源缺相时,为什么Y启动时电动机不动,而到了△联结时,电动机却能够转动?

3.在图 1-47 所示电路中,当按下 SB1 后,若电动机能Y启动,而一松开 SB1,电动机即停转,则故障可能出在哪些地方?

4.在图 1-47 所示电路中,若按下 SB1 后,电动机能Y启动,但不能△运转,则故障可能出在哪些地方?

5.若把图 1-47 中时间继电器的延时闭合,延时断开触头错接成瞬时动作的常开、常闭触头,电路的工作状态如何变化?

项目六

电动机的制动控制电路的分析与安装

一、任务导入

由于机械惯性的影响,高速旋转的电动机从切除电源到停止转动要经过一定的时间,这样往往满足不了某些生产工艺快速、准确停车的控制要求,这就需要对电动机进行制动控制。

所谓制动,就是给正在运行的电动机加上一个与原转动方向相反的制动转矩,迫使电动机迅速停转。三相异步电动机的制动方法分为两类:机械制动和电气制动。

二、相关知识

学习情境 1　机械制动控制电路

机械制动的设计思想是利用外加的机械作用力,使电动机迅速停止转动。机械制动有电磁抱闸制动、电磁离合器制动等。

1.电磁抱闸制动

电磁抱闸制动是靠电磁制动闸紧紧抱住与电动机同轴的制动轮来制动的。电磁抱闸制动方式的制动力矩大,制动迅速停车准确,缺点是制动越快冲击振动越大。电磁抱闸制动有断电电磁抱闸制动和通电电磁抱闸制动。断电电磁抱闸制动在电磁铁线圈一旦断电或未接通时,电动机都处于抱闸制动状态,例如,电梯、吊车、卷扬机等设备。断电电磁抱闸制动电路如图 1-55 所示。

电路工作过程:启动时按下 SB2 按钮,接触器 KM2 线圈得电,其主触头闭合,使电磁铁线圈得电,将制动闸提起,使制动闸与制动轮分开,同时其辅助常开触头闭合,使 KM1 线圈得电并自锁,其主触头闭合,电动机启动运转;停止时,按下停止按钮 SB1 后,接触器 KM1、KM2 线圈失电,切断了电动机和电磁铁线圈电源,制动闸在弹簧拉力的作用下将制动轮掣住,使电动机迅速停转。

为了避免电动机在启动前瞬时出现转子被掣住不转的短路运行状态,在电路设计时应使接触器 KM2 先得电,使得电磁铁线圈先通电松开制动闸后,电动机才能接通电源。

通电电磁抱闸制动控制则是在平时制动闸总是处于松开的状态,通电后才抱闸。例如机床等需要经常调整加工件位置的设备,往往采用该种制动方式。

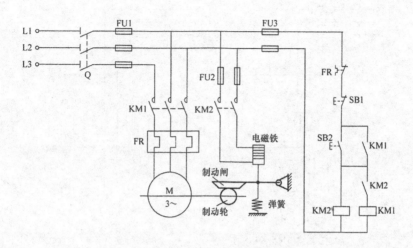

图 1-55　断电电磁抱闸制动电路图

2.电磁离合器制动

电磁离合器制动是采用电磁离合器来实现制动的,电磁离合器体积小,传递转矩大,制动方式比较平稳且迅速,并可以安装在机床等的机械设备内部。

学习情境 2　电气制动控制电路

电气制动实质上是在欲使电动机停车时,产生一个与原来旋转方向相反的电磁制动转矩,迫使电动机的转速迅速下降。电气制动有反接制动、能耗制动等。

1.反接制动控制电路

异步电动机反接制动的原理是改变三相异步电动机定子绕组中三相电源的相序使电动机制动。由于电源相序改变,定子绕组产生的旋转磁场方向也与原方向相反,而转子仍按原方向惯性旋转,于是在转子电路中产生相反的感应电流。转子要受到一个与原转动方向相反的力矩的作用,从而使电动机转速迅速下降,实现制动。

在反接制动时,转子与定子旋转磁场的相对速度接近于 2 倍同步转速,所以定子绕组中的反接制动电流相当于全电压直接启动时电流的 2 倍。为避免对电动机及机械传动系统的过大冲击,一般在 10kW 以上电动机的定子电路中串接对称电阻或不对称电阻,以限制制动转矩和制动电流,这个电阻称为反接制动电阻,图 1-56 所示为定子电路中串接对称电阻或不对称电阻。

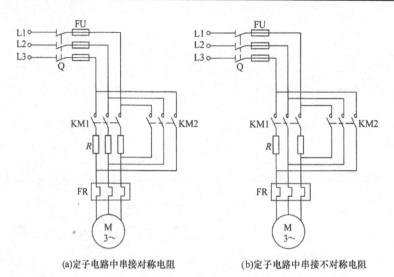

(a)定子电路中串接对称电阻　　　　(b)定子电路中串接不对称电阻

图 1-56　定子电路中串接电阻电路

　　反接制动的优点是制动转矩大,制动效果显著。但制动不平稳,而且能量损耗大,因此常用于制动不频繁、功率小于 10kW 的中小型机床及辅助性的电力拖动系统中。

　　反接制动的关键是采用按转速原则进行制动控制。因为当电动机转速接近零时,必须自动地将电源切断,否则电动机会反向启动。因此,采用速度继电器来检测电动机的转速变化,当转速下降到接近零(100r/min)时,由速度继电器自动切断电源。反接制动也可以采用时间继电器进行控制,但需要对时间继电器进行时间调试,以便准确地控制切除电源的时间。反接制动控制电路分为单向反接制动控制电路和可逆反接制动控制电路。单向反接制动的控制电路如图 1-57 所示,其中 KS 为速度继电器。

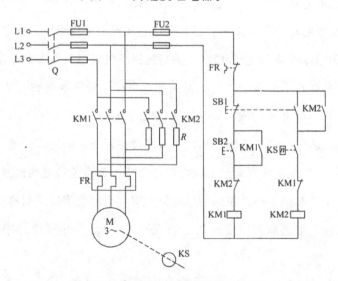

图 1-57　单向运行的反接制动控制电路

　　启动时,合上电源开关 Q,按下启动按钮 SB2,接触器 KM1 线圈得电吸合,KM1 主触头闭合,电动机启动运转。当电动机转速升高到一定数值时,速度继电器 KS 的常开触头闭合,为反接制动做准备。

停止时,按停止按钮 SB1,接触器 KM1 线圈断电释放,而接触器 KM2 线圈得电吸合,KM2 主触头闭合,串入电阻 R 进行反接制动,电动机产生一个反向电磁转矩(即制动转矩),迫使电动机转速迅速下降,当转速降至 100r/min 以下时,速度继电器 KS 的常开触头断开,接触器 KM2 线圈断电释放,电动机断电,防止了反向启动。

2.能耗制动控制电路

能耗制动是一种应用广泛的电气制动方法。当电动机在切除三相交流电源以后,立即将直流电源接入定子的两相绕组,绕组中流过直流电流,产生了一个静止不动的直流磁场。此时电动机惯性转动的转子切割直流磁通,产生感应电流。在静止磁场和感应电流相互作用下,产生一个与惯性转动方向相反的电磁转矩,因此电动机转速迅速下降,从而达到制动的目的。当转速降至零时,转子导体与磁场之间无相对运动,感应电流消失,电动机停转,再将直流电源切除,制动结束。这种制动方法把转子及拖动系统的动能转换为电能并以热能的形式迅速消耗在转子电路中,因而称为能耗制动。

根据直流电源的整流方式,能耗制动可分为半波整流能耗制动和全波整流能耗制动。根据能耗制动时间控制的原则,又分为用时间继电器控制的和用速度继电器控制的两种。

(1)半波整流能耗制动控制电路。

①半波整流单向能耗制动控制电路如图 1-58 所示。

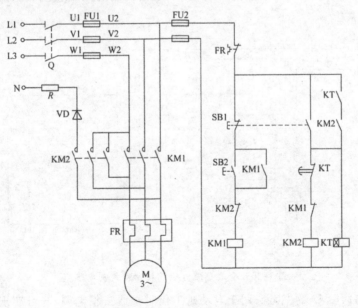

图 1-58 半波整流单向能耗制动控制电路

启动时合上电源开关 Q,按下启动按钮 SB2,接触器 KM1 线圈得电吸合,KM1 主触头闭合,电动机 M 启动运转。

若要使电动机停转,只要按下停止按钮 SB1,接触器 KM1 线圈断电释放,KM1 主触头断开,电动机 M 断电惯性运转,同时接触器 KM2 和时间继电器 KT 线圈得电吸合,KM2 主触头闭合,电动机 M 进行半波能耗制动;能耗制动结束后,KT 常闭触头延时断开,KM2 线圈断电释放,KM2 主触头断开半波整流脉动直流电源。

图 1-58 中时间继电器 KT 瞬时闭合常开触头的作用是保证在制动过程结束时及时切除直流电源。若不串联 KT 的瞬时闭合常开触头,则制动时按下停止按钮 SB1,KM2 线圈得电并自锁,电动机进行能耗制动。若此时时间继电器 KT 线圈断线或出现机械卡阻故障,则其延时断开的常闭触头不会断开,导致 KM2 一直得电,则电动机的定子绕组一直通入直流电,从而烧坏电动机。

②半波整流可逆能耗制动控制电路如图 1-59 所示。半波整流可逆能耗制动控制电路的工作原理与半波整流单向能耗制动电路相似,这里不再具体介绍。

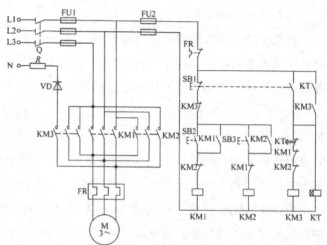

图 1-59　半波整流可逆能耗制动控制电路

(2)全波整流能耗制动控制电路。用时间继电器控制的全波整流可逆能耗制动控制电路如图 1-60 所示。

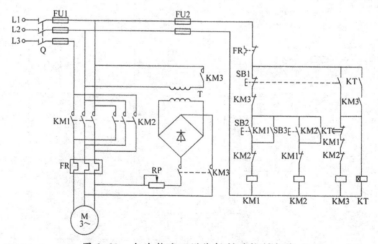

图 1-60　全波整流可逆能耗制动控制电路

接触器 KM1、KM2 的主触头用于电动机工作时接通三相电源,并可实现正、反转控制,接触器 KM3 的主触头用于制动时接通全波整流电路提供的直流电源,电路中的电阻 RP 起限制和调节直流制动电流以及调节制动强度的作用。若要使电动机停转,只要按下停止按钮 SB1,接触器 KM1(或 KM2)线圈断电释放,KM1(或 KM2)主触头断开,电动机 M 断电惯性运转;同时接触器 KM3 和时间继电器 KT 的线圈获电吸合,KM3 主触头闭合,电动机 M 定子绕组通入全波整流脉动直流电进行能耗制动。能耗制动结束后,KT 常闭触头延时断开,接触器 KM3 线圈断电释放,KM3 主触头断开全波整流脉动直流电源。

能耗制动的制动力矩随惯性转速的下降而下降,因而制动平稳,并且可以准确停车,因此,这种制动方法广泛应用于一些金属切削机床中。

从能量角度看,能耗制动是把电动机转子运转所储存的动能转变为电能,且又消耗在电动机转子的制动上,与反接制动相比,能量损耗少,制动停车准确。所以,能耗制动适用于电动机容量大、要求制动平稳和启动频繁的场合。但制动速度比反接制动慢一些,能耗制动需要整流电路。不过,随着电力电子技术的迅速发展,半导体整流器件的大量使用,直流电源已成为不难解决的问题了。

三、项目实施

半波整流单向能耗制动控制电路的安装与调试步骤如下。

1. 元器件选择与检查

从电气控制柜中选出图 1-58 中所需的电气元器件,并分别检查其好坏。

2. 电路的安装与连接

按照图 1-58 所示电路原理图画出接线图,逐根地接线。

3. 电路检查

(1)对照电路原理图进行粗查。从电路的电源端开始,逐段核对接线及接线端子处的线号是否正确;检查导线接点是否牢固,若不牢固,带负载运行时会产生闪弧现象。

(2)主电路的检查方法同前面的实验相似。

(3)控制电路的检查步骤如下。

①将万用表置于 2kΩ 欧姆挡,将万用表指针放在 U2—V2 之间,未按任何按钮时,万用表读数应为无穷大。

②分别按下 SB2 和 KM1,万用表读数应为 KM1 线圈的电阻值。

③分别按下 SB1 和 KM2,万用表读数应为 KM2 和 KT 线圈的并联电阻值。

④同时按下 SB1(或 KM1)和 SB2(或 KM2),万用表读数应为 KM2 和 KT 线圈的并联电阻值。

4. 通电试车

通过上述检查正确后,可在教师的监护下通电试车。

(1)合上开关 Q,按下按钮 SB2,则电动机运转。

(2)按下停止按钮 SB1,则电动机停止运行,同时 KM2 吸合,延时时间到 KM2 断电释放。

通电试车完毕后,断开 Q,切断电源。

四、知识拓展

(一)速度继电器

速度继电器是根据电磁感应原理制成的,常用于笼型异步电动机的反接制动控制电路中,也称反接制动继电器,是一种利用速度原则对电动机进行控制的自动电器。它主要由转子、定子和触头组成。转子是一个圆柱形永久磁铁,定子是一个笼型空心圆环,由硅钢片叠成,并装有笼型的绕组。其外形及结构示意图如图 1-61 所示。

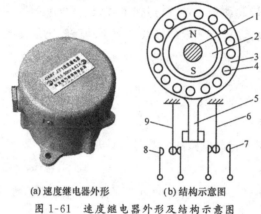

(a)速度继电器外形　　　(b)结构示意图

图 1-61　速度继电器外形及结构示意图

1—转轴　2—转子　3—定子　4—绕组　5—摆锤　6、9—簧片　7、8—静触点

当电动机制动使转速下降到一定值时,由速度继电器切断电动机控制电路。

速度继电器的转轴应与被控电动机的轴相连接,当电动机的轴旋转时,速度继电器的转子随之转动。这样定子圆环内的绕组便切割转子旋转磁场,产生使圆环偏转的转矩。偏转角度与电动机的转速成正比。当转速使定子偏转到一定角度时,与定子圆环连接的摆锤推动簧片,使常闭触头分断,当电动机转速进一步升高后,摆锤继续偏转,使动触头与静触头的常开触头闭合。当电动机转速下降时,圆环偏转角度随之下降,动触头在簧片作用下复位(常开触头断开,常闭触头闭合)。速度继电器各有一对常开触头和常闭触头,可分别控制电动机正、反转的反接制动。

常用的速度继电器有 JY1 型和 JFZ0 型,一般速度继电器的触头动作速度为 120r/min,触头的复位速度为 100r/min。在连续工作制中,能可靠地工作在 $1000\sim3600$r/min,允许操作频率每小时不超过 30 次。速度继电器根据电动机的额定转速进行选择。速度继电器的图形符号及文字符号如图 1-62 所示。

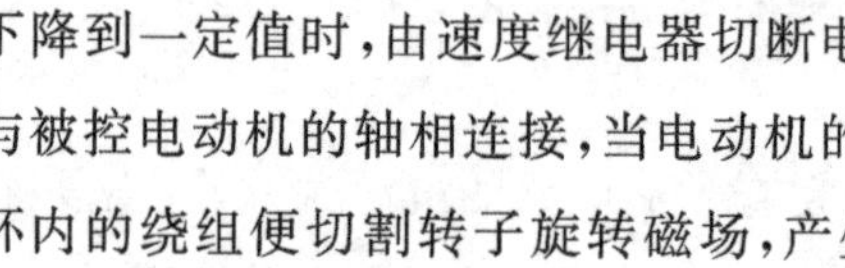

(a)转子　　　　(b)常开触头　　　　(c)常闭触头

图 1-62　速度继电器的图形符号、文字符号

(二)剩余电流断路器

剩余电流断路器俗称漏电断路器,是一种最常用的漏电保护电器,其实物图如图1-63所示。

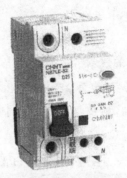

(a)DZ20L系列剩余电流断路器　　　　(b)NB7LE系列剩余电流断路器

图1-63　剩余电流断路器的实物图

剩余电流断路器既能控制电路的通与断,又能保证其控制的电路或设备发生漏电或人身触电时迅速自动跳闸,切断电源,从而保证电路或设备的正常运行及人身安全。

1.结构

剩余电流断路器由零序电流互感器、漏电脱扣器、开关装置三部分组成。零序电流互感器用于检测漏电电流;漏电脱扣器将检测到的漏电电流与一个预定基准值比较,从而判断剩余电流动作断路器是否动作;开关装置通过漏电脱扣器的动作来控制被保护电路的闭合或分断。

2.保护原理

剩余电流断路器的原理图如图1-64所示。

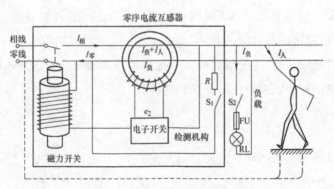

图1-64　剩余电流断路器的原理图

正常情况下,剩余电流断路器所控制的电路没有发生漏电和人身触电等接地故障时,$I_{相} = I_{零}$($I_{相}$为相线上的电流,$I_{零}$为零线上的电流)。故零序电流互感器的二次回路没有感应电流信号输出,也就是检测到的漏电电流为零,开关保持在闭合状态,线路正常供电。

当电路中有人触电或设备发生漏电时,因为 $I_{相}=I_{负}+I_{人}$,而 $I_{零}=I_{负}$,所以,$I_{相}>I_{零}$,通过零序电流互感器铁心的磁通 $\Phi_{相}-\Phi_{零}\neq0$。故零序电流互感器的二次线圈感应产生漏电信号,漏电信号输入到电子开关输入端,促使电子开关导通,磁力线圈通电产生吸力断开电源,完成人身触电或漏电保护。

3.技术参数

剩余电流断路器的技术参数如下。

(1)额定电压(V):规定为 220V 或 380V。

(2)额定电流(A):被保护电路允许通过的最大电流,即开关主触头允许通过的最大电流。

(3)额定动作电流(mA):剩余电流断路器必须动作跳开时的漏电电流。

(4)额定不动作电流(mA):开关不应动作的漏电电流,一般为额定动作电流的一半。

(5)动作时间(s):从发生漏电到开关动作断开的时间,快速型在 0.2s 以下,延时型一般为 0.2～2s。

(6)消耗功率(W):开关内部元件正常情况下所消耗的功率。

4.选型

剩余电流断路器的选型主要根据其额定电压、额定电流以及额定动作电流和动作时间等几个主要参数来选择。选用剩余电流断路器时,其额定电压应与电路工作电压相符。剩余电流断路器额定电流必须大于电路最大工作电流。对于带有短路保护装置的剩余电流断路器,其极限通断能力必须大于电路的短路电流。额定动作电流及动作时间的选择可按电路泄漏电流大小选择,也可按分级保护方式选择,具体选择方法如下。

(1)按电路泄漏电流大小选择。任何供电电路和电气设备都有一定的泄漏电流存在,剩余电流断路器的额定动作电流应大于电路的正常泄漏电流。若额定动作电流小于电路的正常泄漏电流,剩余电流断路器就无法投入运行,或者由于经常动作而破坏了供电的可靠性。实测泄漏电流的方法较复杂,在一般情况下可按经验公式来选择额定动作电流,对于照明电路和居民生活用电的单相电路,可按式(1-1)选择。

$$I_{\triangle n}=\frac{I_H}{2000} \tag{1-1}$$

对于三相三线或三相四线动力或动力照明混合电路,可按式(1-2)选择。

$$I_{\triangle n}=\frac{I_H}{1000} \tag{1-2}$$

上两式中,$I_{\triangle n}$ 为额定动作电流,I_H 为电路最大负荷电流。

(2)按分级保护方式选择。第一级保护是干线保护,主要用来排除用电设备外壳带电、导体落地等单相接地故障,是以消除事故隐患为目标的保护。第二级保护是电路末端用电设备或分支电路的保护,是以防止触电为主要目标的保护。

两级漏电保护能够减少触电事故,保证了设备的用电安全。两级保护在时间上互相匹配,使出现故障时缩小停电面积,方便排除故障和维修设备。

剩余电流断路器安装时必须保证接线正确,否则会引起误动作或发生漏电时拒绝动作。

第一级保护中,安装在干线上的剩余电流断路器,其额定动作电流应小于电路或用电设备的单相接地故障电流(单相接地故障电流一般都在 200mA 以上),同时还应大于被保护电路的三相不平衡泄漏电流。因此,额定动作电流可选择 60~120mA,动作时间选择 0.2s 或更长些。若剩余电流断路器安装在变压器输出线,则视变压器容量而定。对于 100kV·A 以下的变压器,额定动作电流可选择 100~300mA。

第二级保护中,在正常条件下,家庭用户的电路、临时接线板、电钻、吸尘器、电锯等均可安装额定动作电流为 30mA、动作时间为 0.1s 的剩余电流断路器。在狭窄的危险场所使用 220V 手持电动工具,或在发生人身触电后同时可能发生二次性伤害的地方(如在高空作业或在河岸边)使用电气工具,可安装额定动作电流为 15mA、动作时间在 0.1s 以内的剩余电流断路器。

五、思考与练习

1.用数字万用表检查二极管与用指针式万用表检查二极管有何区别?

2.在图 1-58 中,二极管开路或短路时,会出现什么现象?

3.在图 1-58 中,轻按 SB1 时,电动机能制动吗?

模块二 典型机床电气控制电路的安装调试与检修

项目一
CA6140 型车床电气控制电路的安装调试与检修

任务 1　认识 CA6140 型普通车床

CA6140 型普通车床是一种工业生产中应用极为广泛的金属切削通用机床,如图 2-1 所示。在机加工过程中,普通车床主要用于车削外圆、内圆、端面、螺纹、螺杆及车削定型表面等。普通车床的控制是机械与电气一体化的控制,本次工作任务就是通过观摩操作,认识 CA6140 型普通车床,具体任务要求如下。

图 2-1　CA6140 型普通车床的外形

(1)识别 CA6140 型普通车床主要部件(主轴箱、主轴、进给箱、丝杠与光杠、溜板箱、溜板、刀架等),清楚电气控制元器件位置及线路布线走向。

(2)通过车床的切削加工演示观察车床的主运动、进给运动及刀架的快速运动,主要体会车床电气控制电路对主轴电动机、冷却泵及刀架的控制。

(3)在教师指导下进行 CA6140 型普通车床启停、快速进给操作,观察车床电气控制电路中各元器件与车床运动的关系。

一、CA6140 型普通车床的型号规格

CA6140 型普通车床的型号规格及含义如下:

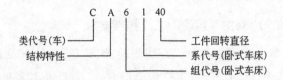

二、CA6140 型普通车床的主要结构及功能

CA6140 型普通车床主要由主轴箱、进给箱、溜板箱、卡盘、方刀架、尾座、挂轮架、光杠、丝杠、大溜板、中溜板、小溜板、床身、左床座和右床座等组成，如图 2-2 所示。CA6140 型普通车床的主要结构及功能见表 2-1。

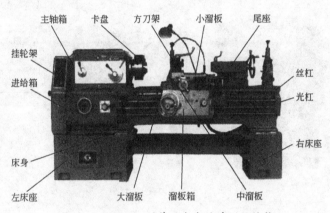

图 2-2 CA6140 型普通车床的外形及结构

表 2-1 CA6140 型普通车床的主要结构及功能

序号	结构名称	主要功能
1	主轴箱	由多个直径不同的齿轮组成，实现主轴变速
2	进给箱	实现刀具的纵向和横向进给，并可以改变进给速度
3	溜板箱	实现大溜板和中溜板手动或自动进给，并可控制进给量
4	卡盘	夹持工件，带动工件旋转
5	挂轮架	将主轴电动机的动力传递给进给箱
6	方刀架	安装刀具
7	大溜盘	带动刀架纵向进给
8	中溜盘	带动刀架横向进给
9	小溜盘	通过摇动手轮使刀具纵向进给
10	尾座	安装顶尖、钻头和铰刀等
11	光杠	带动溜板箱运动，主要实现内外圆、端面、镗孔等刀削加工
12	丝杠	带动溜板箱运动，主要实现螺纹加工
13	床身	主要起支撑作用
14	左床座	内装主轴电动机和冷却泵电动机、电气控制电路
15	右床座	内转冷却液

三、CA6140 型普通车床的主要运动形式及控制要求

CA6140 型普通车床的主要运动形式有切削运动、进给运动、辅助运动。进给运动是方刀架带动刀具的直线运动;辅助运动有尾座的纵向移动、工件的夹紧与放松等。如图 2-3 所示是 CA6140 型普通车床的主要运动形式示意图。值得一提的是,车床工作时,绝大部分功率消耗在主轴运动上。

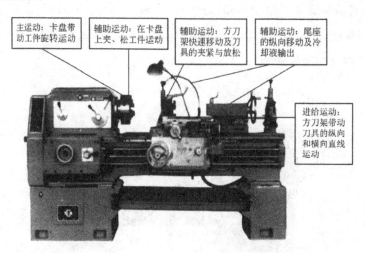

图 2-3　CA6140 型普通车床的主要运动形式示意图

四、CA6140 型普通车床的操纵系统

在使用车床前,必须了解车床的各个操纵手柄的位置和用途,以免因操作不当而损坏机床,CA6140 型普通车床的操纵手柄系统示意图如图 2-4 所示。CA6140 型普通车床的操纵手柄功能见表 2-2。

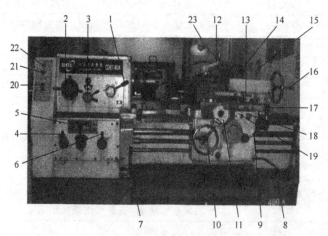

图 2-4　CA6140 型普通车床的操纵手柄系统示意图

表 2-2　CA6140 型普通车床的操纵手柄功能

图上编号	名称及用途	图上编号	名称及用途
1	主轴高、中、低档手柄	14	尾台顶尖套筒固定手柄
2	主轴变速手柄	15	尾台紧固手柄
3	纵向正、反走手柄	16	尾台顶尖套筒移动手轮
4、5、6	螺距及进给量调整手柄、丝杠光杠、变换手柄	17	刀架纵向、横向进给控制手柄
7、8	主轴正、反转操纵手柄	18	急停按钮
9	开合螺母操纵手柄	19	主轴电动机启动按钮
10	大溜板纵向移动手轮	20	电源总开关
11	中溜板横向移动手柄	21	冷却开关
12	方刀架转位、固定手柄	22	电源信号灯
13	小溜板纵向移动手柄	23	照明灯开关

五、CA6140 型普通车床电气传动的特点

(1)主驱动电动机选用三相笼型异步电动机,不进行电气调整。采用齿轮箱进行机械有级调速。为了减小振动,主驱动电动机通过几条 V 形皮带将动力传递到主轴箱。

(2)该型号的车床在车削螺纹时,主轴通过机械的方法实现主轴的正反转。

(3)刀架移动和主轴转动有固定的比例关系,以满足对螺纹加工的需要。

(4)车削加工时,由于刀具及工件温度过高,有时需要冷却,配有冷却泵电动机,在主轴启动后,根据需要决定冷却泵电动机是否工作。

(5)具有过载、短路、欠压和失压(零压)保护。

(6)具有安全可靠的机床局部照明装置。

【任务准备】

实施本任务教学所使用的实训设备及工具材料见表 2-3。

表 2-3　实训设备及工具材料

序号	分类	名称	型号规格	数量	单位	备注
1	工具	电工常用工具		1	套	
2	仪表	万用表	MF47	1	块	
3		兆欧表	500V	1	只	
4		钳形电流表		1	只	
5	设备器材	CA6140 型普通车床		1	台	

【任务实施】

一、认识 CA6140 型普通车床的主要结构和操作部件

通过观摩 CA6140 型普通车床实物与如图 2-2 所示的车床外形及结构和如图 2-4 所示的操纵手柄示意图进行对照,认识 CA6140 型普通车床的主要结构和操作部件。

二、熟悉 CA6140 型普通车床的电器设备名称、型号规格、代号及位置

首先切断设备总电源,然后在教师指导下,根据表 2-4 的元器件明细表和元器件位置图熟悉 CA6140 型普通车床的电器设备名称、型号规格、代号及位置。

表 2-4　CA6140 型普通车床电气元器件明细表

代号	名称	型号	规格	数量	用途
M1	主轴电动机	Y112M—4B3	4kW、1450r/min	1	主轴及进给传动
M2	冷却泵电动机	AYB—25	90W/3000r/min	1	供冷却液
M3	快速移动电动机	AOS5634	250W/1360r/min	1	刀架快速移动
FR1	热继电器	JR36—20/3	15.4A	1	M1 过载保护
FR2	热继电器	JR36—20/3	0.32A	1	M2 过载保护
KM	交流接触器	CJ—20	线圈电压 110V	1	控制 M1
KA1	中间继电器	JZ7—44	线圈电压 110V	1	控制 M2
KA2	中间继电器	JZ7—44	线圈电压 110V	1	控制 M3
SB1	急停按钮	LAY3—01ZS/1		1	停止 M1
SB2	启动按钮	LAY3—10/3.11		1	启动 M1
SB3	启动按钮	LA9		1	启动 M3
SB4	旋钮开关	LAY3—10X/20		1	电源开关锁
SB	钥匙按钮	LAY3—01Y/2		1	断电保护
SQ1、SQ2	行程开关	JWM6—11		2	M2、M3 短路保护
FU1	熔断器	BZ001	熔体 6A	3	控制电路短路保护

代号	名称	型号	规格	数量	用途
FU2	熔断器	BZ001	熔体 1A	1	信号灯短路保护
FU3	熔断器	BZ001	熔体 1A	1	控制电路短路保护
FU4	熔断器	BZ001	熔体 2A	1	信号灯短路保护
HL	信号灯	ZSD—0	6V	1	照明电路短路保护
EL	照明灯	JC11	24V	1	电源指示
QF	低压断路器	AMX—40	20A	1	工作照明
TC	控制变压器	JBK2—100	380V/110V/24V/6V	1	电源开关
XT0	接线端子板	JX2—1010	380V、10A、10 节	1	控制电路电源
XT1	接线端子板	JX2—1015	380V、10A、15 节	1	
XT2	接线端子板	JX2—1010	380V、10A、10 节	1	
XT3	接线端子板	JX2—1010	380V、10A、10 节	1	

三、CA6140 型普通车床试车的基本操作方法和步骤

观察教师示范,熟悉对 CA6140 型普通车床试车的基本操作方法和步骤,具体操作方法和步骤如下。

1. 开机前的准备工作

打开电气柜门,检查各元器件安装是否牢固,各电器开关是否合上,接线端子上的电线是否有松动的现象,把各电器开关合上,各接线端子与连接导线紧固后,关好电气柜门。

2. 试机操作调试方法步骤

(1)开机操作。合上电气柜侧面的总电源开关 QF,此时机床电气部分已通电。

(2)主轴电动机的启动操作。按下启动按钮 SB2,交流接触器 KM 得电吸合并自锁,主轴电动机 M1 得电启动连续旋转。然后向上抬起机械操纵手柄,主轴立即正转(同时通过卡盘带动工件正向旋转);若向下压下机械操纵手柄,则主轴立即变为反转。

(3)冷却泵电动机的启动操作。搬动 SB4 旋转开关至 I 位置,冷却泵启动,将 SB4 旋至 O 位置时,冷却泵停止。

(4)主轴电动机的停止操作。按下 SB1 紧急停止按钮时,主轴电动机和冷却泵同时停止,机床处于急停状态。按照按钮上箭头方向(顺时针)旋转急停按钮 SB1,急停按钮将复位。

(5)刀架快速移动电动机 M2 的启动操作。按下点动按钮 SB3,刀架快速移动电动机得电运转,带动刀架快速移动,实现迅速对刀。手松开启动按钮 SB3,刀架快速移动电动机失电停转,刀架立即停止移动。

（6）溜板的进给操作。首先根据加工需求，扳动丝杠、光杠变换手柄，然后再扳动进给操作手柄，实现大溜板的纵向进给或中溜板的横向进给。也可摇动进给手轮，实现各溜板的手动进给。

（7）关机操作。如果机床停止使用，为了确保人身和设备安全，一定要关断电源开关 QF。

四、试车

在老师的监控指导下，按照上述操作方法，学生分组完成对 CA6140 型普通车床的试车操作训练。

由于学生不是正式的车床操作人员，因此，在进行试车操作训练时，可不用安装车刀和工件进行加工，只要按照上述的试车操作步骤进行试车，观察车床的运动过程即可。

> **小贴士**
>
> （1）试车操作过程中，必须做好安全保护措施，如有异常情况必须立即切断电源。
>
> （2）必须在教师的监护指导下操作，不得违反安全操作规程。
>
> （3）分组操作时，操作过程中不得围观人数太多，防止发生人身和设备安全事故。

【任务评价】

对任务的完成情况进行检查，并将结果填入任务测评表，见表 2-5。

表 2-5　任务测评表

序号	主要内容	考核要求	评分标准	配分	扣分	得分
1	结构识别	①正确判断各操作部件位置及功能　②正确判别电器位置、型号、规格及作用	①对操作部件位置及功能不熟悉，每件扣 5 分　②对电器位置、型号规格及作用不清楚，每只扣 5 分	50		
2	开机操作	正确操作 CA6140 型普通车床	操作方法步骤错误，每次扣 10 分	50		
3	安全文明生产	①严格执行车间安全操作规程　②保持实习场地整洁，秩序井然	①发生安全事故，扣 30 分　②违反文明生产要求，视情况扣 5～20 分			
工时	60min		合计			
开始时间		结束时间		成绩		

【任务拓展】

一、电气系统的一般调试方法和步骤

1. 试车前的检查

(1)用兆欧表(摇表)对电路进行测试,检查元器件及导线绝缘是否良好,相间或相线与底座之间有无短路现象。

(2)用兆欧表对电动机及电动机引线进行对地绝缘测试,检查有无对地短路现象。断开电动机三相绕组间的连接头,检查电动机引线相间绝缘,检查有无相间短路现象。

(3)用手转动电动机转轴,观察电动机转动是否灵活,有无噪声或卡阻现象。

(4)在电动机进行试车前,应先按下启动按钮,观察交流接触器是否吸合;松开启动按钮后接触器能否自动保持,然后用万用表500V交流挡测量需要接电动机三相定子绕组的接线端子排,看其上有无三相额定电压、是否缺相。如果电压正常,按下停止按钮,观察交流接触器是否断开。一切动作正常后,断开总电源,将电动机的三相定子绕组的引线接上。

2. 试车

(1)合上总电源开关。

(2)先将左手手指触摸在启动按钮上,右手手指触摸在停止按钮上。然后按下启动按钮,电动机启动后,注意听和观察电动机有无异常声音及转向是否正确。如果有异常声音或转向不对,应立即按下停止按钮,使电动机断电。断电后,由于电动机因惯性仍然转动,此时,应注意观察是否有异常声音,若仍有异常声音,则可判定是机械部分的故障;若无异常声音,则可判定是电动机电气部分的故障。有噪声时应对电动机进行检修。如果电动机反转,则将电动机三相定子绕组电源进线中的任意两相对调即可。

(3)再次启动电动机前,应用钳形电流表卡住电动机三相定子绕组引线中的任意一根引线,测量电动机的启动电流。电动机的启动电流一般是电动机额定电流的4~7倍。值得一提的是,测量时,钳形电流表的量程应该超过这一数值的1.2~1.5倍,否则容易损坏钳形电流表,或造成测量数据不准确。

(4)电动机转入正常运转后,用钳形电流表分别测量电动机定子绕组的三相电流,观察三相电流是否平衡,空载和有负载时的电流是否超过额定值。

(5)如果电流正常,使电动机运行30min,运行中应经常测试电动机的外壳温度,检查长时间运行中的温升是否太高或太快。

二、试验记录

(1)记录试验设备名称、位置,参加试验人员名单及试验日期等。

(2)工具、材料清单,如万用表、钳形电流表、兆欧表、导线和调压器等。

（3）试验中有关的图样、资料及加工工件的毛坯。

（4）列出试验步骤。

（5）记录试验中出现的问题、解决方法及更换的元器件。

（6）记录试验中所有的电气参数。

（7）试验过程中更改的元器件或控制电路要记录入档，并反映到有关图样资料中去。

任务 2　CA6140 型普通车床的读图和安装调试

在本项目任务 1 中，已初识了 CA6140 型普通车床的结构、运动形式、元器件的测绘和试车操作训练。本次任务的主要内容如下。

（1）通过如图 2-5 所示的 CA6140 型普通车床的电气原理图，掌握绘制和识读机床电路图的基本知识及本电气线路的工作原理。

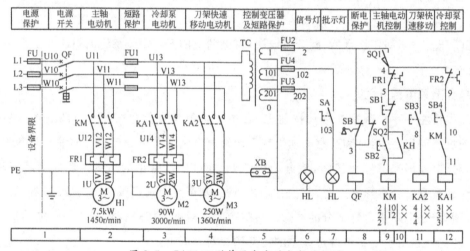

图 2-5　CA6140 型普通车床的电气原理图

（2）根据电气原理图进行电气线路的安装工艺与调试。

【知识链接】

CA6140 型普通车床的电气控制电路分析

1. 识读机床电路图的基本知识

常用的机床电路一般比电气拖动基本环节电路复杂，为了便于读图分析、查找图中元器件及其触点的位置，机床电路图的表示方法有自己相应的特点，主要表现在以下几个方面。

（1）用途栏。机床电路图的用途栏一般设置在电路图的上部，按照电路功能分为若干个单元，通过文字表述的形式将电路图中每部分电路在机床电气操作中的功能、名称等标注在用途栏内。从图 2-5 中可以看到 CA6140 型普通车床的电路图按功能可分为电源保护、电源开关、主轴电动机、短路保护、冷却泵电动机、刀架快速移动电动机、控制变压器及短路保护、信号灯、指示灯、断电保护、主轴电动机控制、刀架快速移动和冷却泵控制 13 个单元。

　　(2)图区栏。机床电路图的图区栏一般设置在电路图的下部,通常是一条回路或一条支路划为一个图区,并从左向右依次用阿拉伯数字编号标注在图区栏内。从如图 2-5 所示的 CA6140 型普通车床电气原理图的识读示意图中可以看出,电路图共划分为 12 个图区。

　　(3)接触器触点在电路图中位置的标记。在电路图中每个接触器线圈的下方画有两条竖线,分成左、中、右三栏,其中左栏表示接触器主触点所在图区的位置,中栏表示辅助常开触点(动合触点)所在图区的位置,而右栏则表示辅助常闭触点(动断触点)所在图区的位置。对于接触器备而无用的辅助触点(常开或常闭),则在相应的栏区内用记号"×"标出或不标出任何符号。表 2-6 就是如图 2-5 所示的 CA6140 型普通车床电气原理图中接触器 KM 的触点在电路图中位置标记的注释说明。

表 2-6　接触器触点在电路图中位置的标记说明

栏目	左栏	中栏	右栏
触点类型	主触点所处的图区号	辅助常开触点所处的图区号	辅助常闭触点所处的图区号
KM 2|10|× 2|12|× 2| |×	表示接触器 KM 的 3 对主触点均在图区 2 的位置	表示接触器 KM 的一对辅助常开触点在图区 10 的位置,而另一端常开触点在图区 12 位置	表示接触器的 2 对辅助常闭触点未用

　　(4)继电器触点在电路图中位置的标记。与接触器触点在电路图中位置标记不同的是,在电路图中每个继电器线圈的下方画有一条竖线,分成左、右两栏,其中左栏表示继电器常开触点(动合触点)所在图区的位置,而右栏则表示辅助常闭触点(动断触点)所在图区的位置。对于继电器备而无用的辅助触点(常开或常闭),也是在相应的栏区内用记号"×"标出或不标出任何符号。表 2-7 就是如图 2-5 所示的 CA6140 型普通车床电气原理图中中间继电器 KA1、KA2 的触点在电路图中位置标记的注释说明。

表 2-7　继电器触点在电路图中位置的标记说明

栏目	左栏	右栏
触点类型	常开触点所处的图区号	常闭触点所在的图区号
KA2 4|× 4|× 4|	表示继电器 KA2 的 3 对常开触点在图区 4 的位置	表示继电器 KA2 的 2 对常闭触点未用
KA1 3|× 3|× 3|	表示继电器 KA1 的 3 对常开触点在图区 3 的位置	表示续电器 KA1 的 2 对常开触点未用

　　2.CA6140 型普通车床的读图及电路分析

　　(1)主电路。从如图 2-5 所示的电气原理图和表 2-3 的电气元器件明细表中可知,本机床的电源采用三相 380V 交流电源,并通过低压断路器 QF 引入,总电源短路保护用总熔断器 FU。主电路有三台电动机 M1、M2 和 M3,均为正转控制。其中主轴电动机 M1 的短路保护由低压断路器 QF 的电磁脱扣器来实现,而冷却泵电动机 M2 和刀架快速移动电动机 M3 及控制电源变压器 TC一次侧绕组的短路保护由 FU1 来实现。主轴电动机 M1 和冷却泵电动机 M2 的过载保护则由各自的热继电器 FR1 和 FR2 来实现。

另外,机床的主轴电动机 M1 由交流接触器 KM 控制,带动主轴旋转和刀架做进给运动;冷却泵电动机 M2 由中间继电器 KA1 控制,输送切削冷却液;刀架快速移动电动机 M3 则由 KA1 控制,在机械手柄的控制下带动刀架快速做横向或纵向进给运动。主轴的旋转方向、主轴的变速和刀架的移动方向均由机械控制实现。

> **小贴士**
>
> 机床电路的读图应从主电路着手,根据主电路电动机的控制形式,分析其控制内容,控制内容主要包括:电动机的启停方式、正反转控制、调速方法、制动控制和自动循环等基本控制环节。

(2)控制电路。控制线路由控制变压器 TC 供电,控制电源电压 110V,由熔断器 FU2 做短路保护。

(3)机床电源引入控制。

> **小贴士**
>
> 钥匙式开关 SB 和行程开关 SQ2 在车床正常工作时是断开的,断路器 QF 的线圈不通电,QF 能合闸。当打开电气控制箱壁龛门时,行程开关 SQ2 闭合,QF 线圈获电,断路器 QF 自动断开,切断车床的电源,以保证设备和人身安全。

【启动控制】

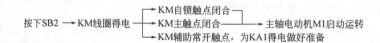

【停车控制】

> **小贴士**
>
> 在正常工作时,行程开关 SQ1 的常开触点闭合,当打开床头皮带罩后,SQ1 的常开触点断开,切断控制电路电源,以确保人身安全。

①刀架快速移动电动机 M3 的控制。刀架快速移动电动机 M3 的控制电路如图 2-5 中

的第 11 区所示。从安全需要考虑,其控制电路是由安装在刀架快速进给操作手柄顶端的按钮 SB3 与中间继电器 KA2 组成的点动控制电路;当要进行控制时,只要将进给操作手柄扳到所需移动的方向,然后按下 SB3,KA2 得电吸合,电动机 M3 启动运转,刀架沿指定的方向快速接近或离开工件加工部位。

②冷却泵电动机 M2 的控制。冷却泵电动机 M2 的控制电路如图 2-5 中的第 12 区所示。从电路图中可以看出冷却泵电动机 M2 和主轴电动机 M1 在控制电路中采用了顺序控制的方式,因此只有当主轴电动机 M1 启动后(即 KM 的辅助常开触点闭合),再合上转换开关 SB4,中间继电器 KA1 才能吸合,冷却泵电动机 M2 才能启动。

③照明、信号(指示)电路。照明、信号(指示)电路如图 2-5 中的第 6、7 区所示。其控制电源由控制变压器 TC 的二次侧分别提供 6V 和 24V 交流电压,合上电源总开关 QF,电源指示信号灯 HL 亮,FU3 做短路保护;若合上转换开关 SA,机床局部照明灯 EL 点亮,断开转换开关 SA,照明灯 EL 熄灭,FU4 做短路保护。

小贴士

机床控制电路的读图分析可按控制功能的不同,划分成若干控制环节进行分析,采用"化零为整"的方法;在对各个控制环节进行分析时,还应特别注意各个控制环节之间的连锁关系,最后再"积零为整"对整体电路进行分析。

【任务准备】

实施本任务教学所使用的实训设备及工具材料见表 2-8。

表 2-8 实训设备及工具材料

序号	分类	名称	类型规格	数量	单位	备注
1	工具	电工常用工具		1	套	
2		铅笔及测绘工具		1	套	
3	仪表	万用表	MF47 型	1	块	
4		兆欧表	500V	1	只	
5		钳形电流表		1	只	
6	设备器材	CA6140 型普通车床		1	台	

【任务实施】

一、CA6140 型普通车床的电气安装

根据如图 2-5 所示的电气原理图和如图 2-6 所示的电气安装图进行电气配电板的制作。

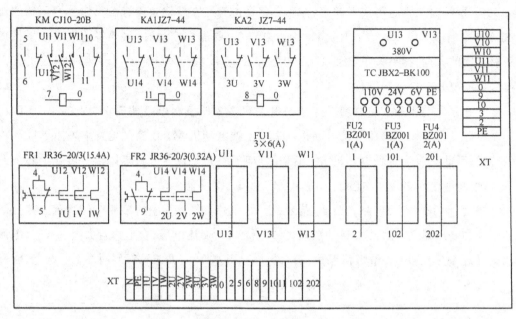

图 2-6　CA6140 型普通车床的电气安装图

1. 电气配电板的选料

电气配电板可用 2.5~3mm 钢板制作,上面覆盖一张 1mm 左右的布质酚醛层压板,也可以将钢板涂以防锈漆。电气配电板的尺寸要小于配电柜门框的尺寸,同时也要考虑元器件安装后电气配电板能自由进出柜门。

先将所有的元器件备齐,然后在桌面上将这些元器件进行模拟排列。元器件布局要合理,总的原则是力求连接导线短,各电器排列的顺序应符合其动作规律。钢板要求无毛刺并倒角,四边呈 90°角,表面平整。用划针在底板上画出元器件的装配孔位置,然后拿开所有的元器件。校对每一个元器件的安装孔尺寸,然后钻中心孔、钻孔、攻螺纹,最后刷漆。

2. 元器件的安装

要求元器件与底板保持横平竖直,所有元器件在底板上要固定牢固,不得有松动现象。安装接触器时,要求散热孔朝上。

3. 连接主电路

主电路的连接导线一般采用较粗的 2.5mm² 单股塑料铜芯线,或按照图样要求的导线规格进行接线。配线的方法及步骤如下。

(1)连接电源端子 U11、V11、W11 与熔断器 FU1 和接触器 KM 之间的导线。

(2)连接 KM 与热继电器 FR1 之间的导线。

(3)连接热继电器 FR1 与端子 1U、1V、1W 之间的导线。

(4)连接熔断器 FU1 与中间继电器 KA1、KA2 之间的导线。

(5)连接热继电器 FR2 与中间继电器 KA1 和端子 2U、2V、2W 之间的导线。同样连接好中间继电器 KA2 与端子 3U、3V、3W 之间的导线。

（6）全部连接好后检查有无漏线、接错。

4.连接控制电路

控制电路一般采用 $1.5mm^2$ 单股塑料铜芯线，或按照图样要求的导线规格（如 $1.5mm^2$ 的多股铜芯软线）进行接线。配线的方法及步骤如下。

（1）连接控制电源变压器 TC 与熔断器 FU2、FU3、FU4 之间的导线。

（2）连接热继电器 FR1 与 FR2 之间的连线和与接线端子 XT 之间的导线。

（3）连接接触器 KM 线圈与辅助常开触点和接线端子 XT 之间的导线。

（4）连接中间继电器 KA1 线圈与接触器 KM 辅助常开触点和接线端子 XT 之间的导线。

（5）连接中间继电器 KA2 线圈与接线端子 XT 之间的导线。

（6）分别连接熔断器 FU2、FU3、FU4 与接线端子 XT 之间的导线。

（7）分别连接 KM、KA1、KA2、QF、HL 和 EL 的工作地线，并分别与控制电源变压器 TC 和端子 XT 连接好。

5.电气配电板接线检查

（1）检查布线是否合理、正确，所有接线螺钉是否拧紧、牢固，导线是否平直、整齐。

（2）对照电气原理图及接线安装图，详细检查主电路和控制电路各部分接线、电气编号等有无遗漏或错误，如有应予以纠正。一切就绪后即可进行安装。

6.电动机的安装

电动机的安装一般采用起吊装置，先将电动机水平吊起至中心高度并与安装孔对正，装好电动机与齿轮箱的连接件并相互对准，吊装方法如图 2-7 所示。再将电动机与齿轮连接件啮合，对准电动机安装孔，旋紧螺栓，最后撤去起吊装置。

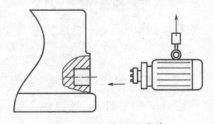

图 2-7　电动机的吊装

小贴士

　　在进行电动机吊装时，应在教师的指导下与机械装配人员配合完成，并注意安全。另外，如果是在原有的机床上进行，电动机已事先装好，该步骤可省掉不做。

7.限位开关的安装

(1)安装前检查限位开关 SQ1、SQ2 是否完好,即用手按压或松开触点,听开关动作和复位的声音是否正常。检查限位开关支架和撞块是否完好。

(2)安装限位开关时要将限位开关位置放置在撞块安全撞压区内(撞块能可靠撞压开关,但不能撞坏开关),固定牢固。

8.敷设接线

敷设的连接线包括板与按钮、板与限位开关、板与电动机、板与照明灯和信号灯等之间的连线。连接线的过程如下。

(1)测量距离。测量要连接部件的距离(要留有连接余量及机床运动部件的运动延伸长度),裁剪导线(选用塑料绝缘软铜线)。

(2)套保护套管。机床床身上各电气部件间的连接导线必须用塑料套管保护。

(3)敷设连接线。将连接导线从床身或穿线孔穿到相应的位置,在两端临时把套管固定。然后,用万用表校对连接线,套上号码管。校对方法如图 2-8 所示。确认某一根导线作为公共线,剥出所有导线芯,将一端与公共线搭接,用 $R \times 1$ 的电阻挡测量另一端。测完全部导线,并在两端套上号码管。

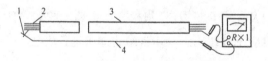

图 2-8　校对方法
1—搭接点　2—导线　3—塑料护管　4—公共线

9.电气控制板的安装

安装电气控制板时,应在电气控制板和控制箱壁之间垫上螺母和垫片,以不压迫连接线为宜。同时将连接线从接线端子排一侧引出,便于机床的电气连接。

10.机床的电气连接

机床的电气连接主要是电气控制板上的接线端子排与机床上各个电气部件之间的连接,如按钮、限位开关、电动机、照明灯和信号灯等,形成一个整体系统。它的总体要求是安全、可靠、美观、整齐。具体要求如下。

(1)机床上的电气部件上端子的接线可用剥线钳剪切出适当的长度,剥出接线头(不宜太长,取连接时的压接长度即可),除锈,然后镀锡,套上号码管,接到接线端子上用螺钉拧紧即可。

(2)由于电气控制板与机床电气之间的连线采用的是多股软线,因此对成捆的软导线要进行绑扎,要求整齐美观;所有接线应连接可靠,不得有松动。安装完毕后,对照原理图和安装接线图认真检查,有无错接、漏接现象。经教师检查验证正确无误后,则将按钮盒安装就位,关上电气箱的门,即可准备试车。

二、CA6140 型普通车床的调试

1.调试前的准备

(1)图样、资料。将有关 CA6140 型普通车床的图样和安装、使用、调试说明书准备好。

(2)工具、仪表。将电工工具、兆欧表、万用表和钳形电流表准备好。

(3)元器件的检查。

①测量电动机 M1、M2、M3 绕组间、对地绝缘电阻是否大于 $0.5M\Omega$,否则要进行浸漆烘干处理;测量线路对地电阻是否大于 $3M\Omega$。检查电动机是否转动灵活,轴承有无缺油等异常现象。

②检查低压断路器、熔断器是否和电气元器件明细表一致,热继电器调整是否合理。

③检查主电路、控制电路所有电气元器件是否完好、动作是否灵活,有无接错、掉线、漏接和螺钉松动现象;接地系统是否可靠。

(4)检查是否短路。检查是否短路的方法及步骤如下。

①检查主电路。断开电源和控制电源变压器 TC 的一次绕组,用兆欧表测量相与相之间、相对地之间是否有短路或绝缘损坏现象。

②检查控制电路。断开控制电源变压器 TC 的二次回路,用万用表 $R \times 1\Omega$ 挡测量电源线与零线或保护性 PE 之间是否短路。

(5)检查电源。首先接通试车电源,用万用表检查三相电源电压是否正常。然后拔去控制电路的熔断器,接通机床电源开关,观察有无异常现象,如打火、冒烟、熔丝断等;是否有异味;检测电源控制电源变压器 TC 输出电压是否正常。如有异常,应立即关断机床电源,再切断试车电源,然后进行检查处理。如检查一切正常,可开始机床电气的整体调试。

2.机床电气的调试

(1)控制电路的试车。先将电动机 M1、M2、M3 接线端的接线断开,并包好绝缘。然后在教师的指导下,按下列试车调试方法和步骤进行操作。

①先合上低压断路器 QF,检查熔断器 FU1 前后有无 380V 电压。

②检查电源控制变压器 TC 一次和二次绕组的电压是否分别为 380V、24V、6.3V 和110V。再检查 FU2、FU3 和 FU4 后面的电压是否正常。电源指示灯 HL 应该亮。

③按下启动按钮 SB2,接触器 KM1 应吸合,按下停止按钮 SB1,接触器 KM1 应释放。操作过程中,注意观察接触器有无异常响声。

④采用同样的方法按下按钮 SB3,观察中间继电器 KA2 是否动作正常和有无异常响声。

⑤按下启动按钮 SB2 后接通冷却泵旋钮开关 SB4 可观察中间继电器 KA1 的情况。

⑥接通照明旋钮开关 SA,照明灯 EL 亮。

(2)主电路通电试车。在控制电路通电调试正常后方可进行主电路的通电试车。为了安全起见,首先断开机械负载。分别连接电动机与接线端子 1U、1V、1W、2U、2V、2W、3U、3V、3W 之间的连线;然后按照控制电路试车中的第③～⑥项的顺序进行试车。检查主轴电动机 M1、冷却泵电动机 M2 和刀架快速移动电动机 M3 运转是否正常。试车的内容包括以下几个方面。

①检查电动机旋转方向是否与工艺要求相同。检查电动机空载电流是否正常。

②经过一段时间的试运行,观察、检查电动机有无异常响声、异味、冒烟、振动和温升过高等异常现象。

③让电动机带上机械负载,然后按照控制电路试车中的第③～⑥项的顺序进行试车。检查能否满足工艺要求而动作,并按最大切削负载运转。检查电动机电流是否超过额定值。然后再观察、检查电动机有无异常响声、异味、冒烟、振动和温升过高等异常现象。

以上各项调试完毕后,全部合格才能验收,交付使用。

小贴士

在实施电气线路的安装与调试时应特别注意以下几个方面的内容。

(1)电动机和线路的接地要符合要求。严禁采用金属作为接地通道。

(2)在电气控制箱外部进行敷设连接线时,导线必须穿在导线通道或敷设在机床底座内的导线通道里或套管内,导线的中间不允许有接头。

(3)在进行刀架快速移动调试时,要注意将运动部件置于行程的中间位置,以防运动部件与车头或尾座相撞,造成设备和人身事故。

(4)在进行试车调试时,要先合上电源开关,再按下启动按钮;停车时,要先按停止按钮,后断开电源开关。

(5)在进行通电试车调试时必须在教师的监护下进行,必须严格遵守安全操作规程。

在实施本任务中的电气配电板的制作、线路安装和调试的实训时,各校可根据自己的实际情况进行,若受现场安装调试条件限制也可按照如图 2-8 所示的电气安装图,选用木质材料的模拟电气配电板进行板前配线安装和调试技能训练。在模拟电气配电板上进行训练的具体安装与调试步骤及工艺要求可参照表 2-9 内的内容实施。

表2-9 CA6140普通车床控制线路的安装与调试

安装步骤	工艺要求
第一步 选配并检验元器件和电气设备	①按照电气原理图和表2-3的电气元器件明细表配齐电气设备和元器件,并逐个检验其规格和质量 ②根据电动机的容量、线路走向和各元器件的安装尺寸,正确选配导线的规格、数量、接线端子排、配电板、紧固体等
第二步 在控制配电板上固定元器件,并在元器件附近做好与电路图上相同代号的标记	元器件安装整齐、合理、牢固、美观
第三步 在控制配电板上进行硬线板前配线,并在导线的端部套上号码管	按照板前配线的工艺要求进行配线
第四步 进行控制配电板意外的元器件固定和连线	合理选择导线的走向,并在各线头上套上与电路图相同的线号套管
第五步 自检	按照试车线的准备和检查方法分别对主电路和控制电路进行通电试车前的检查
第六步 通电调试	按照机床通电调试步骤进行通电调试

【任务评价】

对任务的完成情况进行检查,并将结果填入任务测评表2-10。

表2-10 任务测评表

序号	主要内容	考核要求	评分标准	配分	扣分	得分
1	安装前的检查	元器件的检查	元器件漏检或错检,每处扣2分	5		
2	电气线路安装	根据电气安装接线图和电气原理图进行电气线路的安装	①元器件安装合理、牢固,否则每个扣2分;损坏元器件每个扣10分;电动机安装不符合要求,每台扣5分 ②板前配线合理、整齐美观,否则每处扣2分 ③按图接线,功能齐全,否则扣20分 ④控制配电板与机床电气部件的连接导线敷设符合要求,否则每根扣3分 ⑤漏接接地线,扣10分	35		

序号	主要内容	考核要求	评分标准	配分	扣分	得分
3	通电试车	按照正确的方法进行试车调试	①热继电器未整定或整定错误,每只扣 5 分 ②通电试车的方法和步骤正确,否则每项扣 5 分 ③试车不成功,扣 30 分	30		
4	安全文明生产	①严格执行车间安全操作规程 ②保持实习场地整洁,秩序井然	①发生安全事故,扣 30 分 ②违反文明生产要求,视情况扣 5~20 分			
工时	5h	其中,控制配电板的板前配线为 5h,上机安装与调试为 7h,每超过 5min 扣 5 分		合计		
开始时间			结束时间		成绩	

【任务拓展】

控制配电板的安装与接线

(1)控制箱内外所有电气设备和电气元器件的编号,必须与电气原理图上的编号完全一致。安装和检查时都要对照原理图进行。

(2)安装接线时为了防止差错,主、辅电路要分开先后接线,控制线路应一个回路一个回路地接线,安装好一部分,检测一部分,就可避免在接线中出现差错。

(3)接线时要注意,不可混淆主电路用线和辅助电路用线。

(4)为了使今后不致因一根导线损坏而全部更新导线,在导线穿管时,应多穿 1~2 根备用线。

(5)配电板明配线时,要求线路整齐美观,导线去向清楚,便于查找故障。当板内空间较大时,可采用塑料线槽配线方式。塑料线槽布置在配电板四周和电气元器件上下。塑料线槽用螺钉固定在底板上。

(6)配电板暗配线时,在每一个电气元器件的接线端处钻出比连接导线外径略大的孔,在孔中插进塑料套管即可穿线。

(7)连接线的两端根据电气原理图或接线图套上相应的线号。线号的材料有:用压印机压在异型塑料管上的编号;印有数字或字母的白色塑料套管;也有人工书写的线号。

(8)根据接线端子的要求,将剥削绝缘的线头按螺钉拧紧方向弯成圆环(线耳)或直接接上,多股线压头处应镀上焊锡。

（9）在同一接线端子上压两根以上不同截面导线时,大截面放在下层,小截面放在上层。

（10）所有压接螺栓要配置镀锌的平垫圈、弹簧垫圈,并要牢固压紧,以防止松动。

（11）接线完毕,应根据原理图、接线图仔细检查各元器件与接线端子之间及它们相互之间的接线是否正确。

任务3　CA6140型普通车床主轴控制电路的电气故障检修

常用的机床电气设备在运行的过程中产生故障,会致使设备不能正常工作,不但影响生产效率,严重时还会造成人身或设备事故。机床电气故障的种类繁多,同一种故障症状可有多种引起故障的原因;而同一种故障原因又可能有多种故障症状的表现形式。快速排除故障,保持机床电气设备的连续运行是电气维修人员的职责,也是衡量电气维修人员水平的标志。机床电气故障无论是简单的还是复杂的,在进行检修时都有一定的规律和方法可循。

本次任务的主要内容是:通过CA6140型普通车床主轴电动机控制线路常见电气故障的分析与检修,掌握常用机床电气设备的维修要求、检修方法和维修的步骤,同时能熟练地使用量电法(电压法、验电笔测试法)、电阻法(通路法)检测故障。

【知识链接】

一、电气设备维修的一般要求

对电气设备维修的要求一般包括以下几个方面。

（1）检修工作时,所采取的维修步骤和方法必须正确,切实可行。

（2）检修工作时,不得损坏完好的元器件。

（3）检修工作时,不得随意更换元器件及连接导线的型号及规格。

（4）检修工作时,应保持原有线路的完好性,不得擅自改动线路。

（5）检修工作时,若不小心损坏了电气装置,在不降低其固有的性能的前提下,对损坏的电气装置应尽量修复使用。

（6）检修后的电气设备的各种保护性能必须满足使用的要求。

（7）检修后的电气绝缘必须合格,通电试车能满足电路要求的各种功能,控制环节的动作程序符合控制要求。

（8）检修后的电气装置必须满足其质量标准。电气装置的检修质量标准如下。

①检修后的电气装置外观整洁,无破损和碳化现象。

②电气装置和元器件所有的触点均应完整、光洁,并接触良好。

③电气装置和元器件的压力弹簧和反作用弹簧具有足够的弹力。

④电气装置和元器件的操纵、复位机构都必须灵活可靠。

⑤各种电气装置的衔铁运动灵活,无卡阻现象。

⑥带有灭弧装置的电气装置和元器件,其灭弧罩必须完整、清洁,安装牢固。

⑦电气装置的整定数值大小应符合电路使用的要求,如热继电器、过流继电器等。

⑧电气设备的指示装置能正常发出信号。

二、电气设备的日常维护和保养

电气设备的日常维护和保养主要包括电动机和控制设备的日常维护和保养。加强对电气设备的日常检查、维护和保养,及时发现一些非正常因素,并进行及时的修复和更换处理,将故障消灭在萌芽状态,是减少故障造成的损失、增加电气设备连续运转周期、保证电气设备正常运行的有效措施。

1. 电动机的日常维护

电动机是机床设备实现电力拖动的核心部分,因此在日常检查和维护中显得尤为重要。在电动机的日常检查和维护时应做到:电动机表面清洁,通风顺畅,运转声音正常,运行平稳,三相定子绕组的电流平衡,各相绕组之间的绝缘电阻和绕组对外壳的绝缘电阻应大于 $0.5M\Omega$,温升正常,绕线式电动机和直流电动机电刷下的火花应在允许的范围内。

2. 控制设备的日常维护保养

控制设备的日常维护保养的主要内容包括以下几个方面。

(1)控制设备操纵台上的所有操纵按钮、主令开关的手柄、信号灯及仪表护罩都应保持清洁完好。

(2)控制设备上的各类指示信号装置和照明装置应完好。

(3)电气柜的门、盖应关闭严密,柜内保持清洁、无积尘和异物,不得有水滴、油污和金属切屑等,以免损坏电器造成事故。

(4)接触器、继电器等电器的吸合良好,无噪声、卡阻和迟滞现象。触点接触面有无烧蚀、毛刺或穴坑;电磁线圈是否过热;各种弹簧弹力是否适当;灭弧装置是否完好无损等。

(5)试验位置开关能否起到限位保护作用,各电器的操作机构应灵活可靠。

(6)控制设备各线路接线端子连接牢靠,无松脱现象。同时各部件之间的连接导线、电缆或保护导线的软管,不得被切削液、油污等腐蚀。

(7)电气柜及导线通道的散热情况应良好。

(8)控制设备的接地装置必须可靠。

三、电气设备的维护保养周期

对设置在电气柜(配电箱)内的元器件,一般无须经常进行开门监护,主要靠日常定期的维护和保养来实现电气设备较长时间的安全稳定运行。其维护保养周期应根据电气设备的构造、使用情况及环境条件等来确定。在进行电气设备的维护保养时,一般可配合生产机械的一、二级保养同时进行。电气设备的维护保养周期及内容见表 2-11。

表 2-11 电气设备的维护保养周期及内容

保养级别	保养周期	机床作业时间	电气设备保养内容
一级保养	一季度左右	6～12h	(1)清扫配电箱的积尘异物 (2)修复或更换即将损坏的元器件 (3)整理内部接线,使之整齐美观,特别是在平时应急修理处,应尽量复原成正规状态 (4)紧固熔断器的可动部分,使之接触良好 (5)紧固接线端子和元器件上的压线螺钉,使所有压接线头牢固可靠,以减小接触电阻 (6)对电动机进行小修和中修检查 (7)通电试车,使元器件的动作程序正确可靠
二级保养	一年左右	3～6d	(1)机床一级保养时,对机床电器所进行的各项维护保养工作 (2)检修动作频繁且电流较大的接触器、继电器触点 (3)检查有明显噪声的接触器和继电器 (4)校验热继电器,看其是否能正常工作,校验效果应符合热继电器的动作特性 (5)校验时间继电器,看其延时时间是否符合要求

四、电气设备故障检修步骤

机床电气设备故障的类型大致可分为两大类:一类是有明显外表特征并容易发现的故障,如电动机、元器件的显著发热、冒烟甚至发出焦臭味或电火花等。另一类是没有明显外表特征的故障,此类故障多发生在控制电路中,由于元器件调整不当,机械动作失灵,触点及压接线端子接触不良或脱落,以及小零件损坏、导线断裂等原因所引起。尽管机床电气设备通过日常维护保养后,大大地降低了电气故障的发生率,但绝不能杜绝电气故障的发生。因此,电气维修人员除了掌握日常维护保养技术外,还必须在电气故障发生后,能够及时采用正确的判断方法和正确的检修方法及步骤,找出故障点并排除故障。

当电气设备出现故障时,不应盲目动手进行检修,应遵循电气故障检修的步骤进行检修,其检修的步骤流程图如图 2-9 所示。

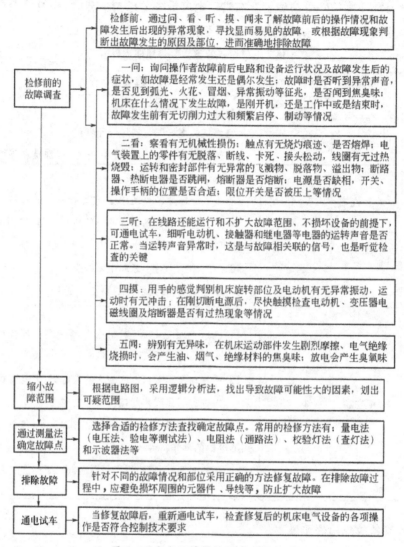

图 2-9 电气故障检修的步骤流程图

【任务准备】

实施本任务教学所使用的实训设备及工具材料参见表 2-3。

【任务实施】

CA6140 型普通车床主轴控制常见故障分析与检修:首先由教师在 CA6140 型普通车床 (或车床模拟实训台)上人为设置自然故障点,并进行故障分析和故障检修操作示范,让学生 仔细观察教师示范检修过程。然后,在教师的指导下,让学生分组自行完成故障点的检修实 训任务。本书后续故障分析与检修均建议按照此方法。CA6140 型普通车床主轴控制常见 故障现象和检修方法如下。

1. 故障现象 1

合上低压断路器 QF,信号灯 HL 亮;合上照明灯开关 SA,照明灯 EL 亮;按下启动按钮 SB2,主轴电动机 M1 转得很慢甚至不转,并发出"嗡嗡"声。

【故障分析】 采用逻辑分析法对故障现象进行分析可知,当按下启动按钮 SB2 后,主轴电动机 M1 转得很慢甚至不转,并发出"嗡嗡"声。说明接触器 KM 已吸合,电气故障为典型的电动机缺相运行,因此,故障范围应在主轴电气控制的主电路上,通过逻辑分析法可用虚线画出该故障最小范围,如图 2-10 所示。

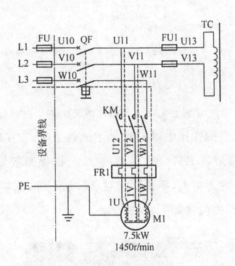

图 2-10 主轴电动机缺相运行的故障最小范围

【故障检修方法】 当试机时,发现是电动机缺相运行,应立即按下停止按钮 SB1,使接触器 KM 主触点处于断开状态,然后根据如图 2-10 所示的故障最小范围,分别采用电压测量法和电阻测量法进行故障检测。具体的检测方法及实施过程如下。

步骤一:首先以接触器 KM 主触点为分界点,在主触点的上方采用电压测量法,即采用万用表交流 500V 挡分别检测接触器 KM 主触点输入端三相电压 U_{U11V11}、U_{U11W11}、U_{V11W11} 的电压值,如图 2-11 所示。若三相电压值正常,就切断低压断路器 QF 的电源,在主触点的下方采用电阻测量法,借助电动机三相定子绕组构成的回路,用万用表 $R×100$(或 $R×1k$)挡分别检测接触器 KM 主触点输出端的三相回路(即 U12 与 V12 之间、U12 与 W12 之间、V12 与 W12 之间)是否导通,若三相回路正常导通,则说明故障在接触器的主触点上。

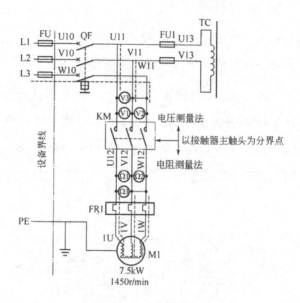

图 2-11　主电路的测试方法

步骤二:当判断出故障范围在接触器 KM 的主触点上时,应在断开断路器 QF 和拔下熔断器 FU1 的情况下,按下接触器 KM 动作试验按钮,分别检测接触器 KM 的 3 对主触点接触是否良好,若测得电阻值为无穷大,则说明该触点接触不良,若电阻值为零则说明无故障,可进入下一步检修。主触点的检测如图 2-12 所示。

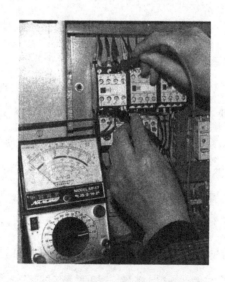

图 2-12　主触点的检测

步骤三:若检测出接触器 KM 主触点输入端三相电压值不正常,则说明故障范围在接触器主触点输入端上方。具体的检修过程见表 2-11。若检测出接触器 KM 主触点输出端三相回路导通不正常,则说明故障范围在接触器主触点输出端下方。

表 2-11　电压测量法查找故障点

故障现象	测试状态	测量标号	电压数值	故障点
合上低压断路器QF，信号灯 HL 不亮、按下启动按钮SB2，接触器 KM 不吸合，主轴电动机M1 不转，按下刀架快速进给按钮 SB3，中间继电器 KA2 不能吸合，拨通冷却泵开关 SB4，中间继电器 KA2 不能吸合	电压测量法	U13—V13	正常	故障在变压器 TC 的一次绕组上
		U13—V13	异常	V 相的 FU1 熔丝断
		U11—V11	正常	
		U11—V13	异常	
		U13—V13	异常	V 相的 FU1 熔丝断
		U13—V11	异常	
		U11—V13	正常	
		U11—V11	异常	断路器 QF 的 U 相触点接触不良
		U10—V10	正常	
		U10—V11	正常	
		U11—V10	异常	
		U11—V11	异常	断路器 QF 的 V 相触点接触不良
		U10—V10	正常	
		U10—V11	异常	
		U11—V10	正常	
		U10—V10	异常	V 相的 FU 熔丝断
		U10—L2	正常	
		U10—V10	异常	U 相的 FU 熔丝断
		V10—L1	正常	

2.故障现象 2

按下启动按钮 SB2 后，接触器 KM 不吸合，主轴电动机 M1 不转。

由于机床电气控制是一个整体的电气控制系统，当出现按下启动按钮 SB2 后，接触器 KM 不吸合，主轴电动机 M1 不转的故障现象时，不能盲目对故障范围下结论和采取检测方法进行检修，应首先进行整体的试车，仔细观察现象，然后根据现象确定故障最小范围后，再采用正确合理的检测方法找出故障点，排除故障。造成按下启动按钮 SB2 后，接触器 KM 不吸合，主轴电动机 M1 不转的故障现象的故障范围一般分为下列几种。

(1)合上低压断路器 QF，信号灯 HL 不亮，合上照明灯开关 SA，照明灯 EL 不亮。然后打开壁龛门，压下 SQ2 传动杆，合上低压断路器 QF，信号灯 HL 不亮，合上照明灯开关 SA，照明灯 EL 不亮，再按下启动按钮 SB2，接触器 KM 不吸合，主轴电动机 M1 不转，按下刀架快速进给按钮 SB3，中间继电器 KA2 不能吸合，拨通冷却泵开关 SB4，中间继电器 KA1 不能吸合。

【故障分析】　采用逻辑分析法对故障现象进行分析可知，故障范围应在控制电源变压器 TC 一次绕组的电源回路上。其故障最小范围可用虚线表示，如图 2-13 所示。

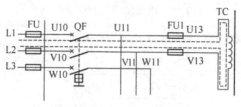

图 2-13　故障最小范围

【故障检修】　根据图 2-13 所示的故障最小范围,可以采用电压测量法或者采用验电笔测量法进行检测。

①电压测量法检测。采用电压测量法进行检测时,先将万用表的量程选择开关拨至交流 500V 挡,具体检测过程见表 2-11。

②验电笔测量法检测。在进行该故障检测时,也可用验电笔测量法进行检测,而且检测的速度较电压测量法要快,但前提条件是必须拔下熔断器 FU1 中的 U、V 两相任意一个熔断器,断开控制电源变压器一次绕组的回路,避免因电流回路造成检测时的误判。具体的检测方法及判断如下:以熔断器 FU1 为分界点,如图 2-14 所示,首先拔下 U11 与 U13 之间的熔断器 FU1,然后用验电笔分别检测 U11 与 U13 之间的熔断器 FU1 两端是否有电(验电笔氖管的亮度是否正常),来判断故障点所在的位置,具体检测流程图如图 2-15 所示。

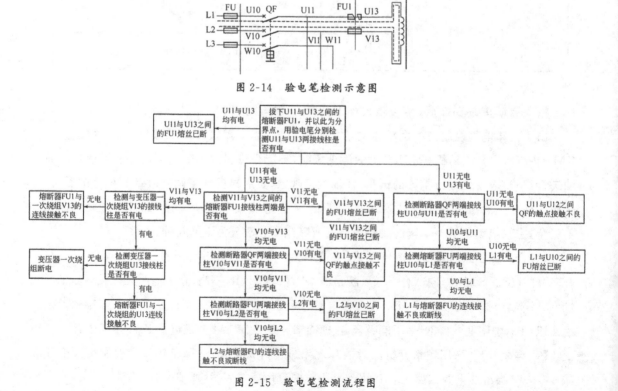

图 2-14　验电笔检测示意图

图 2-15　验电笔检测流程图

小贴士

在使用验电笔测量法进行该故障检测时,虽然检测的速度比电压测量法要快,但前提条件是必须断开熔断器 FU1 中的 U、V 两相任意一个熔断器,由此断开控制电源变压器一次绕组的回路,避免因电流回路造成检测时的误判。

（2）合上低压断路器 QF,信号灯 HL 不亮,合上照明灯开关 SA,照明灯 EL 不亮,然后打开壁龛门,压下 SQ2 传动杆,合上低压断路器 QF,信号灯 HL 亮,合上照明灯开关 SA,照明灯 EL 亮,再按下启动按钮 SB2,接触器 KM 不吸合,主轴电动机 M1 不转,按下刀架快速进给按钮 SB3,中间继电器 KA2 不能吸合,拨通冷却泵开关 SB4,中间继电器 KA1 不能吸合。

【故障分析】　采用逻辑分析法对故障现象进行分析可知,故障范围应在控制电源变压器 TC 二次绕组的控制回路上。其故障最小范围可用虚线表示,如图 2-16 所示。

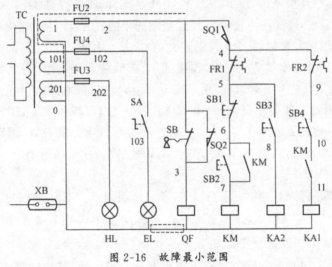

图 2-16　故障最小范围

【故障检修】　打开壁龛门,压下 SQ2 传动杆,合上低压断路器 QF,用电压测量法首先测量控制电源变压器 TC 的 110V 二次绕组的 1# 与 0# 接线柱之间的电压值是否正常,若不正常则说明控制电源变压器 TC 的 110V 二次绕组断路。若电压值正常,则测量熔断器 FU2 的 2# 与 0# 接线柱之间电压值;如果所测得电压值不正常,则说明熔断器 FU2 的熔丝已断;如果所测得电压值正常,就继续测量与 SQ1 连接的 2# 与 0# 接线柱之间的电压值,若电压值不正常,则说明故障在熔断器 FU2 和 SQ1 之间的连线上,若所测得电压值正常,则说明故障在 QF 线圈与 0# 接线柱连线上。

（3）合上低压断路器 QF,信号灯 HL 亮,合上照明灯开关 SA,照明灯 EL 亮,按下启动按钮 SB2,接触器 KM 不吸合,主轴电动机 M1 不转,按下刀架快速进给按钮 SB3,中间继电器 KA2 不吸合,拨通冷却泵开关 SB4,中间继电器 KA1 不能吸合。

【故障分析】　采用逻辑分析法对故障现象进行分析可知,故障范围应在控制电源变压器 TC 二次绕组的控制回路上。其故障最小范围可用虚线表示,如图 2-17 所示。

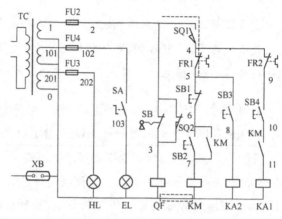

图 2-17　故障最小范围

【故障检修】　打开壁龛门,压下 SQ2 传动杆,合上低压断路器 QF,首先用电压测量法检测熔断器 FU2 的 2# 接线柱与接触器 KM 线圈连接的 0# 接线柱的电压是否正常,若电压不正常,则说明故障在与接触器 KM 线圈连接的 0# 接线柱上。若测得的电压值正常,则以 SQ1 作为分界点,用验电笔检测与 SQ1 连接的 2# 接线柱是否有电,若无电,则说明故障在与 SQ1 连接的 2# 接线柱上。若有电,用手按下 SQ1,检测与 SQ1 的 4# 接线柱是否有电,若无电则是 SQ1 常开触点接触不良;若有电就继续按下 SQ1,检测与 KH1 连接的 4# 接线柱是否有电,若无电,则说明故障在与 FRI 连接的 4# 接线柱上。若有电,继续检测与 KH1 连接的 5# 接线柱是否有电,若无电则是 KH1 常闭触点接触不良;若有电,则说明故障在与 KH1 连接的 5# 接线柱上。

(4)合上低压断路器 QF,信号灯 HL 亮,合上照明灯开关 SA,照明灯 EL 亮,按下启动按钮 SB2,接触器 KM 不吸合,主轴电动机 M1 不转,拨通冷却泵开关 SB4,中间继电器 KA1 不能吸合,但按下刀架快速进给按钮 SB3,中间继电器 KA2 吸合。

【故障分析】　采用逻辑分析法对故障现象进行分析可知,其故障最小范围可用虚线表示,如图 2-18 所示。

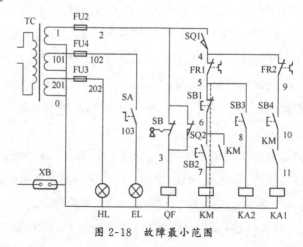

图 2-18　故障最小范围

【故障检修】　打开壁龛门,压下 SQ2 传动杆,合上低压断路器 QF,采用电压测量法和验电笔测量法配合进行检测。具体的检测方法及步骤如下。

①人为接通 SQ1,以启动按钮 SB2 为分界点,先用验电笔检测 SB2 的 6# 接线柱是否有电,若有电,就用电压测量法检测 SB2 两端 6#、7# 接线柱之间的电压是否正常,若电压值正常则说明是 SB2 的常开触点接触不良。若电压值不正常,则以机床的导轨为"0"电位点,测量 SB2 的 6# 接线柱与导轨之间的电压值应正常(110V),然后测量熔断器 FU2 的 2# 接线柱与接触器 KM 线圈的 7# 接线柱之间电压,若电压值正常,则故障应在 7# 接线柱上。若电压值不正常,继续测量熔断器 FU2 的 2# 接线柱与接触器 KM 线圈的 6# 接线柱之间电压,如果电压值正常,则接触器 KM 线圈已断;如果电压值不正常,则故障应在 6# 接线柱上。

②在人为接通 SQ1 后,如果用验电笔检测 SB2 的 6# 接线柱发现无电,则继续检测按钮 SB1 两端的 5# 和 6# 接线柱是否有电,若 5# 接线柱有电而 6# 接线柱没有电,则故障是 SB1 常闭触点接触不良。若 5# 和 6# 接线柱都无电,则说明故障在与 SB1 连接的 5# 接线柱上。

3. 故障现象 3

按下启动按钮 SB2,主轴电动机 M1 运转,松开 SB2 后,主轴电动机 M1 停转。

【故障分析】　分析线路工作原理可知,造成这种故障的主要原因是接触器 KM 的自锁触点接触不良或导线松脱,使电路不能自锁。其故障最小范围如图 2-19 所示。

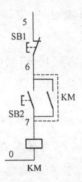

图 2-19　主轴电动机不能连续运行故障最小范围

【故障检修】　打开壁龛门,压下 SQ2 传动杆,合上低压断路器 QF,在人为接通 SQ1 后,采用电压测量法检测接触器 KM 自锁触点两端 6# 与 7# 接线柱之间的电压值是否正常;如果电压值不正常,则说明故障在自锁回路上,然后用验电笔检测接触器 KM 自锁触点 6# 接线柱是否有电,若无电则故障在 6# 接线柱上;若有电则说明故障在 7# 接线柱上。如果是接触器 KM 自锁触点闭合时接触不良。如果检测出接触器 KM 自锁触点两端 6# 与 7# 接线柱之间的电压值正常,则说明故障原因是接触器 KM 自锁触点闭合时接触不良。

检测自锁触点是否接触良好,应先切断低压断路器 QF,使 SQ1 处于断开位置,然后人为按下接触器 KM,用万用表电阻 $R \times 10$ 挡检测接触器自锁触点接触是否良好。如果接触不良,则修复或更换触点,如图 2-20 所示。

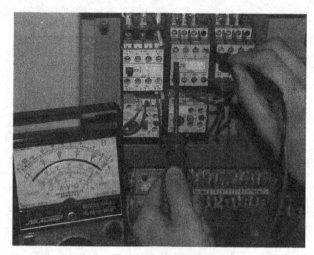

图 2-20　检测自锁触点接触情况

4.故障现象 4

按下停止按钮 SB1,主轴电动机 M1 不能停止。

【故障分析】　按下停止按钮后,主轴电动机 M1 不能停止的主要原因分别是 KM 主触点熔焊;停止按钮 SB1 被击穿短路或线路中 5、6 两点连接导线短路;KM 铁芯端面被油垢粘牢不能脱开。

【故障检修方法】　当出现该故障现象时,应立即断开断路器 QF,若 KM 释放,说明故障是停止按钮 SB1 被击穿或导线短路;若 KM 过一段时间释放,则故障为铁芯端面被油垢粘牢;若 KM 不释放,则故障为 KM 主触点熔焊。可根据情况采取相应的措施修复,在此不再赘述。

小贴士

(1)检修前要认真识读分析电路图、电器布置图和接线图,熟练掌握各个控制环节的作用及原理,掌握电器的实际位置和走线路径。

(2)认真观摩教师的示范检修,掌握车床电气故障检修的一般方法和步骤。

(3)检修过程中要注意人身安全,所使用的工具和仪表应符合使用要求。

(4)检修时,严禁扩大故障范围或产生新的故障点。

(5)故障检测时应根据电路的特点,通过相关和允许的试车,尽量缩小故障范围。

(6)当检测出是主回路的故障时,为避免因缺相在检修试车过程中造成电动机损坏的事故,继电器主触点以下部分最好采用电阻测量法进行检测。

(7)控制电路的故障检测应尽量采用量电法(即电压测量法和验电笔测量法),当故障检测出后,断开电源后方可排除故障。

（8）停电后要进行验电，带电检修时，必须有指导教师在现场监护，以确保操作安全，同时要做好检修记录。

【任务评价】

对任务的完成情况进行检查，并将结果填入任务测评表，见表2-12。

表2-12 任务测评表

序号	考核内容	考核要求	评分标准	配分	扣分	得分
1	故障现象	正确观察机床的故障现象	能正确观察机床的故障现象，若故障现象判断错误，每个故障扣10分	20		
2	故障范围	用虚线在电气原理图中划出故障最小范围	能用虚线在电气原理图中划出故障最小范围，错判故障范围，每个故障扣10分；未缩小到故障最小范围，每个扣5分	20		
3	检修方法	检修步骤正确	①仪表和工具使用正确，否则每次扣5分 ②检修步骤正确，否则每处扣5分	30		
4	故障排除	故障排除完全	故障排除完全，否则每个扣10分；不能查出故障点，每个故障扣20分；若扩大故障每个扣20分；如损坏元器件，每只扣10分	30		
5	安全文明生产	①严格执行车间安全操作规程 ②保持实习场地整洁	①发生安全事故扣30分 ②违反文明生产要求，视情况扣5～20分			
工时	30min		合计			
开始时间		结束时间		成绩		

【任务拓展】

电气故障的修复及注意事项。

当查找出电气设备的故障点后，就要着手进行修复、试运转、记录等，然后交付使用，但必须注意以下事项。

（1）在查找出故障点和修复故障时，应注意不能把找出的故障点作为寻找故障的终点，还必须进一步分析查明产生故障的根本原因。例如，在处理某台电动机因过载烧毁的事故时,绝不能认为将烧毁的电动机重新修复或换上一台同一型号的新电动机就算完事,而应进一步查明电动机过载的原因,查明是因负载过重,还是电动机选择不当、功率过小所致,因为两者都会导致电动机过载。所以在处理故障时,修复故障应在找出故障原因并排除之后进行。

(2)查找出故障点后,一定要针对不同故障情况和部位,相应地采取正确的修复方法,不要轻易更换元器件和补线等方法,更不允许轻易改动线路或更换规格不同的元器件,以防产生人为故障。

(3)在故障点的修理工作中,一般情况下应尽量做到复原。但是,有时为了尽快恢复机床的正常运行,根据实际情况也允许采取一些适当的应急措施,但绝不可凑合行事。

(4)当发现熔断器熔断故障后,不要急于更换熔断器的熔丝,而应仔细分析熔断器熔断的原因。如果是负载电流过大或有短路现象,应进一步查出故障并排除后,再更换熔断器熔丝;如果是容量选小了,应根据所接负载重新核算选用合适的熔丝;如果是接触不良引起的,应对熔断器座进行修理或更换。

(5)如果查出是电动机、变压器、接触器等出了故障,可按照相应的方法进行修理。如果损坏严重无法修理,则应更换新的。为了减少设备的停机时间,也可先用新的电器将故障电器替换下来再修。

(6)当接触器出现主触点熔焊故障,这很可能是由于负载短路造成的,一定要将负载短路的问题解决后,才能再次通电试验。

(7)由于机床故障的检测,在许多情况下要带电操作,所以一定要严格遵守电工操作规程,注意安全。

(8)电气故障修复完毕,需要通电试运行时,应和操作者配合,避免出现新的故障。

(9)每次排除故障后,应及时总结经验,并做好维修记录。记录的内容包括:机床设备的型号、名称、编号、故障发生日期、故障现象、部位、损坏的电器、故障原因、修复措施及修复后的运行情况等。记录的目的是以此作为档案,以备日后维修时参考,并通过对历次故障的分析,采取相应的有效措施,防止类似故障的再次发生或对电气设备本身的设计提出改进意见等。

【思考与练习】

一、填空题

1.CA6140 型车床主电路共有三台电动机,分别为_____,_____和_____。

2.CA6140 型卧式车床主要由_____、_____、_____、_____、_____、_____、_____、丝杠和光杠等部分组成。

二、选择题

1.用电压法测量检查低压电器设备时,把万用表扳倒交流电压_____档位。

   A. 10V   B. 50V   C. 100V   D. 500V

2. Z 主轴电动机与冷却泵电动机的电气控制的顺序是_____

A. Z 主轴电动机启动后,冷却泵电动机方可选择启动

B. 主轴与冷却泵电动机可同时启动

C. 冷却泵电动机启动后,主轴电动机方可启动

D. 冷却泵由组合开关控制,与主轴电动机无电气关系

三、判断题

1. 冷却装置主要通过冷却泵将切削液加压后经冷却嘴喷射到切削区域。(　　)

2. CA6140 型车床的纵、横向机动进给和快速移动采用单手柄操纵。(　　)

3. 变换转速时应先停车,后变速。(　　)

4. CA6140 型车床的主轴电动机和冷却泵电动机的控制属于顺序控制。(　　)

5. 常用电气设备电气故障产生的原因主要是自然故障。(　　)

6. 机床电气装置的所有触头均完整、光洁、接触良好。(　　)

项目二

X62W 型万能铣床电气控制电路的安装与检修

任务 1　X62W 型万能铣床电气控制电路的安装

铣床的种类很多,按照结构形式和加工性能的不同,可分为卧式铣床、立式铣床、仿形铣床、龙门铣床、专用铣床和万能铣床等。X62W 型万能铣床是一种多用途卧式铣床,如图 2-21 所示。它可以用圆柱铣刀、圆片铣刀、角度铣刀、成型铣刀及端面铣刀等刀具对各种零件进行平面、斜面、沟槽及成型表面的加工,装上分度盘可以铣削齿轮和螺旋面,装上圆工作台可以铣削凸轮和弧形槽等。

图 2-21　X62W 型万能铣床的外形

铣床的控制是机械与电气一体化的控制,本次工作任务就是:通过观摩操作,认识 X62W 型万能铣床。具体任务要求如下。

(1)识别铣床主要部件,清楚元器件位置及线路布线走向。

(2)观察主轴停车制动、变速冲动的动作过程,观察两地停止操作、工作台快速移动控制。

(3)细心观察体会工作台与主轴之间的连锁关系,纵向操纵、横向操纵与垂直操纵之间的连锁关系,变速冲动与工作台自动进给的连锁关系,圆工作台与工作台自动进给连锁的关系。

(4)在教师指导下操作 X62W 型万能铣床。

【知识链接】

一、X62W 型万能铣床型号含义

X62W 型万能铣床的型号含义为:

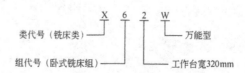

二、X62W 型万能铣床的主要结构及功能

X62W 型万能铣床的主要结构如图 2-22 所示。它主要由床身、主轴、刀杆、悬梁、刀杆挂脚、工作台、回转盘、横溜板、升降台和底座等部分组成。

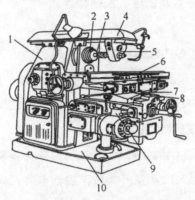

图 2-22　X62W 型万能铣床的主要结构
1—床身　2—主轴　3—刀杆　4—悬梁　5—刀杆挂脚
6—工作台　7—回转盘　8—横溜板　9—升降台　10—底座

在铣床床身的前面有垂直导轨,升降台可沿着垂直导轨上下移动;在升降台上面的水平导轨上,装有可在平行主轴轴线方向移动(前后移动)的溜板;溜板上部有可转动的回转盘,工作台上有 T 形槽来固定工件,因此,安装在工作台上的工件可以在 3 个坐标上的 6 个方向(上下、左右、前后)调整位置或进给。

铣床的铣削是一种高效率的加工方式。铣床主轴带动铣刀的旋转运动是主运动;铣床工作台的横向(前、后)、纵向(左、右)和垂直(上、下)6 个方向的运动是进给运动;铣床其他的运动,如工作台旋转运动属于辅助运动。X62W 型万能铣床元器件位置图如图 2-23 所示。

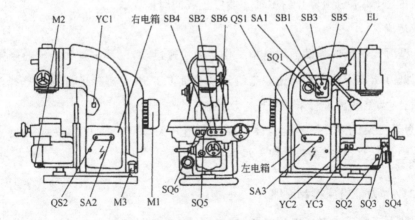

图 2-23　X62W 型万能铣床元器件位置图

三、X62W 型万能铣床电气控制的特点

X62W 型万能铣床由 3 台电动机驱动,M1 为主轴电动机,担负主轴的旋转运动,即主运动;M2 为进给电动机,机床的进给运动和辅助运动由 M2 驱动;M3 为冷却泵电动机,将切削液输送到机床的切削部位。各运动的电气控制特点如下。

1. 主运动

X62W 万能铣床的主运动是主轴带动铣刀的旋转运动。铣削加工有顺铣和逆铣两种方式,所以要求主轴电动机能实现正反转,但考虑到一批工件一般只用一个方向铣削,在加工过程中无须经常变换主轴旋转的方向,因此,X62W 型万能铣床是用组合开关 SA3 来改变主轴电动机的电源相序以实现正反转目的。

另外,铣削加工是一种不连续的切削加工方式,为减小振动,主轴上装有惯性轮,但这样就会造成主轴停车困难,为此,X62W 型万能铣床主轴电动机采用电磁离合器制动以实现准确停车。

2. 进给运动

X62W 型万能铣床的进给运动是指工件随工作台在横向(前、后)、纵向(左、右)和垂直(上、下)6 个方向上的运动,以及圆形工作台的旋转运动。

X62W 型万能铣床工作台 6 个方向的进给运动和快速移动,由进给电动机 M2 采用正反转控制,6 个方向的进给运动中同时只能有一种运动产生,采用机械手柄和位置开关配合的方式实现 6 个方向进给运动的连锁;进给快速移动是通过电磁离合器和机械挂挡来完成;为扩大加工能力,在工作台上可加装圆形工作台,圆形工作台的回转运动是由进给电动机经传动机构驱动的。

为防止刀具和机床的损坏,要求只有主轴启动后才允许有进给运动;同时为了减小加工件的表面粗糙度,要求进给停止后主轴才能停止或同时停止。

3. 辅助运动

X62W 型万能铣床的辅助运动是指工作台的快速运动,以及主轴和进给的变速冲动。

X62W 型万能铣床的主轴调速和进给运动调速是采用变速盘进行速度选择,为了保证齿轮良好啮合,调整变速盘时采用变速冲动控制。

另外,为了更换铣刀方便、安全,设置换刀专用开关 SA1。换刀时,一方面将主轴制动,另一方面将控制电路切断,避免出现人身事故。

四、X62W 型万能铣床控制原理

X62W 型万能铣床主要由电源电路、主电路、控制电路和照明电路四部分组成。X62W 型万能铣床的电气原理图如图 2-24 所示。

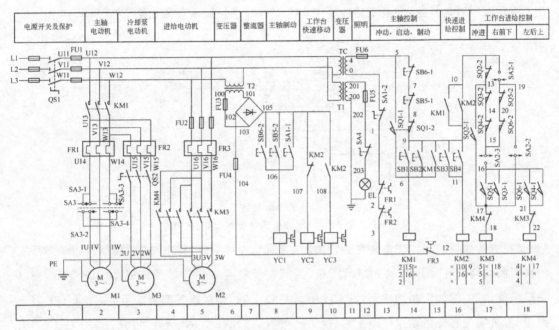

图 2-24　X62W 型万能铣床的电气原理图

1. 主轴电动机 M1 的控制

为了方便操作，主轴电动机的启动、停止及进给电动机的控制均采用两地控制方式，一组安装在工作台上，另一组安装在床身上。

（1）主轴电动机 M1 的启动。主轴电动机启动前根据顺铣、逆铣的要求，将转换开关 SA3 扳到所需的转向位置。然后按下启动按钮 SB1 或 SB2，接触器 KM1 通电吸合并自锁，主轴电动机 M1 启动。KM1 的辅助常开触点（9-10）闭合，接通控制电路的进给线路电源，保证了只有先启动主轴电动机，才可开动进给电动机，避免工件或刀具的损坏。

（2）主轴电动机的制动。为了使主轴停车准确，主轴采取电磁离合器制动。该电磁离合器安装在主轴传动链中与电动机轴相连的第一根传动轴上，当按下停止按钮 SB5 或 SB6 时，接触器 KM1 断电释放，电动机 M1 失电。按钮按到底时，停止按钮的常开触点 SB5-2 或 SB6-2 接通电磁离合器 YC1，离合器吸合，将摩擦片压紧，对主轴电动机进行制动。直到主轴停止转动，才可松开停止按钮。主轴制动时间不超过 0.5s。

（3）主轴变速冲动。主轴变速是通过改变齿轮的传动比进行的，由一个变速手柄和一个变速盘来实现，有 18 级不同转速（30～1500r/min）。为使变速时齿轮组能很好重新啮合，设置变速冲动装置。变速时，先将变速手柄 3 压下，然后向外拉动手柄，使齿轮组脱离啮合；再转动蘑菇形变速手轮，调到所需转速上，将变速手柄复位。在手柄复位过程中，压动位置开关 SQ1，SQ1 的常闭触点（8-9）先断开，常开触点（5-6）后闭合，接触器 KM1 线圈瞬时通电，主轴电动机做瞬时点动，使齿轮系统抖动一下，达到良好啮合。当手柄复位后，SQ1 复位，断开了主轴瞬时点动线路,完成变速冲动工作。变速冲动控制示意图如图 2-25 所示。

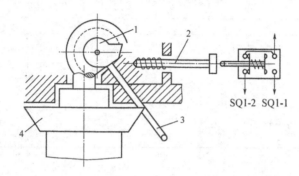

SQ1-2 SQ1-1

图 2-25 变速冲动控制示意图
1—凸轮 2—弹簧杆 3—变速手柄 4—变速盘

(4)主轴换刀控制。在主轴更换铣刀时,为避免人身事故,将主轴置于制动状态,即将主轴换刀制动转换开关 SA1 转到"接通"位置,其常开触点 SA1-1 接通电磁离合器 YC1,将电动机轴抱住,主轴处于制动状态;其常闭触点 SA1-2 断开,切断控制电路电源,保证了上刀或换刀时,机床没有任何动作。当上刀、换刀结束后,将 SA1 扳回"断开"位置。

2. 进给电动机 M2 的控制

工作台的进给运动分为工作进给和快速进给。工作进给只有在主轴启动后才可进行,快速进给是点动控制,即使不启动主轴也可进行。工作台的 6 个方向的运动都是通过操纵手柄和机械联动机构带动相应的位置开关,控制进给电动机 M2 正转或反转来实现的。在正常进给运动控制时,回转盘控制转换开关 SA2 应转至断开位置。SQ5、SQ6 控制工作台的向右和向左运动,SQ3、SQ4 控制工作台的向前、向下和向后、向上运动。

进给驱动系统用了两个电磁离合器 YC2 和 YC3,都安装在进给传动链中的第四根轴上。当左边的离合器 YC2 吸合时,连接上工作台的进给传动链;当右边的离合器 YC3 吸合时,连接上快速移动传动链。

(1)工作台的纵向(左、右)进给运动。启动主轴,当纵向进给手柄扳向右边时,联动机构将电动机的传动链拨向工作台下面的丝杠,使电动机的动力通过该丝杠作用于工作台,同时压下位置开关 SQ5,接触器 KM3 线圈通过(10—SQ2-2—13—SQ3-2—14—SQ4-2—15—SA2-3—16—SQ5-1—17—KM4 常闭触点—18—KM3 线圈)路径得电吸合,进给电动机 M2 正转,带动工作台向右运动。

当纵向进给手柄扳向左时,SQ6 被压下,接触器 KM4 线圈得电,进给电动机 M2 反转,工作台向左运动。

进给到位将手柄扳至中间位置,SQ5 或 SQ6 复位,KM3 或 KM4 线圈断电,电动机的传动链与左右丝杠脱离,M2 停转。若在工作台左右极限位置装设限位挡铁,当挡铁碰撞到手柄连杆时,把手柄推至中间位置,电动机 M2 停转实现终端保护。

（2）工作台的垂直（上、下）与横向（前、后）进给运动。工作台的垂直与横向运动由一个十字进给手柄操纵，该手柄有 5 个位置，即上、下、前、后、中间。当手柄向上或向下时，传动机构将电动机传动链和升降台上下移动丝杠相连；向前或向后时，传动机构将电动机传动链与溜板下面的丝杠相连；手柄在中间位时，传动链脱开，电动机停转。手柄扳至前、下位置，压下位置开关 SQ3；手柄扳至后、上位置，压下位置开关 SQ4。

将十字手柄扳到向上（或向后）位，SQ4 被压下，接触器 KM4 得电吸合，进给电动机 M2 反转，带动工作台做向上（或向后）运动。KM4 线圈得电路径为：10—SA2-1—19—SQ5-2—20—SQ6-2—15—SA2-3—16—SQ4-1—21—KM3 常闭触点—22—KM4 线圈。

同理，将十字手柄扳到向下（或向前）位，SQ3 被压下，接触器 KM3 得电吸合，进给电动机 M2 正转，带动工作台做向下（或向前）运动。

（3）进给变速冲动。进给变速只有各进给手柄均在零位时才可进行。在改变工作台进给速度时，为使齿轮易于啮合，需要进给电动机瞬时点动一下。其操作顺序是：先将进给变速的蘑菇形手柄拉出，转动变速盘，选择好速度，然后将手柄继续向外拉到极限位置，随即推回原位，变速结束。就在手柄拉到极限位置的瞬间，位置开关 SQ2 被压动，SQ2-2 先断开，SQ2-1 后接通，接触器 KM3 经（10—SA2-1—19—SQ5-2—20—SQ6-2—15—SQ4-2—14—SQ3-2—13—SQ2-1—17—KM4 常闭触点—18—KM3 线圈）路径得电，进给电动机瞬时正转。在手柄推回原位时 SQ2 复位，故进给电动机只瞬动一下。

（4）工作台快速移动。为提高劳动生产效率，减少生产辅助工时，在不进行铣削加工时，可使工作台快速移动。当工作台工作进给时，再按下快速移动按钮 SB3 或 SB4（两地控制），接触器 KM2 得电吸合，其常闭触点（9 区）断开电磁离合器 YC2，将齿轮传动链与进给丝杠分离；KM2 常开触点（10 区）接通电磁离合器 YC3，将电动机 M2 与进给丝杠直接搭合。YC2 的失电及 YC3 的得电，使进给传动系统跳过了齿轮变速链，电动机直接驱动丝杠套，工作台按进给手柄的方向快速进给。松开 SB3 或 SB4，KM2 断电释放，快速进给过程结束，恢复原来的进给传动状态。

由于在接触器 KM1 的常开触点（16 区）上并联了 KM2 的一个常开触点，故在主轴电动机不启动的情况下，也可实现快速进给调整工件。

（5）回转盘的控制。当要加工螺旋槽、弧形槽和弧形面时，可在工作台上加装回转盘。使用圆工作台时，先将回转盘转换开关 SA2 扳到"接通"位置，再将工作台的进给操纵手柄全部扳到中间位，按下主轴启动按钮 SB1 或 SB2，接触器 KM1 得电吸合，主轴电动机 M1 启动，接触器 KM3 线圈经（10—SQ2-2—13—SQ3-2—14—SQ4-2—15—SQ6-2—20—SQ5-2—19—SA2-2—17—KM4 常闭触点—18—KM3 线圈）路径得电吸合，进给电动机 M2 正转，带动回转盘做旋转运动。回转盘只能沿一个方向做回转运动。

3.冷却泵及照明电路控制

主轴电动机启动后,扳动组合开关 QS2 可控制冷却泵电动机 M3。

铣床照明由变压器 T1 提供 24V 电压,由开关 SA4 控制,熔断器 FU5 作为照明电路的短路保护。

【任务准备】

实施本任务教学所使用的实训设备及工具材料见表 2-13。

表 2-13　实训设备及工具材料

序号	分类	名称	型号规格	数量	单位	备注
1	工具	电工常用工具		1	套	
2		万用表	MF47 型	1	块	
3	仪表	兆欧表	500V	1	只	
4		钳形电流表		1	只	
5	设备器材	X62W 型王能铣床		1	只	

【任务实施】

一、指认 X62W 型万能铣床的主要结构和操作部件

通过观摩 X62W 型万能铣床实物与如图 2-26 所示的正面操纵部件位置图和如图 2-27 所示的左侧面操作部件位置图进行对照,认识 X62W 型万能铣床的主要结构和操作部件。

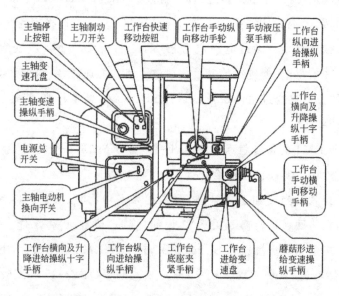

图 2-26　X62W 型万能铣床正面操纵部件位置图

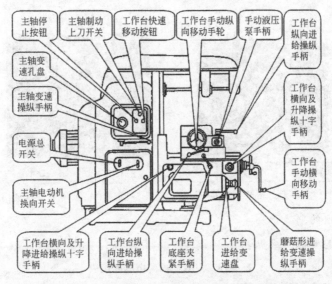

图 2-27　X62W 型万能铣床左侧面操纵部件位置图

二、熟悉 X62W 型万能铣床的电器设备名称、型号规格、代号及位置

首先切断设备总电源,然后在教师指导下,根据元器件明细表和位置图熟悉 X62W 型万能铣床的电器设备名称、型号规格、代号及位置。

1. 左右门上的电器识别

左右门上的电器明细见表 2-14、表 2-15,其电器位置图如图 2-28、图 2-29 所示。

表 2-14　左门上的电器明细表

序号	元器件名称	型号规格	代号	数量
1	电源总开关	HZ10-60/3J　60A　380V	QS1	1
2	主轴换向开关	HZ10-60/3J　60A　380V	SA3	1
3	熔断器	RL1-60　60A　熔体50A	FU1	3
4	熔断器	RL1-15　15A　熔体10A	FU2	3
5	接线端子排	10 节	XT1	1

表 2-15　右门上的电器明细表

序号	元器件名称	型号规格	代号	数量
1	圆工作台开关	HZ10-10/3J　10A　380V	SA2	1
2	冷却泵开关	HZ10-10/3J　10A　380V	QS2	1
3	整流变压器	BK-100　100V·A　380/36V	T2	1
4	整流器	2CZ×4　5A　50V	VC	1
5	接线端子排	15 节	XT4	1

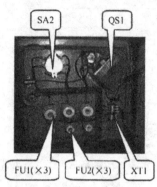
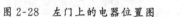

图 2-28 左门上的电器位置图

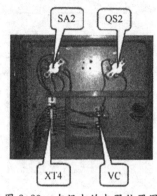

图 2-29 右门上的电器位置图

2.左、右壁龛内的电器识别

左、右壁龛内的电器明细见表 2-16、表 2-17,其电器位置图如图 2-30、图 2-31 所示。

表 2-16 左壁龛内的电器明细表

序号	元器件名称	型号规格		代号	数量
1	交流接触器	CJ10－20 20A	线圈电压 110V	KM1	1
2	交流接触器	CJ10－10 10A	线圈电压 110V	KM2 KM3 KM4	3
3	电继电器	RJ16－20/3D	整定电流 16A	FR1	1
4	电继电器	RJ16－20/3D	整定电流 0.43A	FR2	1
5	电继电器	RJ16－20/3D	整定电流 3.4A	FR3	1
6	接线端子	20 节		XT2	1

表 2-17 右壁龛内的电器明细表

序号	元器件名称	型号规格		代号	数量
1	控制变压器	BK-150 150V · A 380/11V		TC	1
2	照明变压器	BK-50 50V · A 380/24V		T1	1
3	整流变压器	BK-100 100V · A 380/36V		T2	1
4	熔断器	RL1-15 15A 熔体 4A		FU3 FU6	2
5	熔断器	RL1-15 15A 熔体 2A		FU4 FU5	2
6	接线端子排	20 节		XT3	1

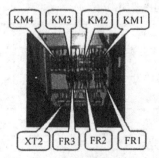

图 2-30 左壁龛内电器位置图

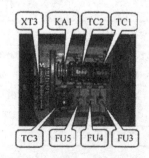

图 2-31 右壁龛内电器位置图

3. 左侧面按钮板上的电器识别

左侧面按钮板上的电器明细见表 2-18，其电器位置图如图 2-32 所示。

表 2-18 左侧面按钮板上的电器明细表

序号	元器件名称	型号规格	代号	数量
1	主轴启动按钮	LA2	SB2	1
2	主轴停止按钮	LA2	SB6	1
3	工作台快速进给按钮	LA2	SB4	1
4	主轴冲动位置开关	LX3－11K 开启式	SQ1	1

图 2-32 铣床左侧面按钮板上的电器位置图

4. 纵向工作台床鞍上的电器识别

纵向工作台床鞍上的电器明细见表 2-19，其电器位置图如图 2-33 所示。

表 2-19 纵向工作台床鞍上的电器明细表

序号	元器件名称	型号规格	代号	数量
1	主轴启动按钮	LA2	SB1	1
2	主轴停止按钮	LA2	SB5	1
3	工作台快速进给按钮	LA2	SB3	1
4	工作台纵向（左、右）运动位置开关	LX3－11K 开启式	SQ5 SQ6	2

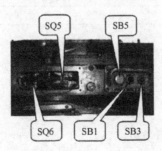

图 2-33 铣床纵向工作台床鞍上的电器位置图

5.升降台上部分电器识别

工作台的垂直与横向运动由一个十字进给手柄操纵,该手柄有 5 个位置,即上、下、前、后、中间。当手柄向上或向下时,传动机构将电动机传动链和升降台上下移动丝杆相连;向前或向后时,传动机构将电动机传动链与溜板下面的丝杆相连;手柄在中间位置时,传动链脱开,电动机停转。手柄扳至前、下位置,压下位置开关 SQ3;手柄扳至后、上位置,压下位置开关 SQ4。升降台上部分的电器明细见表 2-20,其电器位置图如图 2-34 所示。

表 2-20　升降台上部分的电器明细表

序号	元器件名称	型号规格	代号	数量
1	工作台冲动位置开关	LX3－11K　开启式	SQ2	1
2	工作台垂直(上、下)与横向(前、后)进给位置开关	LX3－131　单轮自动复位	SQ3(下、前) SQ4(上、后)	2

SQ2　SQ3　SQ4

图 2-34　铣床纵向升降台上的部分电器位置图

6.其他电器的识别

其他电器明细见表 2-21,请读者自行对照实物确定它们在铣床上的位置。

表 2-21　其他电器明细表

序号	元器件名称	型号规格	代号	数量
1	工作台常速、快速进给电磁离合器	BIDL－Ⅱ	YC1 YC2	2
2	主轴制动电磁离合器	BIDL－Ⅱ	YC3	1
3	工作照明灯	JC－25 40W　24V	EL	1
4	主轴电动机	Y132M－4－B3　7.5KW　1440r/min	M1	1
5	进给电动机	Y90L－4　7.5KW　1440r/min	M2	1
6	冷却泵电动机	JCB－22　125W　2790r/min	M3	1

三、X62W 型万能铣床试车的基本操作方法和步骤

观察教师示范对 X62W 型万能铣床试车的基本操作方法和步骤,具体如下。

1.试车前的准备工作

(1)将主轴变速操纵手柄向右推进原位。

(2)将工作台纵向进给操纵手柄置"中间"位置。

（3）将工作台横向及升降进给十字操纵手柄置"中间"位置。

（4）将冷却泵转换开关 SQ2 置"断开"位置。

（5）将圆工作台转换开关 SA2 置"断开"位置。

（6）将换刀开关 SA1 置"换刀"位置。

2. 试车操作调试方法步骤

（1）合上铣床电源总开关 SQ1。

（2）将开关 SA4 置于"开"位置状态，机床工作照明灯 EL 灯亮，此时说明机床已处于带电状态，同时告诫操作者该机床电气部分不能随意用手触摸，防止人身触电事故。

（3）将主轴换向开关 SA3 扳至所需要的旋转方向上（如果主轴要顺时针方向旋转时，将主轴换向开关置"顺"；反之置"倒"；中间为"停"）。

（4）装上或更换铣刀后，将换刀开关 SA1 置"放松"位置。

（5）调整主轴转速。将主轴变速操纵手柄向左拉开，使齿轮脱离；手动旋转变速盘使箭头对准变速盘上所需要的转速刻度，再将主轴变速操纵手柄向右推回原位，同时压动行程开关 SQ1，使主轴电动机出现短时转动，从而使改变传动比的齿轮重新啮合。

（6）主轴启动操作。按下主轴电动机启动按钮 SB1（或 SB2），主轴电动机 M1 启动，主轴按预定方向、预选速度带动铣刀转动。

（7）调整进给转速。将蘑菇形进给变速操纵手柄拉出，使齿轮间脱离，转动工作台进给变速盘至所需要的进给速度挡，然后再将蘑菇形进给变速操纵手柄迅速推回原位。蘑菇形进给变速操纵手柄在复位过程中压动瞬时点动位置开关 SQ2，此时进给电动机 M2 做短时转动，从而使齿轮系统产生一次抖动，使齿轮顺利啮合。在进给变速时，工作台纵向进给移动手柄、工作台横向及升降操纵十字手柄均应置中间位置。

（8）工件与主轴对刀操作。预先固定在工作台上的工件，根据需要将工作台纵向进给操纵手柄或横向及升降操纵十字手柄置某一方向，则工作台将按选定方向正常移动；若按下快速移动按钮 SB3 或 SB4，使工作台在所选方向做快速移动，检查工件与主轴所需的相对位置是否到位（这一步也可在主轴不启动的情况下进行）。

（9）将冷却泵转换开关 SQ2 置"开"位置，冷却泵电动机 M3 启动，输送冷却液。

（10）工作台进给运动。分别操作工作台纵向进给操纵手柄或横向及升降操纵十字手柄，可使固定在工作台上的工件随着工作台作 3 个坐标 6 个方向（左、右、前、后、上、下）上的进给运动；需要快速进给时，再按下 SB3 或 SB4，工作台快速进给运动。

（11）加装回转盘时，应将工作台纵向进给操纵手柄和横向及升降操纵十字手柄置"中间"位置，此时可以将圆工作台转换开关 SA2 置"接通"，圆工作台转动。

（12）加工完毕后，按下主轴停止按钮 SB5 或 SB6，主轴随即制动停止。

（13）机床工作照明灯 EL 的开关置于"断开"位置，使铣床工作照明灯 EL 熄灭。

(14)断开铣床电源总开关 SQ1,试车结束。

四、试车操作训练

在老师的监控指导下,按照上述操作方法,学生分组完成对铣床的试车操作训练。由于学生不是正式的铣床操作人员,因此,在进行试车操作训练时,可不用安装铣刀和工件进行加工,只要按照上述的试车操作步骤进行试车,观察铣床的运动过程即可。

小贴士

学生在进行 X62W 型万能铣床试车操作过程中,时常会遇到如下几个问题。

问题:当按下停止按钮 SB5 或 SB6 后,主轴电动机未能准确制动停车。

原因:停止按钮 SB5 或 SB6 未按到底,或者是松手太快。为了使主轴停车准确,主轴采用电磁离合器制动。该电磁离合器安装在主轴传动链中与电动机轴相连的第一根轴上,当按下停止按钮 SB5 或 SB6 时,如果未按到底,此时只有接触器 KM1 断电释放,电动机 M1 失电,但电动机未能立即停止,将做惯性运动。只有将按钮按到底时,停止按钮常开触点 SB5-2 或 SB6-2 接通电磁离合器 YC1,离合器吸合,将摩擦片压紧,对主轴电动机进行制动。另外,一般主轴制动时间不超过 0.5s,所以,按下的停止按钮必须等到主轴停止转动,才可松开。

预防措施:主轴停车时,停止按钮 SB5 或 SB6 必须按到底,同时必须等到主轴停止转动,才可松开。

【任务评价】

对任务实施的完成情况进行检查,并将结果填入任务测评表 2-22 中。

表 2-22　任务测评表

序号	主要内容	考核要求	评分标准	配分	扣分	得分
1	结构识别	①正确判断各操纵部件位置及功能　②正确判别电气位置、型号规格及作用	①对操作部件位置及功能不熟悉,每处扣 5 分　②对电气位置、型号规格及作用不清楚,每处扣 5 分	50		
2	通电试车	正确操作 X62W 型万能铣床	①热继电器未整定或整定错误,每只扣 5 分　②通电试车的方法和步骤正确,否则每项扣 5 分　③试车不成功,扣 30 分	50		

续表

序号	主要内容	考核要求	评分标准	配分	扣分	得分
3	安全文明生产	①严格执行车间安全操作 ②保持实习场地整洁,秩序井然	①发生安全事故,扣30分 ②违反文明生产要求,视情况扣5～20分	10		
工时	60min		合计			
开始时间		结束时间		成绩		

任务2 X62W型万能铣床主轴、冷却泵电动机控制电路的电气故障检修

X62W型万能铣床的主要控制为对主轴电动机、冷却泵电动机和进给电动机的控制,本任务是分析排除X62W铣床主轴电动机启动、冲动、冷却泵电动机启动的常见故障。

【知识链接】

从如图2-24所示的电气原理图简化后的主轴电动机M1和冷却泵电动机M3的控制电路如图2-35所示。

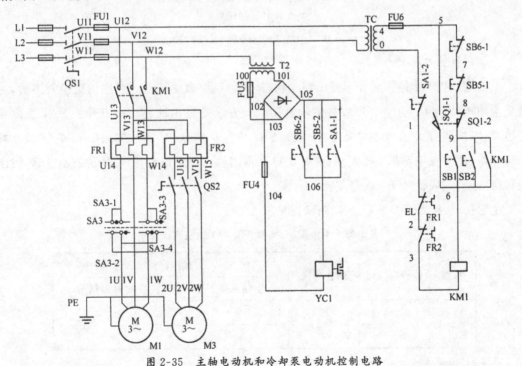

图2-35 主轴电动机和冷却泵电动机控制电路

一、主轴电动机M1电路分析

主轴电动机M1的控制包括启动控制、制动控制、换刀控制和变速冲动控制。

1. 主轴电动机 M1 的启动控制

主轴启动前,首先选择好主轴的转速,接着将主轴换向开关 SA3 扳到所需要的转向,然后合上铣床电源总开关 QS1。其工作原理如下:

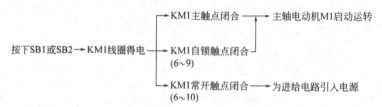

KM1 线圈得电回路为:TC(4)→FU6→5→SB6-1→7→SB5-1→8→SQ1-2→9→SB1(或SB2)→6→KM1 线圈→TC1(0)。

2. 主轴电动机 M1 停车及制动控制

当铣削完毕,需要主轴电动机 M1 停止时,为使主轴能迅速停车,控制电路采用电磁离合器 YC1 对主轴进行停车制动。其工作原理如下:

按下SB5(或SB6)
M1停转 → SB5-1(7~8)触点先断 → KM1线圈失电
→ KM1主触点断开 → M1失电惯性自然停
→ KM1自锁触点断开
M1制动 → SB5-2(105~106)触点后闭合 → YC1线圈得电 → M1制动停车

3. 主轴换铣刀控制

主轴电动机 M1 停转后并不处于制动状态,主轴仍可自由转动。在主轴更换铣刀时,为避免主轴转动,造成更换困难,应将主轴制动。其方法是将主轴制动换刀开关 SA1 扳向换刀位置(即松紧开关 SA1 置"夹紧"位置),SA1-2 常开触点(105～106)闭合,电磁离合器 YC1 获电,将主轴电动机 M1 制动;同时 SA1-1 常闭触点(0～1)断开,切断了控制电路,机床无法启动运行,从而保证了人身安全。

主轴制动、换刀开关 SA1 的通断状态见表 2-23。

表 2-23　主轴制动、换刀开关 SA1 的通断状态

触点	接线端标号	所在图区	操作位置	
			主轴正常工作	主轴换刀制动
SA1-1	0～1	12	＋	－
SA1-2	105～106	8	－	＋

4. 主轴变速冲动控制

主轴变速冲动控制线路较为简单,主要是利用变速手柄与冲动行程开关 SQ1 通过机械上的联动机构进行控制的,其控制过程在本项目任务 1 已做介绍,在此不再赘述。

二、冷却泵电动机 M2 的控制电路分析

冷却泵电动机 M2 的控制电路如图 2-36 所示。

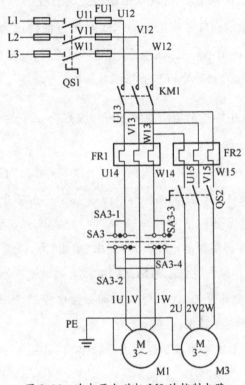

图 2-36　冷却泵电动机 M2 的控制电路

1. 冷却泵电动机 M2 启动

只有当主轴电动机 M1 启动后,KM1 的主触点闭合后才可启动冷却泵电动机 M2。

工作原理如下:M1 启动→合上 SQ2→M2 启动运转。

2. 冷却泵电动机 M2 停止

工作原理如下:关断 SQ2→M2 脱离电源停止运转。

【任务准备】

实施本任务教学所使用的实训设备及工具材料见表 2-24。

表 2-24　实训设备及工具材料

序号	分类	名称	型号规格	数量	单位	备注
1	工具	电工常用工具		1	套	
2	仪表	万用表	MF47 型	1	块	
3		兆欧表	500V	1	只	
4		钳形电流表		1	只	
5	设备器材	X62W 型铣床或模拟机床线路板		1	台	

【任务实施】

一、指认 X62W 型万能铣床主轴、冷却泵电动机控制电路

在教师的指导下,根据前面任务测绘出的 X62W 型万能铣床的电气接线图和电器位置图,在铣床上找出主轴、冷却泵电动机控制电路实际走线路径,并与如图 2-37 所示和如图 2-38 所示的电路图进行比较,为故障分析和检修做好准备。

二、X62W 型万能铣床主轴控制电路故障分析与检修

1. 主轴电动机 M1 不能启动

【故障现象】 合上电源开关 QS1,合上照明灯开关 SA4,照明灯 EL 亮,按下启动按钮 SB1(或 SB2),主轴电动机 M1 正、反转都转得很慢甚至不转,并发出"嗡嗡"声。

【故障分析】 采用逻辑分析法对故障现象进行分析可知,当按下启动按钮 SB1(或 SB2)后,主轴电动机 M1 转得很慢甚至不转,并发出"嗡嗡"声,说明接触器 KM1 已吸合,电气故障为典型的电动机缺相运行,因此,故障范围应在主轴电气控制的主电路上。由于万能铣床的主轴电动机 M1 和冷却泵电动机 M3 采取的是循序控制,因此,在通过逻辑分析法画出故障最小范围后,应从下面两种情况进行分析。

(1)合上 QS2 后,冷却泵电动机 M3 运行正常,此时可用虚线画出该故障最小范围,如图 2-37 所示。

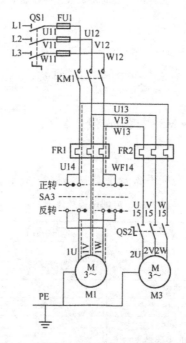

图 2-37 故障最小范围

【故障检修】　当试机时,发现是电动机缺相运行,应立即将 SA3 扳到中间"停止"位置,使主轴电动机 M1 脱离电源,避免主轴电动机"带病"工作,然后根据如图 2-37 所示的故障最小范围,以主轴换向开关 SA3 为分界点,分别采用电压测量法和电阻测量法进行故障检测。在采用电阻测量法测量回路时应在断开电源的情况下进行操作。

(2)合上 QS2 后,冷却泵电动机 M3 运行也不正常,此时可用虚线画出该故障最小范围,如图 2-38 所示。

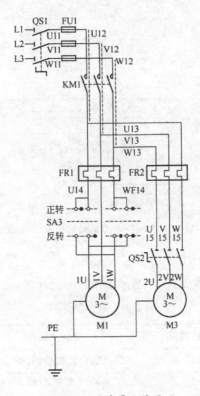

图 2-38　故障最小范围

【故障检修】　当试机时,发现是主轴电动机 M1 和冷却泵电动机 M3 同时缺相运行,应立即按下停止按钮 SB5 或 SB6,使接触器 KM1 主触点分断,使主轴电动机 M1 脱离电源,避免主轴电动机"带病"工作,然后根据故障最小范围,以接触器 KM1 主触点为分界点,分别采用电压测量法和电阻测量法进行故障检测。在采用电阻测量法测量回路时,应在断开电源的情况下进行操作。

2. 主轴停车没有制动作用

主轴停车无制动作用,常见的故障点有:交流回路中 FU3、T2,整流桥,直流回路中的 FU4、YC1、SB5-2(SB6-2)等。故障检查时可先将主轴换向开关 SA3 扳到停止位置,然后按下 SB5(或 SB6),仔细听有无 YC1 得电离合器动作的声音,具体检修流程图如图 2-39 所示。

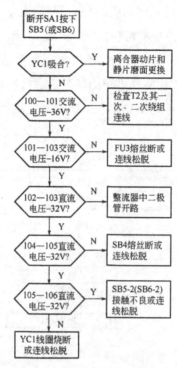

图 2-39 主轴停车无制动故障检修流程图

【任务评价】

对任务的完成情况进行检查,并将结果填入任务测评表,见表 2-25。

表 2-25 任务测评表

序号	主要内容	考核要求	配分标准	配分	扣分	得分
1	安装前的检查	元器件的检查	元器件漏检或错检,每处扣 2 分	5		
2	电气线路安装	根据电气安装接线图和电气原理图进行电气线路的安装	①元器件安装合理、牢固,否则每个扣 2 分;损坏元器件,每个扣 10 分;电动机安装不符合要求,每台扣 5 分 ②板前配线合理、整齐美观,否则每处扣 2 分 ③按图接线,功能齐全,否则扣 20 分 ④控制配电板与机床电气部件的连接导线敷设符合要求,否则每根扣 3 分 ⑤漏接接地线,扣 10 分	35		

续表

序号	主要内容	考核要求	配分标准	配分	扣分	得分
3	通电试车	安装正确的方法进行试车调试	①热继电器未整定或整定错误,每只扣5分 ②通电试车方法或步骤正确,否则每项扣5分 ③试车不成功,扣30分	30		
4	安全文明生产	①严格执行车间安全操作规程 ②保持实习场地整洁,秩序井然	①发生安全事故,扣30分 ②违反文明生产要求,视情况扣5~20分	30		
工时	5h	其中控制电板的板前配线为5h,上机安装与调试为7h,每超过5min扣5分	合计			
开始时间			结束时间		成绩	

任务3 X62W 型万能铣床进给电路常见的电气故障检修

X62W 型万能铣床工作台前、后、左、右和上、下 6 个方向上的进给运动是通过两个操纵手柄、快速移动按钮、电磁离合器 YC2、YC3 和机械联动机构控制相应的行程开关使进给电动机 M2 正转或反转,实现工作台的常速或快速移动的,并且 6 个方向的运动是连锁的,不能同时接通。本任务是分析排除 X62W 铣床进给电路的常见故障。

【知识链接】

工作台进给电气控制电路分析

从如图 2-24 所示的 X62W 型万能铣床的电气原理图简化后的进给电动机 M3 控制电路如图 2-40 所示。

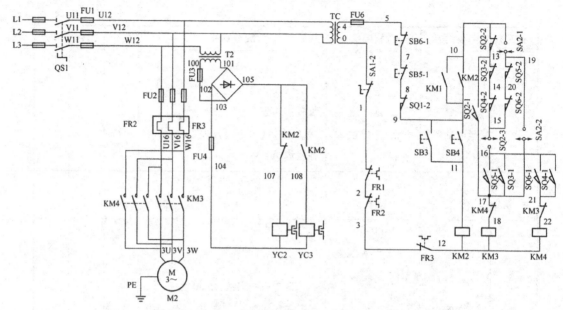

图 2-40　X62W 型万能铣床进给电动机 M3 控制电路

X62W 型万能铣床工作台的 6 个方向进给运动分别由接触器 KM3 和 KM4 进行控制，其中:右、下、前 3 个方向由接触器 KM1 控制,左、上、后 3 个方向由接触器 KM2 控制,工作台 6 个方向进给运动的电流路径如图 2-41 所示。

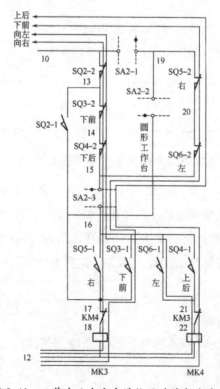

图 2-41　工作台 6 个方向进给运动的电流路径

1.工作台的纵向(左、右)进给运动

简化后的工作台纵向(左、右)进给运动控制电路如图 2-42 所示。工作台纵向(左、右)进给操纵手柄及其控制关系见表 2-26。

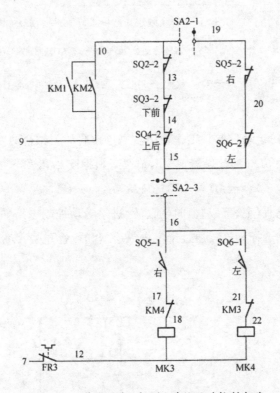

图 2-42 工作台纵向(左、右)进给运动控制电路

表 2-26 工作台纵向(左、右)进给操纵手柄位置及其控制关系

手柄位置	行程开关动作	接触器动作	电动机 M3 转向	传动链搭合丝杠	工作台运动方向
向右	SQ6	KM3	正转	左右进给丝杠	向右
居中	—		停止	—	停止
向左	SQ5	SM4	反转	左右进给丝杠	向左

启动条件:十字(横向、垂直)操纵手柄置"居中"位置(行程开关 SQ3、SQ4 不受压);控制回转盘的选择转换开关 SA2 置于"断开"的位置;纵向手柄置"居中"位置(行程开关 SQ5、SQ6 不受压);主轴电动机 M1 首先已启动,即接触器 KM1 得电吸合并自锁,其辅助常开触点 KM1(9-10)闭合,接通进给控制电路电源。

(1)工作台向左进给运动控制。

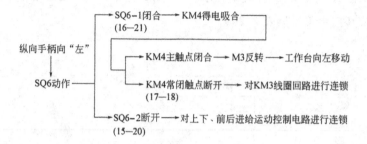

(2)工作台向右进给运动控制。工作台向右进给控制与工作台向左进给控制相似,参与控制的电器是行程开关 SQ5 和接触器 KM3,请读者根据图 2-42 所示的控制电路自行分析。

2.工作台垂直(上、下)和横向(前、后)进给运动

简化后的工作台垂直(上、下)和横向(前、后)进给运动控制电路如图 2-43 所示,工作台上下和前后进给运动的选择和连锁通过十字操纵手柄和行程开关 SQ3、SQ4 组合控制,见表 2-27。

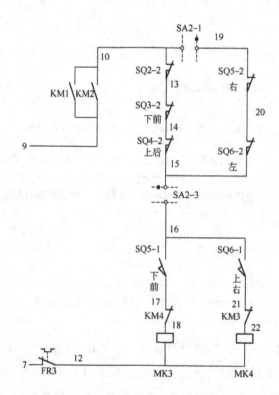

图 2-43　工作台垂直(上、下)和横向(前、后)进给运动控制电路

表 2-27　工作台垂直(上、下)和横向(前、后)进给操纵手柄位置及其控制关系

手柄位置	行程开关动作	接触器动作	电动机 M3 转向	传动链搭合丝杠	工作台运动方向
向上	SQ4	KM4	反转	上下进给丝杠	向上
向下	SQ3	KM3	正转	上下进给丝杠	向下
居中	—	—	停止	—	停止
向前	SQ3	KM3	正转	前后进给丝杠	向前
向后	SQ4	KM4	反转	前后进给丝杠	向后

启动条件:左、右(纵向)操纵手柄置"居中"位置(SQ5、SQ6 不受压);控制回转盘转换开关 SA2 置于"断开"位置;十字(横向、垂直)操纵手柄置"居中"位置(行程开关 SQ3、SQ4 不受压);主轴电动机 M1 首先已启动(即接触器 KM1 得电吸合)。

(1)工作台向上和向后的进给。

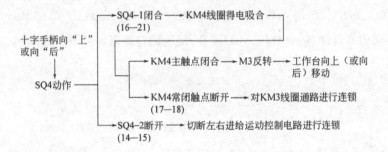

(2)工作台向下和向前的进给。工作台向下、向前进给控制与工作台向上、向后进给控制相似,请读者自行分析。

值得一提的是,工作台左、右进给操纵手柄与上、下、前、后进给操纵手柄具有连锁控制关系。即在两个手柄中,只能进行其中一个进给方向上的操作,当一个操纵手柄被置定在某一进给方向后,另一个操纵手柄必须置于"中间"位置,否则将无法实现进给运动。如当把左、右进给操纵手柄扳向"左"时,又将十字进给操纵手柄扳置向"下"进给方向,则位置开关 SQ5 和 SQ3 均被压下,触点 SQ5-2 和 SQ3-2 均分断,断开了接触器 KM3 和 KM4 的线圈通路,进给电动机 M3 只能停转,保证了操作安全。

3.回转盘进给运动

为了扩大铣床的加工范围,可在铣床工作台上安装附件回转盘,进行对圆弧或凸轮的铣削加工。简化后的回转盘进给运动控制电路如图 2-44 所示。

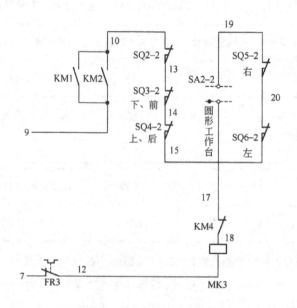

图 2-44　简化后的回转盘进给运动控制电路

启动条件：首先将纵向（左、右）和十字（横向、垂直）操纵手柄置于"中间"位置（行程开关 SQ3～SQ6 均未受压，处于原始状态）；主轴电动机 M1 首先已启动，即接触器 KM1 得电吸合并自锁，其辅助常开触点 KM1（9～10）闭合，接通回转盘进给控制电路电源。

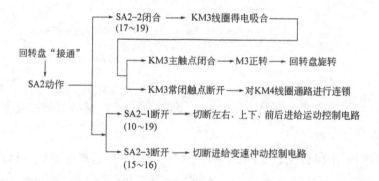

需要回转盘停止工作时，只要按下停止按钮 SB1 或 SB2，此时 KM1、KM3 相继失电释放，电动机 M3 停转，回转盘停止回转。

4. 工作台进给变速时的瞬时点动

简化后工作台进给变速时的瞬时点动（即进给变速冲动）控制电路如图 2-45 所示。

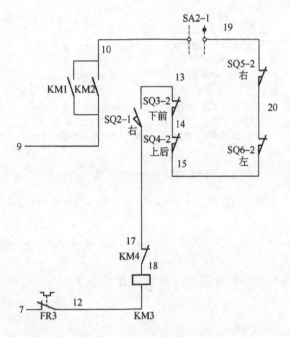

图 2-45　简化后工作台进给变速冲动控制电路

工作台进给变速冲动与主轴变速冲动一样,是为了便于变速时齿轮的啮合,进给变速冲动由蘑菇形进给变速手柄配合行程开关 SQ2 来实现。但进给变速时不允许工作台做任何方向的运动。

启动条件:主轴电动机 M1 先已启动,即接触器 KM1 得电吸合并自锁,其辅助常开触点 KM1(9-10)闭合,接通进给控制电路电源。

变速时,先将蘑菇形变速手柄拉出,使齿轮脱离啮合,转动变速盘至所选择的进给速度挡,然后用力将蘑菇形变速手柄向外拉到极限位置,再将蘑菇形变速手柄复位。

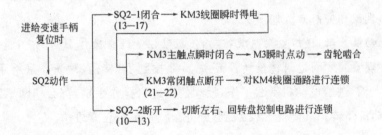

5.工作台的快速运动

工作台的快速运动,是由各个方向的操纵手柄与快速按钮 SB3 或 SB4 配合控制的。如果需要工作台在某个方向快速运动,应将工作台操纵手柄扳向相应的方向位置。

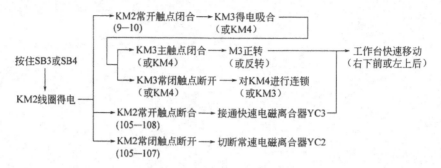

松开快速按钮 SB3 或 SB4,接触器 KM3 或 KM4 失电释放,快速电磁离合器 YC3 失电释放,常速电磁离合器 YC2 得电吸合,工作台快速运动停止,继续以常速在这个方向上运动。

【任务准备】

本任务教学所使用的实训设备及工具材料见表 2-3。

【任务实施】

一、指认 X62W 型万能铣床进给控制电路

在教师的指导下,根据前面任务测绘出的 X62W 型万能铣床的电气接线图(图 2-24)和电器位置图(图 2-23),在 X62W 型万能铣床上找出进给电动机控制电路实际走线路径,并与如图 2-40 所示的电路图进行比较,为故障分析和检修做好准备。

二、X62W 型万能铣床进给控制电路常见故障分析与检修

首先由教师在 X62W 型万能铣床(或模拟实训台)的进给控制电路上,人为设置自然故障点,并进行故障分析和故障检修操作示范,让学生仔细观察教师示范检修过程。然后,在教师的指导下,让学生分组自行完成故障点的检修实训任务。X62W 型万能铣床进给控制电路常见故障现象和检修方法如下。

1. 主轴电动机启动,进给电动机就转动,但扳动任一进给操作手柄,都不能进给

造成这一现象的原因是回转盘转换开关 SA2 拨到了"接通"位置。进给手柄置于中间位置时,启动主轴,进给电动机 M2 工作,扳动任一进给操作手柄,都会切断 KM3 的通电回路,使进给电动机停转。只要将 SA2 拨到"断开"位置,就可正常进给。

2. 工作台各个方向都不能进给

主轴工作正常,进给方向均不能进给,故障多出现在公共点上,可通过试车现象缩小故障范围,判断故障位置,再进行测量。工作台各个方向都不能进给检修流程图如图 2-46 所示。

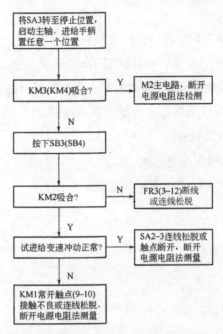

图 2-46 工作台各个方向都不能进给检修流程图

3. 工作台能上、下进给，但不能左、右进给

工作台上、下进给正常，而左、右进给均不工作，表明故障多出现在左、右进给的公共通道 17 区（10→SQ2-2→13→SQ3-2→14→SQ4-2→15）之间。检修时，首先检查垂直与横向进给十字操作手柄是否置于中间位置，是否压出 SQ3 或 SQ4；在两个进给手柄在中间位置时，操作工作台变速冲动是否正常，若正常则表明故障在变速冲动位置开关 SQ2-2 常闭触点接触不良或其连接线松脱，否则故障多在 SQ3-2、SQ4-2 常闭触点及其连线上。

【任务评价】

对任务的完成情况进行检查，并将结果填入任务测评表，见表 2-12。

【思考与练习】

一、填空题

1. 在 X62W 中，KM1 的名称是_____，其型号为_____，额定电流为_____A，线圈电压为_____V。

2. X62W 主轴电动机采用_____控制方式，因此启动按钮 SB1 和 SB2 的_____触头是_____，停止按钮_____和_____的_____触头是串联。

二、简答题

1. 为防止刀具和机床的损坏，对主轴旋转和进给运动在顺序上有何要求？

2. 简述 X62W 主轴制动过程。

3. X62W 中，KM1 和 KM2 的辅助触头并联于进给控制电路中，试说明他们的作用分别是什么？

4. 简述 X62W 工作台向左快速进给的控制过程。

5. X62W 中，SB3 和 SB4 两端是否可以并联 KM2 的常开触头？为什么？

6. 在 X62W 圆工作台开动期间，若拨动了两个进给手柄中的任一个，会出现什么结果？

7. X62W 主轴正反转，为什么不用接触器控制而用组合开关控制？

8. 简述 X62W 圆工作台的控制过程。

9. X62W 舷窗进给系统有哪些电气要求？

10. 在 X62W 中，电磁离合器必须用哪种电源？为什么？

模块三 PLC基本逻辑指令及其应用

项目一
认识 PLC

一、任务导入

在模块一中,利用接触器来实现三相异步电动机的正反转控制,如图3-1所示。合上开关 Q,按下正转启动按钮 SB2,接触器 KM1 线圈得电并自锁,接触器的主触头闭合,三相电动机正转启动运行;按下反转启动按钮 SB3,接触器 KM2 线圈得电并自锁,接触器的主触头闭合,三相电动机反转启动运行;按下停止按钮 SB1,接触器 KM1、KM2 线圈都失电,三相电动机停止。若改变电动机的控制要求,如按下正转启动按钮 SB2,电动机正转 10s、暂停 5s、反转 10s、暂停 5s,如此循环 5 个周期,然后自动停止;如按下反转启动按钮 SB3,电动机反转 10s、暂停 5s、正转 10s、暂停 5s,如此循环 5 个周期,然后自动停止;运行中,可按停止按钮停止,热继电器动作时也应停止。这时就需要增加通电延时时间继电器和计数器才能实现控制要求,并且需要改变图3-1所示控制电路的接线方式才能实现。

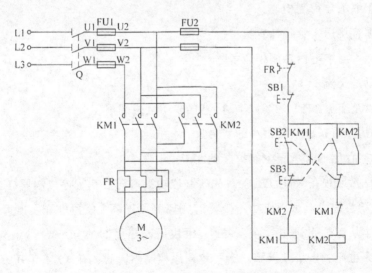

图 3-1 用接触器实现电动机正反转控制电路

从上面的例子可以看出继电器、接触器控制系统采用硬件接线安装而成。一旦控制要求改变,控制系统就必须重新配线安装,对于复杂的控制系统,这种变动的工作量大、周期长,再加上机械触头易损坏,因而系统的可靠性较差,检修工作相当困难。若采用 PLC 控制,工作将变得简单、可靠,那么 PLC 是一个什么样的控制装置? 它又是如何实现对机械设备的控制呢?

二、相关知识

学习情境 1　PLC 的产生及定义

20 世纪 60 年代,计算机技术已开始应用于工业控制了。但由于计算机技术本身的复杂性、编程难度高、难以适应恶劣的工业环境以及价格昂贵等原因,计算机技术未能在工业控制中广泛应用。当时的工业控制主要还是以继电器和接触器组成控制系统,硬件设备多、连接接线复杂、体积庞大、故障率高、改变设计困难的缺点使人难以忍受,但它的原理简单、易懂、价格便宜的优点又难以让人割舍。

1968 年,美国通用汽车公司(GM 公司)为了在每次汽车改型或改变工艺流程时不改动原有继电器柜内的接线,以便降低生产成本,缩短新产品的开发周期,而提出了研制新型逻辑顺序控制装置,并提出了该装置的研制指标要求,即 10 项招标技术指标。其主要内容如下。

(1)编程简单,可在现场修改程序。

(2)维护方便,最好是插件式。

(3)可靠性高于继电器控制柜。

(4)体积小于继电器控制柜。

(5)可将数据直接送入管理计算机。

(6)在成本上可与继电器控制柜竞争。

(7)输入可以是交流 115V。

(8)输出可以是交流 115V、2A 以上,可直接驱动电磁阀等。

(9)在扩展时,原有系统只要很小的变更。

(10)用户程序存储器容量至少能扩展到 4kB。

1969 年,美国数字设备公司(GEC)首先研制成功第一台可编程序控制器(PLC),并在通用汽车公司的自动装配线上试用成功。接着,美国 MODICON 公司也开发出可编程序控制器。1971 年,日本从美国引进了这项新技术,很快研制出了日本第一台可编程序控制器。1973 年,欧洲国家也研制出了欧洲第一台可编程序控制器。我国从 1974 年开始研制可编程序控制器,1977 年开始工业应用。早期的可编程序控制器主要应用于逻辑运算和定时、计数等顺序控制,均属于开关量逻辑控制,所以通常称为可编程序逻辑控制器(PLC,Programmable Logic Controller)。

进入 20 世纪 70 年代,随着微电子技术的发展,PLC 采用了通用微处理器,这种控制器就不再局限于当初的逻辑运算了,其功能不断增强。实际上应称为 PC(Programmable Controller)——可编程序控制器。但由于 PC 容易与个人计算机(Personal Computer)相混淆,故人们仍习惯用 PLC 作为可编程序控制器的简称。

可编程序控制器的问世只有 30 多年的历史,但发展极为迅速。为了确定它的性质,国际电工委员会(International Electrical Committee,IEC)在 1982 年颁布了 PLC 标准草案,在 1985 年提交了第 2 版,并在 1987 年的第 3 版中对 PLC 作了如下的定义:PLC 是一种专门为在工业环境下应用而设计的进行数字运算操作的电子装置。它采用可以编制程序的存储器,用来在其内部存储执行逻辑运算、顺序运算、定时、计数和算术运算等操作的指令,并能通过数字式或模拟式的输入和输出,控制各种类型的机械或生产过程。PLC 及其有关的外围设备都应按照易于与工业控制系统形成一个整体和易于扩展其功能的原则而设计。

PLC 是集自动控制技术、计算机技术和通信技术于一体的一种新型工业控制装置,已跃居工业自动化三大支柱(PLC、ROBOT、CAD/CAM)的首位。

学习情境2　PLC 的应用领域

1. 开关量的逻辑控制

开关量的逻辑控制是 PLC 最基本、最广泛的应用领域,可用它取代传统的继电器——接触器控制电路,实现逻辑控制、顺序控制,既可用于单台设备的控制,又可用于多机群控制及自动化流水线。

2. 过程控制

PLC 配上特殊模块后,可对温度、压力、流量、液位等连续变化的模拟量进行闭环过程控制,如锅炉、冷冻、反应堆、水处理等。

3. 运动控制

PLC 可采用专用的运动控制模块对伺服电动机、步进电动机的速度和位置进行控制,从而实现对各种机械的运动控制,如数控机床、工业机器人等。

4. 通信联网

PLC 通过网络通信模块以及远程 I/O 控制模块,可实现 PLC 与 PLC、PLC 与上位计算机之间、PLC 与其他智能设备间的通信功能。还能实现 PLC 分散控制、计算机集中管理的集散控制,这样可以增加系统的控制规模,甚至可以使整个工厂实现生产自动化。

5. 数据处理

现代 PLC 具有数学运算(含矩阵运算、逻辑运算)、数据传送、数据转换、排序、查表、位操作等功能,可以完成数据的采集、分析及处理。这些数据可以与存储器中的参考值比较,完成一定的控制操作,也可以利用通信功能传送到别的智能装置,或将它们打印制表。数据处理一般用于大型控制系统。

学习情境 3　PLC 的分类

目前,可编程序控制器的生产厂家众多,产品型号、规格不可胜数,但主要分为欧、日、美三大块。在中国市场上,欧洲的代表是西门子公司,日本的代表是三菱和欧姆龙公司,美国的代表是 AB 与 GE 公司。各大公司在中国均各自推出了从微型到大型的系列化产品。令人感到遗憾的是,国产 PLC 始终没有突破性的发展,占有市场份额很小。由于 PLC 类型多、型号各异,各生产厂家的规格也各不相同,因此如何进行分类存在不少困难,一般按以下原则考虑。

1.按容量分类

为了适应不同工业生产过程的应用要求,PLC 能够处理的输入/输出信号数是不一样的。一般将一路信号叫作一个点,将输入/输出点数的总和称为机器的点数。PLC 的容量主要是指 PLC 的输入/输出(I/O)点数。按容量可将 PLC 分为以下三类。

(1)小型 PLC。I/O 总点数在 256 点以下,有的将 64 点及 64 点以下的称为超小型或微型 PLC。

(2)中型 PLC。I/O 总点数在 256～2048 点。

(3)大型 PLC。I/O 总点数在 2048 点以上,其中超过 8192 点的为超大型。

2.按结构形式分类

根据 PLC 的结构形式,可将 PLC 分为整体式 PLC 和模块式 PLC 两类,如图 3-2 所示。

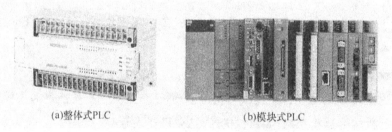

(a)整体式PLC　　　　　　　　(b)模块式PLC

图 3-2　整体式 PLC 和模块式 PLC

(1)整体式 PLC。它的特点是将 PLC 的基本部件,如 CPU 板、输入板、输出板、电源板等很紧凑地安装在一个标准机壳内,构成一个整体,组成 PLC 的一个基本单元(主机)或扩展单元。基本单元上设有扩展端子,通过电缆与扩展单元相连,以构成 PLC 不同的配置。整体式结构 PLC 体积小、成本低、安装方便。微型 PLC 采用这种结构形式的比较多。

(2)模块式 PLC。这种结构的 PLC 由一些标准模块单元构成,如 CPU 模块、输入模块、输出模块、电源模块等,这些标准模块插在框架上或基板上即可组装而成各种 PLC。各模块功能是独立的,外形尺寸是统一的,插入什么模块可根据需要灵活配置。目前,中、大型 PLC 和一些小型 PLC 多采用这种结构形式。

3．按功能分类

按功能分为低档机、中档机和高档机 3 类。

4．按输出形式分类

按输出形式分为继电器输出、晶体管输出和晶闸管输出。继电器输出为有触头输出,适用于低频大功率直流或交流负荷;晶体管输出为无触头输出,适用于高频小功率直流负荷;晶闸管输出为无触头输出,适用于高速大功率交流负荷。

三、项目实施

1．PLC 的基本组成

PLC 的种类很多,但其组成的一般原理基本相同,本书以三菱 FX2N 系列的 PLC 为例来说明 PLC 的原理和应用。PLC 系统通常由基本单元、扩展单元、扩展模块及特殊功能模块组成,如图 3-3 所示。

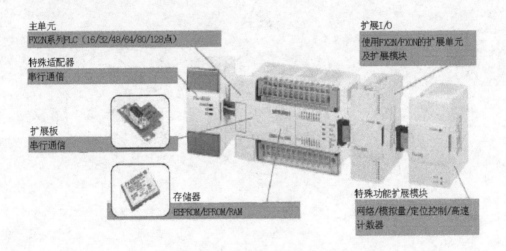

图 3-3　PLC 系统组成

基本单元(即主单元),包括 CPU、存储器、输入/输出口及电源,是 PLC 的主要部分。扩展单元是用于增加 I/O 点数的装置,内部设有电源。扩展模块用于增加 I/O 点数及改变 L/O 比例,内部无电源,由基本单元或扩展单元供电。因扩展单元及扩展模块无 CPU,因此必须与基本单元一起使用。特殊功能单元是一些专门用途的装置,如位置控制模块、模拟量控制模块、计算机通信模块等。

2．外部结构

FX 系列 PLC 的外部特征基本相似,其中 FX2N 系列 PLC 的外形图如图 3-4 所示。

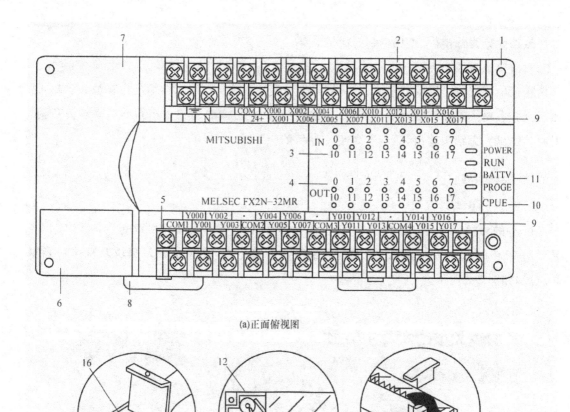

(a)正面俯视图

(b)局部放大图

图 3-4　FX2N 系列 PLC 的外形图

1—安装孔(4 个)　2—电源、辅助电源、输入信号用的可装卸式端子　3—输入状态指示灯　4—输出状态指示灯
5—输出用的可装卸式端子　6—外围设备接线插座、盖板　7—面板盖　8—DIN 导轨装卸用卡子
9—1/0 端子标记　10—状态指示灯　11—扩展单元、扩展模块、特殊模块的接线插座盖板　12—锂电池
13—锂电池连接插座　14—另选存储器滤波器安装插座　15—功能扩展板安装插座
16—内置 RUN/STOP 开关　17—编程设备、数据存储单元接线插座

(1)外部端子部分。外部端子包括 PLC 电源端子(L、N、)、供外部传感器用的 DC 24V
电源端子(24＋、COM)、输入端子(X)和输出端子(Y)等,如图 3-5 所示。外部端子主要完成
输入/输出(即 I/O)信号的连接,是 PLC 与外部设备(输入/输出设备)连接的桥梁。

注意:输出端子共分为 5 组,组间用黑实线分开,黑点为备用端子。

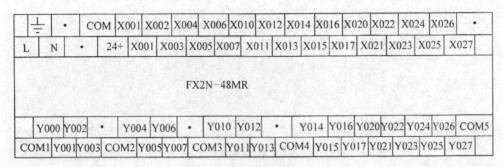

⏚		•	COM	X001	X002	X004	X006	X010	X012	X014	X016	X020	X022	X024	X026		•	
L	N	•	24+	X001	X003	X005	X007	X011	X013	X015	X017	X021	X023	X025	X027			

FX2N-48MR

	Y000	Y002	•	Y004	Y006	•	Y010	Y012	•		Y014	Y016	Y020	Y022	Y024	Y026	COM5
COM1	Y001	Y003	COM2	Y005	Y007	COM3	Y011	Y013	COM4		Y015	Y017	Y021	Y023	Y025	Y027	

图 3-5 FX2N-48MR 的端子分布图

输入端子与输入信号相连,PLC 的输入电路通过其输入端子可随时检测 PLC 的输入信息,其连接示意图如图 3-6(a)所示。

输出电路就是 PLC 的负载驱动回路,通过输出端子,将负载和负载电源连接成一个回路,其连接示意图如图 3-6(b)所示。

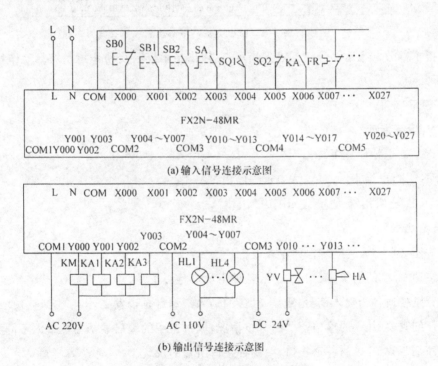

(a) 输入信号连接示意图

(b) 输出信号连接示意图

图 3-6 输入/输出信号连接示意图

输出端子有以下两种接线方式。

①输出各自独立(无公共点),如图 3-7 所示。

②每 4~8 个输出端子构成一组,共用一个公共点,如图 3-8 所示。

注意:输出端子共用一个公共点时,同组端子用同一电压类型和等级,不同组之间可以用不同类型和等级的电压。

PLC 的输入接口个数和输出接口个数之和称为 PLC 的点数。

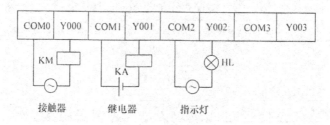

图 3-7　输出各自独立

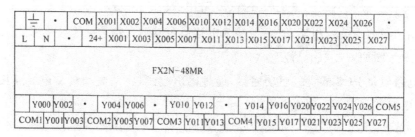

图 3-8　输出共用一个公共点

（2）指示部分。指示部分包括输入指示灯、输出指示灯以及动作指示灯。动作指示灯又包括以下几项。

POWER：电源指示。

RUN：运行指示。

BATT.V：电池电压下降指示。

PROG－E：出错指示，灯闪烁表示程序出错。

CPU－E：出错指示，灯亮表示 CPU 出错。

3.通电观察

（1）按图 3-6 所示连接好各种输入设备。

（2）接通 PLC 的电源，观察 PLC 的各种指示灯是否正常。

（3）分别接通各个输入信号，观察 PLC 的输入指示灯是否发亮。

（4）仔细观察 PLC 的输出端子的分组情况，同一组中的输出端子不能接入不同的电源。

（5）仔细观察 PLC 的各个接口，明确各接口所接的设备。

（6）将 PLC 的运行模式转换开关置于 RUN 状态，观察 PLC 的输出指示灯是否发亮。

四、知识拓展

（一）PLC 的内部结构

PLC 基本单元内部主要有 3 块电路板，即电源板、输入/输出接口板及 CPU 板。电源板主要为 PLC 各部件提供高质量的开关电源；输入/输出接口板主要完成输入、输出信号的处理；CPU 板主要完成 PLC 的运算和存储功能。

PLC基本单元主要由中央处理单元(CPU)、存储器、输入单元、输出单元、电源单元、扩展接口、存储器接口和编程器接口组成,其结构框图如图3-9所示。

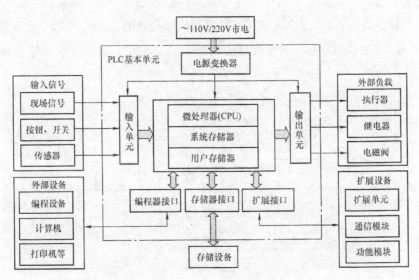

图3-9 PLC的结构框图

1. CPU

CPU是可编程序控制器的核心,它在系统程序的控制下,完成逻辑运算、数学运算、协调系统内部各部分工作等任务。

CPU的主要功能有:接受输入信号并存入储存器,诊断PLC内部电路的工作故障和编程中的语法错误等;读出指令,执行指令并将结果输出;处理中断请求,准备下一条指令等。一般来说,可编程序控制器的档次越高,CPU的位数也越多,运算速度也越快,指令功能也越强。为了提高PLC的性能,也有一台PLC采用了多个CPU的。

2. 存储器

存储器是可编程序控制器存放系统程序、用户程序及运算数据的单元。和计算机一样,可编程序控制器的存储器可分为只读存储器(ROM)和随机读写存储器(RAM)两大类,ROM是用来存放永久保存的系统程序,RAM一般用来存放用户程序及系统运行中产生的临时数据。为了能使用户程序及某些运算数据在可编程序控制器脱离外界电源后也能保持,机内RAM均配备了电池或电容等掉电保持装置。

3. 输入/输出接口

输入/输出接口是可编程序控制器和工业控制现场各类信号连接的部分。输入接口用来接收生产过程的各种参数。输出接口用来送出可编程序控制器运算后得出的控制信息,并通过机外的执行机构完成工业现场的各类控制。

生产现场对可编程序控制器接口的要求:一是要有较好的抗干扰能力,二是能满足工业现场各类信号的匹配要求。因此,厂家为可编程序控制器设计了不同的接口单元,主要有以下几种。

(1)开关量输入接口 PLC。其作用是把现场的开关量信号(如按钮、选择开关、行程开关、接近开关和各类传感器)变成可编程序控制器内部处理的标准信号。开关量输入接口按可接收的信号电源的类型不同,分为直流输入单元和交流输入单元。直流输入接口电路如图 3-10 所示。

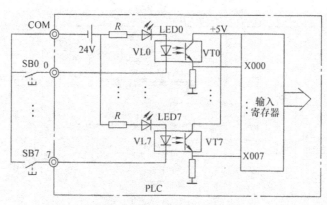

(a) 直流开关量输入接口电路

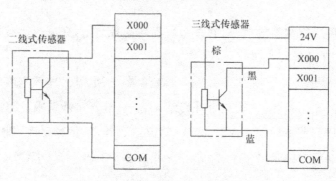

(b)传感器输入接口电路

图 3-10   直流输入接口电路

输入接口中都有滤波电路及耦合隔离电路,具有抗干扰及产生标准信号的作用。

(2)开关量输出接口。它的作用是把可编程序控制器内部的标准信号转换成现场执行机构所需的开关量信号。开关量输出接口按可编程序控制器内使用的器件,可分为继电器输出型、晶体管输出型及晶闸管输出型。开关量输出电路如图 3-11 所示。

从图 3-11 中可以看出,各类输出接口中也都具有隔离耦合电路。这里特别要指出的是,输出接口本身都不带电源,因此,在考虑外部驱动电源时,还需考虑输出器件的类型。继电器输出型的输出接口可用交流及直流两种电源,但接通/断开的频率低;晶体管输出型的输出接口有较高的接通/断开频率,但只适用于直流驱动的场合;晶闸管输出型的输出接口仅适用于交流驱动的场合。

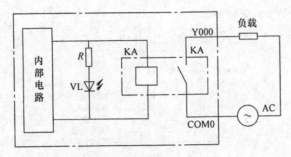

(a) 继电器输出

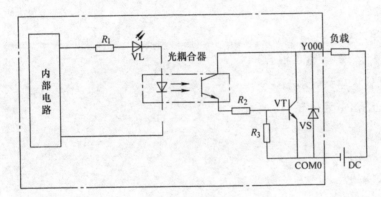

(b) 晶体管输出

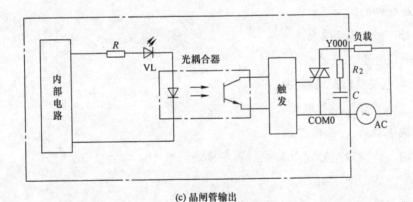

(c) 晶闸管输出

图 3-11　开关量输出电路

4. 电源

可编程序控制器的电源包括为可编程序控制器各工作单元供电的开关电源及为掉电保护电路供电的后备电源,后者一般为电池。

5. 外部设备接口

外部设备接口是在主机外壳上与外部设备配接的插座,通过电缆线可配接编程器、计算机、打印机、EPROM 写入器、触摸屏等。

(二)FX 系列 PLC 型号

FX 系列 PLC 型号的含义如下。

(1)系列序号。如 0、2、0N、2C、1S、1N、2N、1NC、2NC。

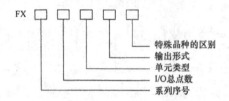

(2)I/O 总点数。10～256 点。

(3)单元类型。

M——基本单元。

E——扩展单元(输入/输出混合)。

EX——扩展输入单元(模块)。

EY——扩展输出单元(模块)。

(4)输出形式。

R——继电器输出。

T——晶体管输出。

S——晶闸管输出。

(5)特殊品种的区别。

D——DC 电源、DC 输入。

A——AC 电源、AC 输入。

H——大电流输出扩展模块(1A/点)。

V——立式端子排的扩展模块。

C——接插口输入/输出方式。

F——输入滤波时间常数为 1ms 的扩展模块。

L——TTL 输入扩展模块。

S——独立端子(无公共端)扩展模块。

如无特殊品种一项,则为 AC 电源、DC 输入、横式端子排、标准输出。横式端子排的输出标准为:继电器输出为 2A/点、8A/COM,晶体管输出为 0.5A/点、0.8A/COM,晶闸管输出为 0.3A/点、0.8A/COM。

例如:FX2N-48MRD 含义为 FX2N 系列,输入/输出总点数为 48 点,继电器输出,DC 电源,DC 输入的基本单元。又如 FX-4EYSH 的含义为 FX 系列,输入点数为 0 点,输出为 4 点,晶闸管输出,大电流输出扩展模块。

五、思考与练习

1. 简述 PLC 的基本组成。

2. PLC 有哪些分类方法?

3. PLC 的输出电路有哪几种形式? 各自的特点是什么?

4. 请说出 FXIN-60MT 的型号含义。

项目二
电动机启保停的 PLC 控制

一、任务导入

三相异步电动机的启保停控制电路是三相异步电动机最基本的控制电路,在模块一中曾讲述过三相异步电动机启保停的继电器接触器控制系统,其具体控制要求如下:按下启动按钮 SB2 时,电动机启动并连续运行;按下停止按钮 SB1 或热继电器 FR 动作时,电动机停止。如果用 PLC 来控制电动机的启保停,那该如何实现呢?

当采用 PLC 控制电动机的启保停时,必须将按钮的控制指令送到 PLC 中,经过程序运算,再用 PLC 的输出去驱动接触器 KM 线圈,电动机才能运行。那么,如何将外部输入送进PLC? PLC 的输出又如何送出来呢? 如何编写控制程序? PLC 又是怎样工作的呢?

二、相关知识

学习情境 1   输入继电器与输出继电器

PLC 内部有很多具有不同功能的编程元件,这些元件实际是由电子电路及存储器组成的。考虑到工程技术人员的习惯,将这些编程元件用继电器电路中类似的名称命名,如输入继电器(X)、输出继电器(Y)、辅助(中间)继电器(M)、定时器(T)、计数器(C)等。由于它们不是物理意义上的实物继电器,为了明确它们的物理属性,称它们为"软继电器"或"软元件",它们与真实元件之间有很大的差别,这些编程用的继电器的工作线圈没有工作电压等级、功耗大小和电磁惯性等问题,其触头也没有数量限制、机械磨损和电蚀等问题,从编程的角度出发,可以不管这些器件的物理实现,只注重它们的功能,在继电器电路中一样使用它们。

在可编程序控制器中,这种"元件"的数量往往是巨大的。为了区分它们的功能和不重复地选用,给元件编上号码。这些号码即是计算机存储单元的地址。FX 系列 PLC 具有数十种编程元件。FX 系列 PLC 编程元件的编号分为两个部分,第一部分是代表功能的字母,如输入继电器用"X"表示,输出继电器用"Y"表示;第二部分为数字,数字为该类器件的序号。

FX 系列 PLC 中输入继电器及输出继电器的序号为八进制,其余器件的序号为十进制。从元件的最大序号可以了解可编程序控制器可能具有的某类器件的最大数量。例如,输入继电器的编号范围为 X0~X127,为八进制编号,则可计算 FX 系列 PLC 可能接入的最大输入信号数为 88 点。这是 CPU 所能接入的最大输入信号数量,并不是一台具体的基本单元或扩展单元所安装的输入接口的数量。

输入继电器 X 与 PLC 的输入端子相连,是 PLC 接受外部开关信号的窗口,PLC 通过输入端子将外部信号的状态读入并存储在输入映象寄存器中,与内部输入继电器之间是采用光电隔离的电子继电器连接的,输入继电器 X 有无数个常开、常闭触头,可以无限次使用。图 3-12 是一个 PLC 输入/输出继电器功能的示意图,X000 端子外接的输入电路接通时,它对应的输入映像寄存器为 1 状态(继电器线圈的吸合),断开为 0 状态(继电器线圈释放)。输入继电器的状态唯一地取决于外部输入信号的状态,不能用程序来驱动,只取决于 PLC 外部触头的状态。

输出继电器 Y 与 PLC 的输出端子相连,是 PLC 向外部负载输出信号的窗口。输出继电器用来将 PLC 的输出信号传送给输出单元,再由后者驱动外部负载。如图 3-12 中 Y000 的线圈"通电",输出单元中对应的硬件继电器的常开触头闭合,使外部负载工作。输出继电器的线圈由程序控制,且其外部输出主触头接到 PLC 的输出端子上供外部负载使用,其余的常开、常闭触头供内部程序使用。输出继电器 Y 也有无数个常开、常闭触头,可以无限次使用。

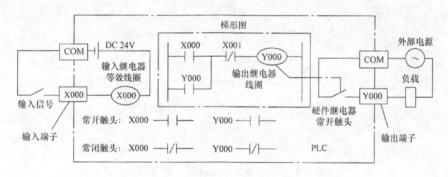

图 3-12　PLC 输入/输出继电器功能的示意图

学习情境 2　可编程序控制器的软件

可编程序控制器的软件包含系统软件和应用软件两大部分。

1. 系统软件

系统软件包含系统的管理程序、用户指令的解释程序,另外还包括一些供系统调用的专用标准程序块等。系统管理程序用以完成机内程序运行的相关时间分配、存储空间分配管理及系统自检等工作。用户指令的解释程序用以完成用户指令变换为机器码的工作。系统软件在用户使用 PLC 之前就已装入机内,并永久保存,在各种控制工作中并不需要做任何调整。

2. 应用软件

应用软件也叫用户软件。是用户为达到某种控制目的,采用 PLC 厂家提供的编程语言自主编制的程序。

应用程序的编制需使用可编程序控制器生产厂方提供的编程语言。至今为止还没有一种能适合于各种可编程序控制器的通用编程语言。但由于各国可编程序控制器的发展过程有类似之处，可编程序控制器的编程语言及编程工具都大体差不多。一般常见的有如下几种编程语言的表达方式。

（1）梯形图（Ladder diagram）。梯形图语言是一种以图形符号及其在图中的相互关系表示控制关系的编程语言，是从继电器电路图演变过来的。图 3-13 所示为继电器—接触器控制电路图与相应的梯形图的比较示例。可以看出，梯形图中所绘的图形符号和继电器—接触器电路图中的符号十分相似。而且这个控制实例中梯形图的结构和继电器—接触器控制电路图也十分相似。

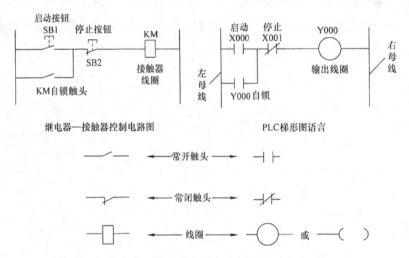

图 3-13　继电器—接触器控制电路图与梯形图的比较示例

梯形图是 PLC 编程语言中使用最广泛的一种语言。可编程序控制器中参与逻辑组合的元件可看成和继电器一样的器件，具有常开、常闭触头及线圈；且线圈的得电及失电将导致触头做相应的动作。再用母线代替电源线；用能量流概念来代替继电器—接触器电路中的电流概念，采用绘制继电器—接触器电路图类似的思路绘出梯形图。

需要说明的是，PLC 中的继电器等编程元件并不是实际物理元件，而是机内存储器中的存储单元，它的所谓接通不过是相应存储单元置 1 而已。

（2）指令表（Instruction list）。指令表也叫作语句表，是程序的另一种表示方法。指令表中语句指令依一定的顺序排列而成。一条指令一般由助记符和操作数两部分组成，有的指令只有助记符没有操作数，称为无操作数指令。

指令表程序和梯形图程序有严格的对应关系。对指令表编程不熟悉的人可以先画出梯形图，再转换为指令表。

注意：程序编制完毕输入机内运行时，对简易的编程设备，不具有直接读取梯形图的功能,梯形图程序只有改写成指令表才能送入可编程序控制器运行。

(3)顺序功能图(Sequential function chart)。顺序功能图常用来编制顺序控制类程序。它包含步、动作、转换三个要素。顺序功能编程法可将一个复杂的控制过程分解为一些小的工作状态,对这些小的工作状态的功能分别处理后再依一定的顺序控制要求连接组合成整体的控制程序。顺序功能图体现了一种编程思想,在程序的编制中有很重要的意义,本书将在模块四中进行详细介绍。

学习情境3　逻辑取及驱动线圈指令

1. 指令助记符及功能

逻辑取及驱动线圈指令(LD、LDI、OUT 指令)的功能、梯形图表示、操作元件、所占的程序步如表 3-1 所示。

表 3-1　逻辑取及驱动线圈指令表

符号	名称	功能	梯形图表示	操作元件	程序步
LD	取	常开触头逻辑运算起始	1	X、Y、M、T、C、S	1
LDI	取反	常闭触头逻辑运算起始	2	X、Y、M、T、C、S	1
OUT	输出	线圈驱动	3	Y、M、T、C、S	Y、M:1。特殊 M:2。T:3。C:3−5

注　操作元件中除 X、Y 之外的元件将在后续章节介绍。

2. 用法示例

逻辑取及驱动线圈指令(LD、LDI、OUT 指令)的应用如图 3-14 所示。

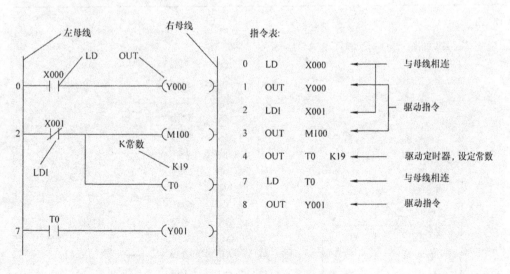

图 3-14　LD、LDI、OUT 指令的应用

3. 指令说明

(1)LD、LDI 指令可用于将触点与左母线连接。也可以与后面介绍的 ANB、ORB 指令配合使用于分支起点处。

(2)OUT 指令是对输出继电器 Y、辅助继电器 M、状态继电器 S、定时器 T、计数器 C 的线圈进行驱动的指令,但不能用于输入继电器。OUT 指令可以连续使用若干次,相当于线圈并联,如图 3-14 中的"OUT M100"和"OUT T0",但是不可串联使用。在对定时器、计数器使用 OUT 指令后,必须设置常数 K。

学习情境 4　触头串、并联指令

1. 指令助记符及功能

触头串、并联指令(AND、ANI、OR、ORI 指令)的功能、梯形图表示、操作元件、所占的程序步如表 3-2 所示。

表 3-2　触头串、并联指令表

符号	名称	功能	梯形图表示	操作元件	程序步
AND	与	常开触头串联连接	⊢⊢⊢⊢(Y005) 4	X,Y,M,S,T,C	1
ANI	与非	常闭触头串联连接	⊢⊢⊬⊢(Y005) 5	X,Y,M,S,T,C	1
OR	或	常开触头并联连接	⊢⊢⊢(Y005) 6	X,Y,M,S,T,C	1
ORI	是非	常闭触头并联连接	⊢⊢⊢(Y005) 7	X,Y,M,S,T,C	1

2. 用法示例

触头串、并联指令的应用如图 3-15 所示。

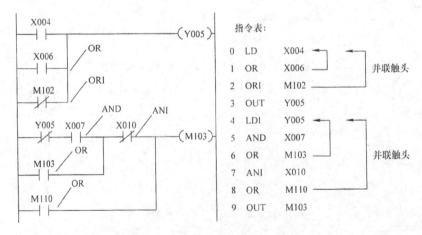

图 3-15　触头串、并联指令的应用

3.指令说明

(1)AND、ANI 指令为单个触头的串联连接指令。AND 用于常开触头。ANI 用于常闭触头。串联触头的数量不受限制。

(2)OR、ORI 指令是单个触头的并联连接指令。OR 为常开触头的并联,ORI 为常闭触头的并联。若两个以上触头的串联支路与其他回路并联时,应采用后面介绍的电路块(或 ORB)指令。

(3)与 LD、LDI 指令触头并联的触头要使用 OR 或 ORI 指令,并联触头的个数没有限制,但由于编程器和打印机的幅面限制,尽量做到 24 行以下。

(4)在 OUT 指令后,可以通过触头对其他线圈使用 OUT 指令,称作纵接输出或连续输出。例如,图 3-16(a)中就是在"OUT M1"之后,通过触头 X001,对 Y004 线圈使用 OUT 指令,这种纵接输出,只要顺序正确,可多次重复。但由于图形编程器的限制,应尽量做到一行不超过 10 个触头及一个线圈,总共不要超过 24 行。图 3-16(b)所示为不推荐的电路。

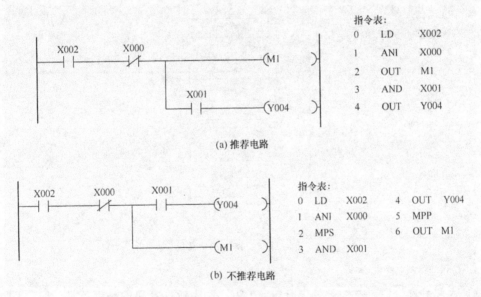

图 3-16 连续输出电路

学习情境 5 PLC 的工作原理

PLC 的工作原理与计算机的工作原理基本上是一致的,可以简单地表述为在系统程序的管理下,通过运行应用程序完成用户任务。但个人计算机与 PLC 的工作方式有所不同,计算机一般采用等待命令的工作方式,如常见的键盘扫描方式或 I/O 扫描方式,当键盘有键按下或 I/O 口有信号输入时中断,转入相应的子程序;而 PLC 在确定了工作任务、装入了专用程序后成为一种专用机,它采用循环扫描工作方式,系统工作任务管理及应用程序执行都是以循环扫描方式完成的。下面对 PLC 的工作原理进行详细介绍。

PLC 有两种基本的工作状态,即运行(RUN)状态和停止(STOP)状态。运行状态是执行应用程序的状态,停止状态一般用于程序的编制与修改。图 3-17 给出了运行和停止两种状态 PLC 不同的扫描过程。由图 3-17 可知,在这两个不同的工作状态中,扫描过程所要完成的任务是不尽相同的。

PLC 在 RUN 工作状态时,执行一次如图 3-17 所示的扫描操作所需的时间称为扫描周期。以 OMRON 公司 C 系列的 P 型机为例,其内部处理时间为 1.26ms;执行编程器等外部设备命令所需的时间为 1～2ms(未接外部设备时该时间为零);输入/输出处理的执行时间小于 1ms。指令执行所需的时间与用户程序的长短,指令的种类和 CPU 执行速度有很大关系,其典型值为 1～100ms。PLC 厂家一般给出每执行 1K(1K＝1024)条基本逻辑指令所需的时间(以 ms 为单位)。某些厂家在说明书中还给出了执行各种指令所需的时间。一般来说,一个扫描过程中,执行指令的时间占了绝大部分。

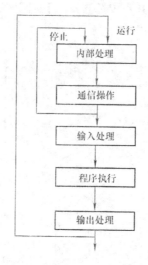

图 3-17 扫描过程示意图

1.PLC 工作过程的分析

(1)内部处理阶段。在内部处理阶段,PLC 首先诊断自身硬件是否正常,然后将监控定时器复位,并完成一些其他内部工作。

(2)通信服务阶段。在通信服务阶段,PLC 要与其他的智能装置进行通信,如响应编程器键入的命令、更新编程器的显示内容。

(3)输入处理阶段。也称输入采样阶段。在这个阶段中,PLC 以扫描方式按顺序将所有输入端的输入信号状态(开或关,即 ON 或 OFF、"1"或"0")读入输入映像寄存器中寄存起来,称为对输入信号的采样,或称输入处理。接着转入程序执行阶段,在程序执行期间,即使输入状态变化,输入映像寄存器的内容也不会改变。输入状态的变化只能在下一个工作周期的输入采样阶段才被重新读入。这种输入工作方式称为集中输入方式。

（4）程序执行阶段。在程序执行阶段，PLC对程序按顺序进行扫描。如果程序用梯形图表示，则总是按先上后下、先左后右的顺序进行扫描。但当遇到程序跳转指令时，则根据跳转条件是否满足来决定程序的跳转地址。每扫描到一条指令时，所需要的输入状态或其他元件的状态分别由输入映像寄存器和元件映像寄存器中读出，而将执行结果写入元件映像寄存器中。也就是说，对于每个元件来说，元件映像寄存器中寄存的内容，会随程序执行的进程而变化。

（5）输出处理阶段。输出处理阶段也叫输出刷新阶段。当程序执行完后，进入输出刷新阶段。此时，将元件映像寄存器中所有输出继电器的状态转存到输出锁存电路，再驱动用户输出设备（负载），这就是PLC的实际输出，这种输出方式称为集中输出方式。集中输出方式在执行用户程序时不是得到一个输出结果就向外输出一个，而是把执行用户程序所得的所有输出结果先全部存放在输出映像寄存器中，执行完用户程序后所有输出结果一次性向输出端口或输出模块输出，使输出设备部件动作。

以上五个阶段是分时完成的。为了连续地完成PLC所承担的工作，系统必须周而复始地依照一定的顺序完成这一系列的具体工作。这种工作方式叫作循环扫描工作方式。PLC用户程序执行阶段扫描工作过程如图3-18所示。

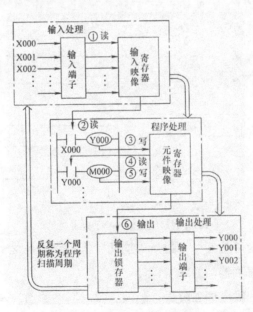

图3-18　PLC的扫描工作过程

2.输入输出滞后时间

从PLC工作过程的分析可知，由于PLC采用循环扫描的工作方式，而且对输入和输出信号只在每个扫描周期的I/O刷新阶段集中输入并集中输出，所以会产生输出信号相对输入信号的滞后现象。即从PLC外部输入信号发生变化的时刻起至PLC的输出端对该输入信号的变化做出反应需要一段时间,这段时间称为响应时间或滞后时间。它由输入电路的滤波时间、输出模块的滞后时间和因扫描工作方式产生的滞后时间三部分组成。

输入模块的 RC 滤波电路用来滤除由输入端引入的干扰噪声,消除因外接输入触头动作时产生抖动引起的不良影响。滤波时间常数决定了输入滤波时间的长短,其典型值为 10ms 左右。

输出模块的滞后时间与模块开关元件的类型有关:继电器型输出电路的滞后时间一般最大值在 10ms 左右;晶闸管型输出电路在负载接通时的滞后时间约为 1ms,在负载由导通到断开时的最大滞后时间为 10ms;晶体管型输出电路的滞后时间一般在 1ms 左右。

下面分析由扫描工作方式引起的滞后时间。在图 3-19 所示的梯形图中,X000 是输入继电器,用来接收外部输入信号;波形图中最上一行是 X000 对应的经滤波后的外部输入信号的波形;Y000、Y001、Y002 是输出继电器,用来将输出信号传送给外部负载;X000 和 Y000、Y001、Y002 的波形表示对应的输入/输出映像寄存器的状态,高电平表示"1"状态,低电平表示"0"状态。

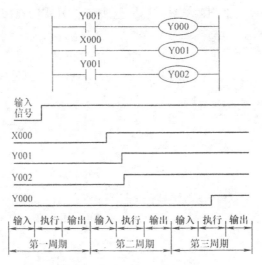

图 3-19　PLC 的输入/输出延迟

在图 3-19 中,输入信号在第一个扫描周期的输入处理阶段之后才出现,所以在第一个扫描周期内各输入映像寄存器均为"0"状态。

在第二个扫描周期的输入处理阶段,输入继电器 X000 的输入映像寄存器变为"1"状态。在程序执行阶段,由梯形图可知,Y001、Y002 依次接通,它们的输出锁存器都变为"1"状态。

在第三个扫描周期的程序执行阶段,由于 Y001 的接通使 Y000 接通。Y000 的输出锁存器驱动负载接通,响应延迟最长可达两个多扫描周期。

若交换梯形图中第一行和第二行的位置,Y000 的延迟时间将减少一个扫描周期,可见延迟时间可以使用优化程序的方法减少。

学习情境6　GX Developer编程软件的使用

GX Developer是三菱公司专为全系列PLC设计的编程软件,其界面和编程文件均已汉化,可在Windows操作系统中运行。

1.软件安装

(1)先安装通用环境。首先进入存放编程软件安装程序的文件夹—Developer文件夹进入文件夹"EnvMEL",单击"SETUP. EXE"按提示安装即可。三菱大部分软件都要先安装"环境",当然,有的环境是通用的。

(2)完成"环境"安装后,返回到GX Developer文件夹,单击"SETUP. EXE"按提示安装即可。

注意:在安装的时候,最好把其他应用程序关掉,包括杀毒软件、防火墙、IE、办公软件。因为这些软件可能会调用系统的其他文件,影响安装的正常进行。

(3)输入各种注册信息后,输入序列号(在txt文本文件中)。注意在图3-20所示安装画面中的"监视专用GX Developer"前面千万不能打勾。

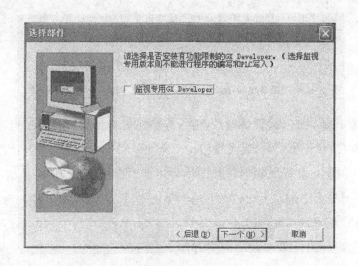

图3-20　GX Developer软件的安装界面

(4)完成后单击"完成"按钮。

(5)GX Simulator是三菱PLC的仿真软件,在安装有GX Developer的计算机内追加安装GX Simulator软件就能实现离线时的程序调试。通过把GX Developer软件编写的程序写入GX Simulator内,能够实现通过CX Simulator软件调试程序。该软件必须在事先安装好的GX Developer软件的计算机上才能使用,其安装方法与CX Developer相同。

2.编程软件的启动

(1)进入和退出编程环境。在计算机上安装好GX Developer编程软件后,执行"开始"→

"程序"→"MELSOFT 应用程序"→"GX Developer"命令,即可进入编程环境,其界面如图 3-21 所示。若要退出编程环境,直接单击"关闭"按钮即可退出编程环境。

图 3-21　运行 GX Developer 后的界面

(2)新建一个工程。进入编程环境后,可以看到该窗口编辑区域是不可用的,工具栏除了"新建"和"打开"按钮可见以外,其余按钮均不可见。单击"工程",在下拉菜单中选择"创建新工程",可打开图 3-22 所示的创建新工程对话框,在"PLC 系列"下拉选项中选择"FX-CPU","PLC 类型"下拉选项中选择"FX2N(C)","程序类型"项选择"梯形图逻辑"。在"设置工程名"复选框前打钩,可以输入工程要保存到的路径(D:\stepper)和名称(stepper)。

注意:PLC 系列和 PLC 类型两项必须设置,且必须与所连接的 PLC 一致,否则程序将无法写入 PLC。

设置好上述各项后,单击"确定"按钮,再按照弹出的对话框进行操作,直至出现图 3-23 所示窗口,即可进行程序的编制。

图 3-22　创建新工程对话框

148

3. 软件界面

CX Developer 软件界面如图 3-23 所示,包括标题栏、菜单栏、工具栏、编辑区、工程数据列表和状态栏。其中标题栏只起显示标题的作用。下面介绍其他五部分。

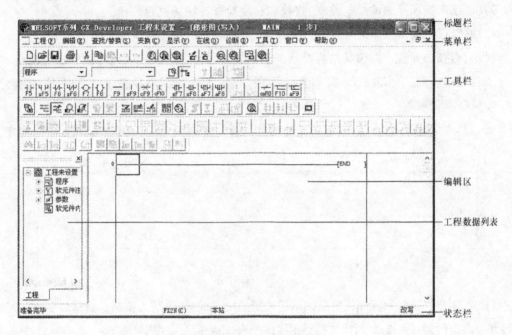

图 3-23　程序的编辑窗口

(1)菜单栏。GX Developer 编程软件共有 10 个菜单栏。

①"工程"菜单项可执行工程的创建、打开、保存、关闭、删除、打印等。

②"编辑"菜单项提供图形程序(或指令)编辑的工具,如复制、粘贴、插入行(列)、删除行(列)、画连线、删除连线等。

③"查找/替换"菜单项主要用于查找/替换软元件、指令等。

④"变换"菜单项只在梯形图编程方式可见,程序编程好后,需要将图形程序转换为系统可以识别的程序,因此需要进行变换才可存盘、传送等。

⑤"显示"菜单项用于梯形图与指令表之间切换及声明和注释的显示或关闭等。

⑥"在线"菜单项主要用于实现计算机与 PLC 之间的程序传送、监视、调试及检测等。

⑦"诊断"菜单项主要用于 PLC 诊断、网络诊断及 CC−link 诊断等。

⑧"工具"菜单项主要用于程序检查、参数检查、数据合并、注释或参数清除等。

⑨"窗口"菜单项主要用于切换窗口。

⑩"帮助"菜单项主要用于查阅各种出错代码等功能。

(2)工具栏。工具栏分为主工具栏、图形编辑工具栏和视图工具栏等,它们在工具栏的位置是可以拖曳改变的。

主工具栏提供文件新建、打开、保存、复制、粘贴等功能;图形编辑工具栏只在图形编程时才可见,提供各类触头、线圈、连接线等图形;视图工具栏可实现屏幕显示切换,如可在主程序、注释、参数等内容之间实现切换,也可以实现屏幕放大/缩小和打印预览等功能。此外,工具栏还提供程序的读/写、监视、查找和程序检查等快捷执行按钮。

(3)编辑区。编辑区是对程序、注解、注释、参数等进行编辑的区域。

(4)工程数据列表。以树状结构显示工程的各项内容,如程序、软元件注释、参数等。

(5)状态栏。显示当前的状态,如光标所指按钮功能提示、读写状态、PLC 的型号等内容。

4.梯形图的编写

图 3-24 所示是一个梯形图,下面以此为例说明如何利用 CX Developer 软件编写程序。

```
       X000    X001                                    (Y000  )
   0 ───┤ ├────┤/├────────────────────────────────────

       Y000
       ┤ ├

   4 ─────────────────────────────────────────────────[END  ]
```

图 3-24 梯形图

(1)单击图 3-25 所示程序编辑画面中①位置的按钮,使其为写入模式。当梯形图内的光标为蓝边空心框时为写入模式,可以进行梯形图的编辑;当光标为蓝边实心框时为读出模式,只能进行读取、查找等操作,可以通过选择"编辑"菜单项中的"读出模式"或"写入模式"进行切换。

(2)单击图 3-25 所示程序编辑画面中②位置的按钮,选择梯形图显示,即程序在编辑区中以梯形图的形式显示。

(3)在当前编辑区的蓝色方框③中绘制梯形图。

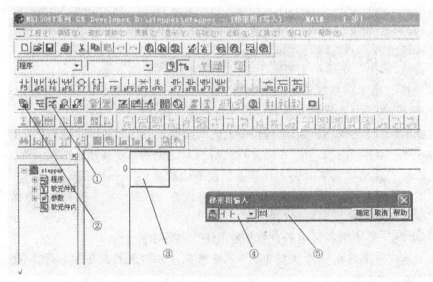

图 3-25 程序编辑画面

（4）梯形图的绘制有两种方法。一种方法是用鼠标和键盘操作,用鼠标选择工具栏中的图形符号,打开图3-25所示的梯形图输入窗口,再在④和⑤位置输入其软元件和软元件编号,输入完毕单击"确定"按钮或按Enter键即可。

另一种方法是键盘操作,即通过键盘输入完整的指令,在图3-25所示的当前编辑区的位置直接从键盘输入"LD X000"按Enter键,则X000的常开触头就在编辑区显示出来,然后再输入"ANI X001""OUT Y000""OR Y000",即可绘制出图3-26所示的图形。

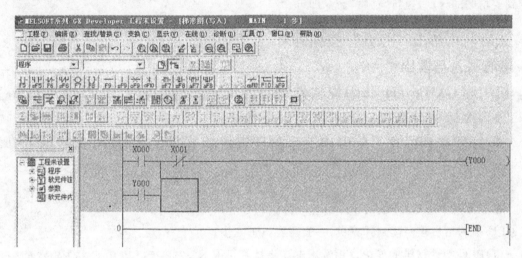

图3-26　变换前的梯形图

5.程序的删除与插入

删除、插入操作可以是一个图形符号,也可以是一行,还可以是一列（END指令不能被删除）,其操作有如下几种方法。

（1）将当前编辑区定位到要删除、插入的图形处,单击鼠标右键,在弹出的快捷菜单中选择需要的操作。

（2）将当前编辑区定位到要删除、插入的图形处,在"编辑"菜单项中执行相应的命令。

（3）将当前编辑区定位到要删除的图形处,然后按键盘上的"Del"键即可。

（4）若要删除某一段程序时,可拖动鼠标选中该段程序,然后按键盘上的"Del"键,或执行"编辑"菜单项中的"删除行"或"删除列"命令。

（5）按键盘上的"Insert"键,使屏幕右下角显示"插入",然后将光标移到要插入的图形处,输入要插入的指令即可。

6.程序的修改

若发现梯形图有错误,可进行修改操作。如将图3-26中的X001由常闭触头改为常开触头:首先按键盘上的"Insert"键,使屏幕右下角显示"改写",然后将当前编辑区定位到要修改的图形处,输入正确的指令即可。

7.删除与绘制连线

需要删除横线或垂直线时单击图 3-26 中的 $\boxed{\overset{\times}{cF9}}$ 和 $\boxed{\overset{\times}{cF10}}$ 图标。需要绘制横线或垂直线时单击图 3-26 中的 $\boxed{\overset{-}{F9}}$ 和 $\boxed{\overset{|}{sF9}}$ 图标。

8.复制与粘贴

首先拖曳鼠标选中需要复制的区域,单击鼠标右键执行"复制"命令,再将当前编辑区定位到要粘贴的区域,执行"粘贴"命令即可。

9.保存、打开工程

当梯形图编制完后,必须先进行变换,才能保存和写入 PLC。执行"变换"菜单项中的"变换"命令后(此时编辑区不再是灰色状态),然后执行"工程"菜单项中的"保存"或"另存为"命令,系统会提示保存的路径和工程的名称(如果新建工程时未设置),设置好路径和输入工程名称后单击"保存"按钮即可。

当需要打开保存在计算机中的程序时,单击"打开"按钮,在弹出的窗口中选择保存的驱动器和工程名再单击"打开"按钮即可。

10.程序的写入与读出

将计算机中用 GX Developer 编程软件编写好的用户程序写入 PLC 的 CPU,或将 PLC 的 CPU 中的用户程序读到计算机,一般需要以下几步。

(1)PLC 与计算机的连接。用专用电缆将计算机的 RS-232 接口和 PLC 的 RS-422 接口连接好,注意 PLC 接口与专用电缆头的方向不要弄错,否则容易造成损坏。

(2)通信设置。单击"在线"菜单项中的"传输设置"命令后,出现图 3-27 所示的窗口,设置好"PC I/F"和"PLC I/F"的各项设置,其他项保持默认,单击"确认"按钮。

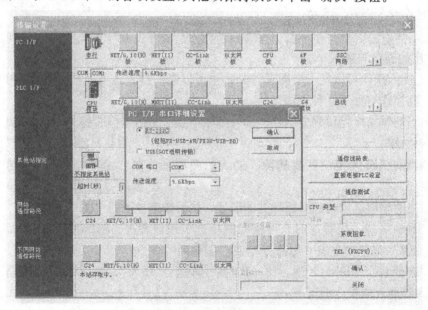

图 3-27　传输设置画面

（3）程序传送。执行"在线"菜单项中"PLC 写入"命令后，可将计算机中的程序下载到 PLC 中。执行"在线"菜单项中"PLC 读取"命令后，可将 PLC 中的程序传送到计算机中。

三、项目实施

1. 分配 I/O 地址

启保停电路即启动、保持、停止电路，是梯形图程序设计中最典型的基本电路。利用 PLC 实现电动机的启保停控制时，输入信号有启动按钮 SB2、停止按钮 SB1、热继电器 FR；输出信号有接触器线圈 KM。确定它们与 PLC 中的输入继电器和输出继电器的对应关系，可得 PLC 控制系统的 I/O 端口地址分配如下。

（1）输入信号：启动按钮 SB2——X000；停止按钮 SB1——X001；热继电器 FR——X002。

（2）输出信号：接触器线圈 KM——Y000。

根据 I/O 分配，可以设计出电动机启保停控制的 I/O 接线图，如图 3-28 所示。

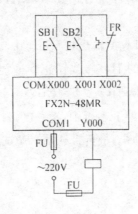

图 3-28　电动机启保停控制的 I/O 接线图

2. 程序设计

电动机启保停控制的程序如图 3-29 所示。由于是将停止按钮的常开触头接入 PLC 输入端 X001，没按停止按钮时，输入继电器 X001 的线圈不得电，其在梯形图中的常闭触头闭合；热继电器 FR 的常闭触头接入 PLC 输入端 X002，正常时热继电器不动作，这时输入继电器 X002 线圈得电，其在梯形图中的常开触头闭合。当按下启动按钮 SB1 时，输入继电器 X000 线圈得电，其常开触头闭合，Y000 线圈得电并自锁，电动机启动并连续运行。当按下停止按钮 SB2 时，输入继电器 X001 的线圈得电，其在梯形图中的常闭触头断开，使 Y000 线圈失电，电动机停止运行。如果在运行时，热继电器 FR 动作，其常闭触头断开，则输入继电器 X002 线圈失电，其在梯形图中的常开触头断开，使 Y000 线圈失电，电动机停止运行。

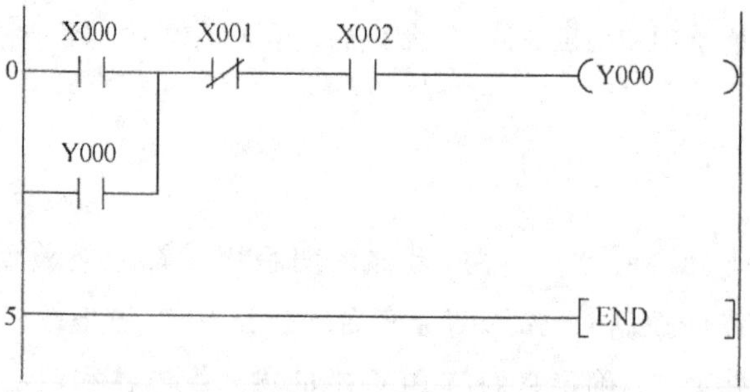

图 3-29　电动机启保停控制的程序

3.系统调试

(1)将图 3-29 所示的程序用 GX Developer 软件编程并下载到 PLC 中。

(2)静态调试。按图 3-28 所示的 I/O 接线图正确连接好输入设备,进行 PLC 程序的静态调试(按下启动按钮 X000 后,Y000 有输出;按下停止按钮 X001 或热继电器 X002 动作,Y000 无输出),观察 PLC 的输出指示灯是否按要求指示,否则,检查并修改程序,直至输出指示正确。

注意:静态调试时,观察的是 PLC 的输出指示灯。

(3)动态调试。按图 3-28 所示的 I/O 接线图正确连接好输出设备,进行系统的空载调试,观察交流接触器能否按控制要求动作(按下启动按钮 X000 后,KM1 闭合;按下停止按钮 X001 或热继电器 X002 动作,KM1 断开),否则,检查电路接线或修改程序,直至交流接触器能按控制要求动作;然后连接好电动机,进行带载动态调试。

四、知识拓展

(一)输入为常闭触头的处理方法

在编制 PLC 的梯形图时,要特别注意输入常闭触头的处理问题。还有一些输入设备只能接常闭触头(如热继电器触头),在梯形图中应该怎样处理这些触头呢?下面以电动机的启保停控制电路来分析。

图 3-30 所示为停止按钮接入常闭触头时,PLC 的 I/O 接线图和梯形图。图中 PLC 输入端的停止按钮 SB2 常闭触头接入输入继电器 X001,没按停止按钮 SB2 时,输入继电器 X001 的线圈得电,其在梯形图中 X001 常开触头闭合。此时按下启动按钮 SB1,则 X000 的常开触头闭合,Y000 线圈得电并自锁,电动机启动并连续运行。当按下停止按钮 SB2 时,输入继电器 X001 的线圈失电,其在梯形图中的常开触头断开,使 Y000 线圈失电,电动机停止运行。由此可见,用 PLC 取代继电器接触器控制时,其常闭触头应该按以下原则处理。

(1)PLC 外部的输入触头既可以接常开触头,也可以接常闭触头。若输入为常闭触头,则梯形图中触头的状态与继电器—接触器原理图采用的触头相反。若输入为常开触头,则梯形图中触头的状态与继电器—接触器原理图中采用的触头相同。

（2）教学中PLC的输入触头经常使用常开触头，便于进行原理分析。但在实际控制中，停止按钮、限位开关及热继电器等要使用常闭触头，以提高安全保障。

（3）为了节省成本，应尽量少占用PLC的I/O点数，因此，有时也将热继电器的常闭触头FR串接在其他常闭输入或负载输出回路中，如将FR的常闭触头与图3-30所示的停止按钮SB1串联在一起，再接到PLC的输入端子X001上。

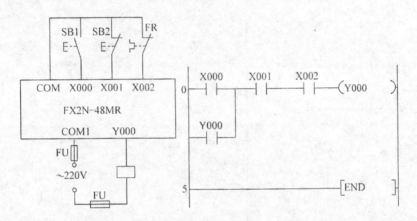

图3-30　停止按钮接入常闭触头的接线图和程序

（二）置位与复位指令

1.指令助记符及功能

置位与复位指令（SET、RST指令）的功能、梯形图表示、操作元件、所占的程序步如表3-3所示。

表3-3　置位与复位指令表

符号	名称	功能	梯形图表示	操作元件	程序步
SET	置位	令元件自保持ON	┤├──[SET Y000]	Y、M、S	Y、M：1；S，特M：2
RST	复位	令元件自保持OFF或清除数据寄存器的内容	┤├──[RST Y000]	Y、M、S、C、D、V、Z、积算T	Y、M：1；S，特殊　M、C、积算T：2；D、V、Z：3

2.用法示例

置位与复位指令的应用如图3-31所示。

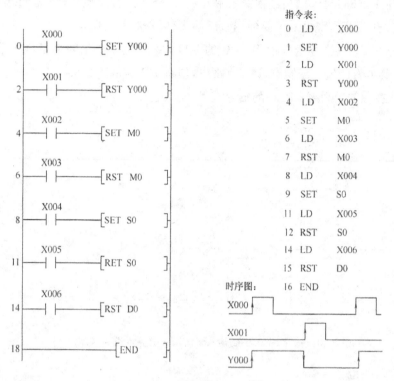

图 3-31 置位与复位指令的应用

3.指令说明

(1)SET 为置位指令,使线圈接通保持(置 1)。RST 为复位指令,使线圈断开复位(置 0)。

(2)对同一软组件,SET、RST 指令可多次使用,不限制使用次数,但最后执行者有效。

利用 SET、RST 指令也可以实现电动机的启保停控制,启动按钮 X000 和停止按钮 X001 都接常开触头的梯形图如图 3-32 所示。

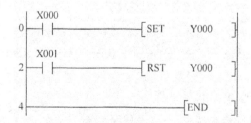

图 3-32 利用 SET、RST 指令实现电动机的启保停控制

五、思考与练习

1.简述 PLC 的工作原理。

2.设计电动机的两地控制程序并调试。要求:按下 A 地或 B 地的启动按钮,电动机均可启动,按下 A 地或 B 地的停止按钮,电动机均可停止。

项目三
3台电动机顺序启停的 PLC 控制

一、任务导入

在多台电动机驱动的生产机械上,各台电动机所起的作用不同,设备有时要求某些电动机按一定顺序启动并工作,以保证操作过程的合理性和设备工作的可靠性。例如,某控制系统有3台电动机,其控制要求如下:按下启动按钮,润滑电动机 M1 启动,运行 5s 后,主电动机 M2 启动,M2 运行 10s 后,冷却泵电动机 M3 启动;按下停止按钮,3 台电动机全部停止。前面已介绍过,在继电器—接触器电路中时间继电器可以实现延时控制,那么在 PLC 内部又是如何实现时间的延时控制的呢?

二、相关知识

学习情境1 定时器

PLC 内部的定时器(T)相当于继电器—接触器电路中的时间继电器,可在程序中用于延时控制。FX 系列 PLC 的定时器通常分为以下四种类型:

100ms 定时器:T0～T199,200 点,计时范围为 0.1～3276.7s。

10ms 定时器:T200～T245,46 点,计时范围为 0.01～327.67s。

1ms 积算定时器:T246～T249,4 点(中断动作),计时范围为 0.001～32.767s。

100ms 积算定时器:T250～T255,6 点,计时范围为 0.1～3276.7s。

PLC 中的定时器是对机内 1ms、10ms、100ms 等不同规格时钟脉冲累加计时的。定时器除了占有自己编号的存储器外,还占有一个设定值寄存器和一个当前值寄存器。设定值寄存器存放程序赋予的定时设定值,当前值寄存器记录计时的当前值。这些寄存器均为 16 位二进制存储器,其最大值乘以定时器的计时单位值即是定时器的最大计时范围值。定时器满足计时条件时,当前值寄存器开始计数,当它的当前计数值与设定值寄存器中设定值相等时,定时器的输出触头动作。定时器可采用程序存储器内的十进制常数(K)作为定时设定值,也可用数据寄存器(D)的内容中进行间接指定。不作为定时器使用的定时器,可作为数据寄存器使用。

图 3-33 是定时器的应用。图 3-33(a)为非积算定时器的梯形图程序及工作波形,图 3-33(a)中 X000 为计时条件,当 X000 接通时定时器 T10 开始计时。K20 为定时设定值。十进制数"20"定时时间为 $0.1 \times 20 = 2s$。图中 Y000 为定时器的被控对象。当计时时间到,定时器 T10 的常开触头接通,Y000 置 1。在计时中,若计时条件 X000 断开或 PLC 电源停电,计时过程中止,当前值寄存器复位(置 0)。若 X000 断开或 PLC 电源停电发生在计时过程完成且定时器的触头已动作时,触头的动作也不能保持。

若将图 3-33(a)中的定时器 T10 换成积算定时器 T251,情况就不一样了。图 3-33(b)为积算定时器的梯形图程序及工作波形。积算定时器 T251 在计时条件失去或 PLC 失电时,其当前值寄存器的内容及触头状态均可保持,当计时条件恢复或来电时可"累计"计时,故称为"积算"定时。因积算定时器的当前值寄存器及触头都有记忆功能,其复位时必须在程序中加入专门的复位指令 RST 才能消除记忆。图 3-33(b)中 X002 为复位条件,当 X002 接通时,执行"RST T251"指令时,T251 的当前值寄存器及触头同时置 0。

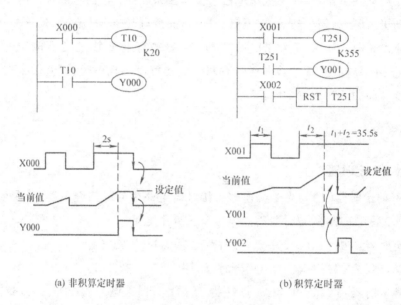

(a) 非积算定时器   (b) 积算定时器

图 3-33 定时器的应用

学习情境 2 辅助继电器

PLC 内部有许多辅助继电器(M),其动作原理与输出继电器一样,只能由程序驱动。它相当于继电器控制系统中的中间继电器,没有向外的任何联系,只供内部编程使用,其常开/常闭触头使用次数不受限制。辅助继电器不能直接驱动外部负载,外部负载的驱动必须通过输出继电器来实现。

FX 系列 PLC 的辅助继电器可分为 3 类,见表 3-4。

表 3-4 FX 系列 PLC 的辅助继电器

分类 ＼ PLC 型号	FX1S	FX1N	FX2N/FX2NC
通用辅助继电器	384 点(M0~M383)	384 点(M0~M383)	500 点(M0~M499)
锁存(断电保持)辅助继电器	128 点(M384~M511)	1152 点(M384~M1535)	2572 点(M500~M3071)
特殊辅助继电器	256 点(M8000~M8255)		

（1）通用辅助继电器。可编程序控制器中配有大量的通用辅助继电器,其主要用途和继电器电路中的中间继电器类似,常用于逻辑运算的中间状态存储及信号类型的变换。辅助继电器的线圈只能由程序驱动,它只具有内部触头。如果在 PLC 运行过程中突然停电,输出继电器与通用辅助继电器将全部变为 OFF。若电源再次接通时,除了输入条件为 ON（接通）的以外,其余的仍将保持为 OFF。

（2）锁存（断电保持）辅助继电器。根据控制对象的不同,某些控制系统需要记忆电源中断瞬间时的状态,重新通电后再现其状态的情况,断电保持辅助继电器就能满足这样的需要。在电源中断时,PLC 用锂电池保持 RAM 中映像寄存器的内容,它们只是在 PLC 重新上电后的第一个扫描周期保持断电瞬时的状态。为了利用它们的断电记忆功能,可以采用有记忆功能的电路,如图 3-34 所示。设图 3-34 中 X000 和 X001 分别是启动按钮和停止按钮,M500 通过 Y000 控制外部的电动机。如果电源中断时 M500 为 1 状态,因为电路的记忆作用,重新通电后 M500 将保持为 1 状态,使 Y000 继续为 ON,电动机重新开始运行;而对于 Y001,则由于 M0 没有停电保持功能,电源中断重新通电时,Y001 无输出。

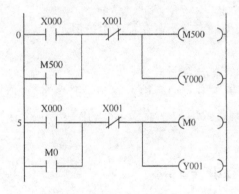

图 3-34 断电保持功能

（3）特殊辅助继电器。M8000～M8255（256 点）。特殊辅助继电器是具有特定功能的辅助继电器,它们用来表示 PLC 的某些状态,提供时钟脉冲和标志（如进位、借位标志）,设定 PLC 的运行方式,或用于步进顺控、禁止中断、设定计数器是加计数器还是减计数器等,根据使用方式又可以分为以下两类:

① 只能利用其触头的特殊辅助继电器:其线圈由 PLC 自行驱动,用户只能利用其触头。这类特殊辅助继电器常用作时基、状态标志或专用控制元件出现在程序中。例如:

M8000:运行标志（RUN）,在 PLC 运行时监控接通。

M8002:初始化脉冲,只在 PLC 开始运行的第一个扫描周期接通,其波形如图 3-35 所示。

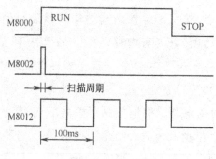

图 3-35　波形图

M8011～M8014 分别是 10ms、100ms、1s 和 1min 的时钟脉冲特殊辅助继电器。

②可驱动线圈型特殊辅助继电器：用户驱动线圈后，PLC 做特定动作。例如：

M8030：使 BATTLED(锂电池欠电压指示灯)熄灭。

M8033：PLC 停止时输出保持。

M8034：禁止全部输出。

M8039：定时扫描方式。

注意：未定义的特殊辅助继电器不可在程序中使用。

学习情境 3　常数

常数也作为软元件对待，它在存储器中占有一定的空间。PLC 内部经常使用十进制常数和十六进制常数。十进制常数用 K 来表示，如 K18 表示 18；十六进制常数用 H 来表示，如 H18 表示十进制的 24。

学习情境 4　空操作和程序结束指令

1.指令助记符及功能

空操作和程序结束指令(NOP、END 指令)的功能、梯形图表示、操作元件、所占的程序步如表 3-5 所示。

表 3-5　空操作和程序结束指令表

符号	名称	功能	梯形图表示	操作元件	程序步
NOP	空操作	无动作	无	无	1
END	结束	输入/输出处理，程序回到第 0 步		无	1

2.指令说明

(1)空操作指令就是使该步无操作。在程序中加入空操作指令，在变更程序或增加指令时可以使程序步序号不变化。用 NOP 指令也可以替换一些已写入的指令，修改梯形图或程序。

注意:若将 LD、LDI、ANB、ORB 等指令换成 NOP 指令后,会引起梯形图电路的构成发生很大的变化,导致出错。

(2)当执行程序全部清零操作时,所有指令均变成 NOP。

(3)可编程序控制器按照输入处理、程序执行、输出处理循环工作,若在程序中不写入 END 指令,则可编程序控制器从用户程序的第一步扫描到程序存储器的最后一步。若在程序中写入 END 指令,则 END 以后的程序步不再扫描,而是直接进行输出处理。也就是说,使用 END 指令可以缩短扫描周期。

(4)END 指令还有一个用途是可以对较长的程序进行分段调试。调试时,可将程序分段后插入 END 指令,从而依次对各程序段的运算进行检查,然后在确认前面程序段正确无误之后依次删除 END 指令。

三、项目实施

1.分配 I/O 地址

通过分析任务导入中的控制要求可知,该控制系统有 3 个输入:启动按钮 SB1——X000、停止按钮 SB2——X001,为了节约 PLC 的输入点数,将第一台电动机的过载保护 FR1、第二台电动机的过载保护 FR2、第三台电动机的过载保护 FR3 串联在一起,然后接到 PLC 的输入端子 X002 上。输出有 3 个:第一台电动机 KM1——Y000,第二台电动机 KM2——Y001,第三台电动机 KM3——Y002。根据 I/O 分配,可以设计出电动机顺序控制的 I/O 接线图,如图 3-36 所示。

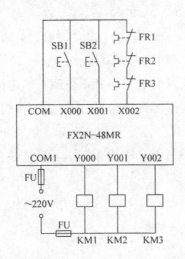

图 3-36 电动机顺序控制 I/O 接线图

2.程序设计

该控制系统是典型的顺序启动控制,其程序如图 3-37 所示。按下启动按钮 X000,第一台电动机 Y000 启动,同时定时器 T0 的线圈为 ON,开始定时。定时器 T0 的线圈接通 5s

后,延时时间到,其常开触头闭合,第二台电动机 Y001 启动,同时定时器 T1 的线圈为 ON,开始定时;定时器 T1 的线圈接通 10s 后,延时时间到,其常开触头闭合,第三台电动机 Y002 启动。停止时,按下停止按钮 X001,所有的线圈都失电,3 台电动机全部停止。

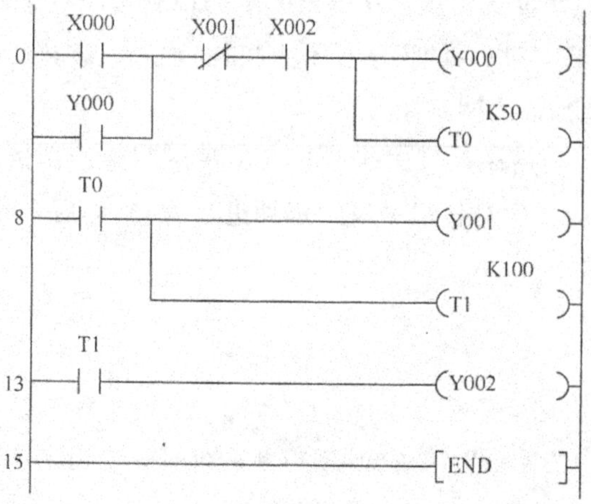

图 3-37　电动机顺序控制梯形图

3.系统调试

(1)将图 3-37 所示的程序用 GX Developer 软件编程并下载到 PLC 中。

(2)静态调试。按图 3-36 所示的 PLC 外围电路图正确连接好输入设备,进行 PLC 程序的静态调试(按下启动按钮 X000 后,Y000 亮,5s 后,Y001 亮,10s 后,Y002 亮;按下停止按钮 X001 或热继电器 X002 动作,Y000、Y001、Y002 同时熄灭),观察 PLC 的输出指示灯是否按要求指示,否则,检查并修改程序,直至输出指示正确。

(3)动态调试。按图 3-36 所示的 PLC 外围电路图正确连接好输出设备,进行系统的空载调试,观察交流接触器能否按控制要求动作(按下启动按钮 X000 后,KM1 闭合,5s 后,KM2 闭合,10s 后,KM3 闭合;按下停止按钮 X001 或热继电器 X002 动作,KM1、KM2、KM3 同时断开),否则,检查电路接线或修改程序,直至交流接触器能按控制要求动作;然后连接好电动机,进行带载动态调试。

四、知识拓展

(一)得电延时接通电路

按下启动按钮 X000,延时 2s 后输出 Y000 接通;当按下停止按钮 X002,输出 Y000 断开,其梯形图及时序图如图 3-38 所示。

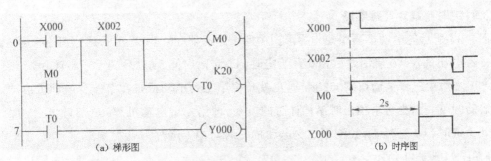

图 3-38　得电延时接通的梯形图及时序图

(二)失电延时断开电路

当 X000 为 ON 时,Y000 接通并自锁;当 X000 断开时,定时器开始得电延时;当 X000 断开的时间达到定时器的设定时间 10s 时,Y000 才由 ON 变为 OFF,实现失电延时断开,其梯形图及时序图如图 3-39 所示。

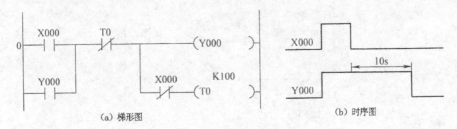

图 3-39　失电延时断开的梯形图及时序图

(三)定时器接力电路

定时器的计时时间都有一个最大值,如 100ms 的定时器最大计时时间为 3276.7s。那么,如果工程中所需的延时时间大于这个数值时该怎么办呢? 一个最简单的方法是采用定时器接力方式,即先启动一个定时器计时,计时时间到,用第一只定时器的常开触头启动第二只定时器,再使用第二只定时器启动第三只定时器,依此类推,记住使用最后一只定时器的常开触头去控制最终的控制对象就可以了。图 3-40 所示的梯形图即是一个这样的例子。

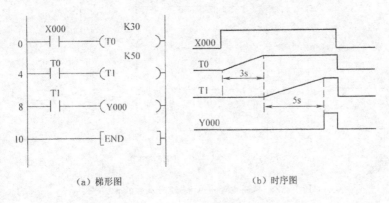

图 3-40　定时器接力电路

(四)定时器累计计时电路

图 3-37 所示的电动机顺序控制梯形图中两个定时器 T0、T1 采用的是分别计时的方法，即第一台电动机 Y000 启动之后，T0 开始定时，T0 定时时间 5s 之后，T1 开始计时，T1 定时时间 10s 之后第三台电动机 Y002 启动，也就是说第三台电动机是在第一台电动机启动 15s 后才启动的，因此，也可采用定时累计计时的方法，即第一台电动机 Y000 启动之后，T0、T1 同时开始定时，T0 定时 5s，控制第二台电动机的启动，T1 定时 15s，控制第三台电动机的启动，梯形图如图 3-41 所示。

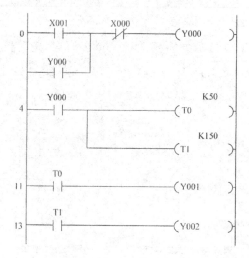

图 3-41　三台电动机顺序启动定时器累计计时的梯形图

(五)振荡电路

振荡电路可以产生特定的通断时序脉冲，它经常应用在脉冲信号源或闪光报警电路中。定时器组成的振荡电路通常有两种形式，如图 3-42 和图 3-43 所示。若改变定时器的设定值，可以调整输出脉冲的宽带。

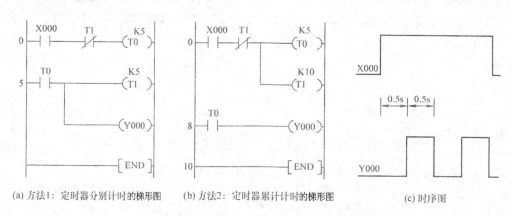

(a) 方法1: 定时器分别计时的梯形图　(b) 方法2: 定时器累计计时的梯形图　(c) 时序图

图 3-42　振荡电路一的梯形图及输出时序图

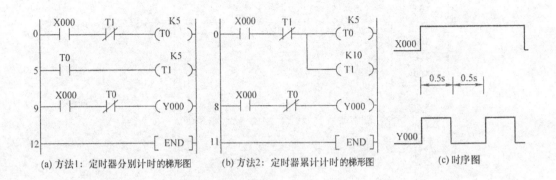

(a) 方法1：定时器分别计时的梯形图　　(b) 方法2：定时器累计计时的梯形图　　(c) 时序图

图 3-43　振荡电路二的梯形图及输出时序图

振荡电路除了可以由以上所示的程序产生外,还可以由 PLC 内部特殊辅助继电器产生,如 M8011、M8012、M8013 和 M8014 分别可以产生 10ms、100ms、1s 和 1min 时钟脉冲的振荡电路。

(六)电动机逆序停止控制电路

在生产实际中,有时不仅要求多台电动机顺序启动,而且要求多台电动机逆序停止,例如将本项目任务导入中的控制要求改为:按下启动按钮,润滑电动机 M1 启动,运行 5s 后,主电动机 M2 启动,M2 运行 10s 后,冷却泵电动机 M3 启动;按下停止按钮,主电动机 M2 立即停止;主电动机停止 5s 后,冷却泵电动机 M3 停止;冷却泵电动机停止 5s 后,润滑电动机 M1 停止。任一电动机过载时,3 台电动机全部停止。

这就要求 3 台电动机顺序启动、逆序停止,其梯形图如图 3-44 所示。按下启动按钮 X000,润滑电动机 Y000 启动,同时定时器 T0、T1 的线圈得电接通,开始定时。定时器 T0 的线圈接通 5s 后,延时时间到,其常开触头闭合,主电动机 Y001 启动;定时器 T1 的线圈接通 15s 后,延时时间到,其常开触头闭合,冷却泵电动机 Y002 启动。停止时,按下停止按钮 X001,辅助继电器 M1 线圈得电并自锁,同时定时器 T0、T1 的线圈得电接通,开始定时。M1 常闭触头断开,切断 Y001 线圈,主电动机停止;定时器 T2 的线圈接通 5s 后,延时时间到,其常闭触头断开,切断 Y002 线圈,冷却泵电动机停止;定时器 13 的线圈接通 10s 后,延时时间到,其常闭触头断开,切断 Y000 线圈,润滑电动机停止;当任何一台电动机过载时,M0 线圈得电自锁,同时切断 Y000、Y001、Y002 的线圈,三台电动机马上停止。

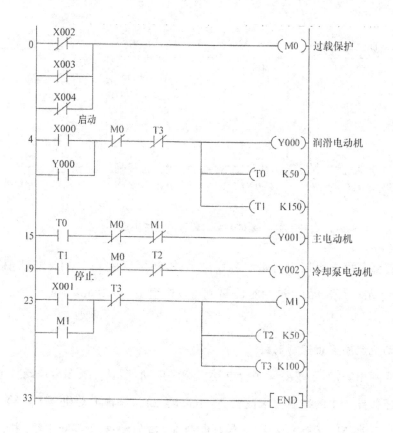

图 3-44　3 台电动机顺序启动、逆序停止的梯形图

五、思考与练习

1.FX 系列 PLC 共有几种类型辅助继电器？各有何特点？

2.设计两台电动机的联锁控制系统，要求电动机 M1 启动后，电动机 M2 才能启动，电动机 M2 停止后 M1 才能停止，两台电动机分别单独设置启动按钮和停止按钮。

3.设计一个 3 台电动机的顺序联动运行的控制系统。其控制要求如下：电动机 M1 先启动(SB1)，电动机 M2 才能在甲地(SB2)或乙地(SB3)启动；只有当电动机 M1 已启动，电动机 M2 在甲地启动时，电动机 M3 才能启动(SB4)；当按下停止按钮(SB)时全部停止。

4.设计一个两台电动机交替运行的控制系统。其控制要求如下：电动机 M1 工作 10s 停下来，紧接着电动机 M2 工作 5s 停下来，然后再交替工作；按下停止按钮，电动机 M1、M2 全部停止运行。

项目四
电动机循环正反转的 PLC 控制

一、任务导入

电动机循环正反转控制系统的控制要求如下：按下正转启动按钮 SB2，电动机正转 10s，暂停 5s，反转 10s，暂停 5s，如此循环 5 个周期，然后自动停止；如按下反转启动按钮 SB3，电动机反转 10s，暂停 5s，正转 10s，暂停 5s，如此循环 5 个周期，然后自动停止；运行中，可按停止按钮停止，热继电器动作时也应停止。该控制要求中有对循环次数进行计数，那么 PLC 如何计数呢？

二、相关知识

学习情境 1　计数器

PLC 内部的软元件——计数器(C)在程序中用作计数控制。FX2N 系列 PLC 中计数器可分为内部信号计数器和外部信号计数器两类。内部计数器是对机内元件(X、Y、M、S、T 和 C)的触头通断次数进行积算式计数，当计数次数达到计数器的设定值时，计数器触头动作，使控制系统完成相应的控制作用。计数器的设定值可由十进制常数(K)设定，也可以由指定的数据寄存器(D)中的内容进行间接设定。由于机内元件信号的频率低于扫描频率，因而是低速计数器，也称普通计数器。对高于机器扫描频率的外部信号进行计数，需要用机内的高速计数器。FX 系列的计数器见表 3-6，FX 系列的计数器可分为以下两种。

表 3-6　FX 系列的计数器

计数器种类 ＼ PLC 型号	FX1S	FX1N	FX2N/FX2NC
16 位通用计数器	16 点(C0～C15)	16 点(C0～C15)	100 点(C0～C99)
16 位锁存(断电保持)计数器	16 点(C16～C31)	184 点(C16～C199)	100 点(C100～C199)
32 位通用计数器	—	20 点(C200～C219)	
32 位锁存(断电保持)计数器	—	15 点(C220～C234)	
高速计数器	21 点(C235～C255)		

1. 16 位增计数器

有两种 16 位二进制增计数器。

(1)通用型:C0～C99(100 点)。

(2)掉电保持型:C100～C199(100 点)。

16 位是指其设定值及当前值寄存器为二进制 16 位寄存器,其设定值在 K1～K32 767 范围内有效。设定值 K0 与 K1 意义相同,均在第一次计数时,其触头动作。

图 3-45 所示为 16 位增计数器的工作过程。图中计数输入 X011 是计数器的计数条件, X011 每次驱动计数器 C0 的线圈时,计数器的当前值加 1。"K10"为计数器的设定值。当第 10 次驱动计数器线圈指令时,计数器的当前值和设定值相等,触头动作,Y000＝ON。在 C0 的常开触头闭合(置 1)后,即使 X011 再动作,计数器的当前状态保持不变。

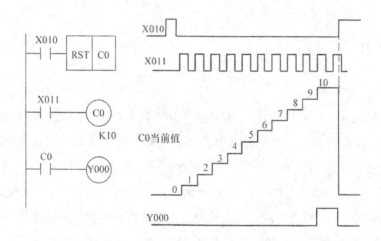

图 3-45　16 位增计数器的工作过程

由于计数器的工作条件 X011 本身就是断续工作的,外电源正常时,其当前值寄存器具有记忆功能,因而即使是非掉电保持型的计数器也需复位指令才能复位。图中 X010 为复位条件。当复位输入 X010 接通时,执行 RST 指令,计数器的当前值复位为 0,输出触头也复位。

计数器的设定值,除了常数外,也可间接通过数据寄存器设定。使用计数器 C100～ C199 时,即使停电,当前值和输出触头的置位/复位状态也能保持。

2.32 位增/减计数器

有两种 32 位的增/减计数器。

(1)通用型:C200～C219(20 点)。

(2)掉电保持型:C220～C234(15 点)。

32 位指其设定值寄存器为 32 位,由于是双向计数,32 位的首位为符号位。设定值的最大绝对值为 31 位二进制数所表示的十进制数,即为－2147483648～＋2147483647。设定值可直接用常数 K 或间接用数据寄存器(D)的内容,间接设定时,要用元件号紧连在一起的两个数据寄存器。

计数的方向(增计数或减计数)由特殊辅助继电器 M8200~M8234 设定。对于 C×××,当 M8×××接通(置1)时为减法计数,当 M8×××断开(置0)时为加法计数。

图 3-46 所示为增减计数器的动作过程。图中 X014 作为计数输入,驱动 C200 线圈进行加计数或减计数。X012 为计数方向选择。计数器设定值为−5,当计数器的当前值由−6 增加为−5 时,其触头置1;由−5 减少为−6 时,其触头置0。

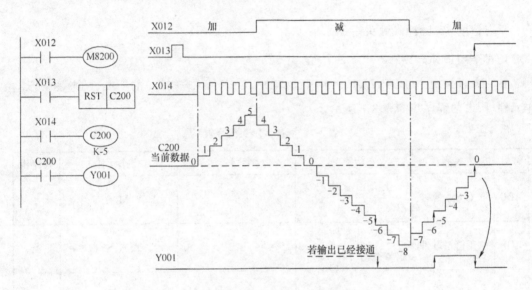

图 3-46 增减计数器的动作过程

学习情境 2 三相异步电动机正反转控制(互锁环节)

在启保停电路的基础上,如希望实现三相异步电动机正反转运转,需增加一个反转控制按钮和一个反转接触器。三相异步电动机正反转控制的 PLC I/O 接线图及梯形图如图3-47 所示,它的梯形图设计可以这样考虑,选两套起一保一停电路,一个用于正转(通过Y000 驱动正转接触器 KM1),一个用于反转(通过 Y001 驱动反转接触器 KM2)。考虑正转、反转两个接触器不能同时接通,在两个接触器的驱动回路中分别串入另一个接触器的常闭触头(如在 Y000 回路串入 Y001 的常闭触头)。这样当代表某个转向的驱动元件接通时,代表另一个转向的驱动元件就不可能同时接通了。这种两个线圈回路中互串对方常闭触头的电路结构形式叫作"互锁"。

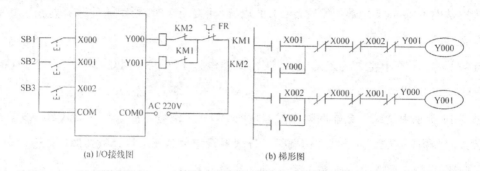

图 3-47　三相异步电动机正反转控制的 PLC I/O 接线图及梯形图

学习情境 3　脉冲式触头指令

1. 指令助记符及功能

脉冲式触头指令（LDP、LDF、ANDP、ANDF、ORP、ORF 指令）的功能、梯形图表示、操作元件、所占的程序步如表 3-7 所示。

表 3-7　脉冲式触头指令表

符号	名称	功能	梯形图表示	操作元件	程序步
LDP	取上升沿脉冲	上升沿脉冲逻辑运算开始		X、Y、M、S、T、C	2
LDF	取下降沿脉冲	下降沿脉冲逻辑运算开始		X、Y、M、S、T、C	2
ANDP	与上升沿脉冲	上升沿脉冲串联连接		X、Y、M、S、T、C	2
ANDF	或下降沿脉冲	下降沿脉冲串联连接		X、Y、M、S、T、C	2
ORP	或上升沿脉冲	上升沿脉冲并联连接		X、Y、M、S、T、C	2
ORF	或下降沿脉冲	下降沿脉冲并联连接		X、Y、M、S、T、C	2

2. 用法示例

脉冲式触头指令的用法如图 3-48 所示。

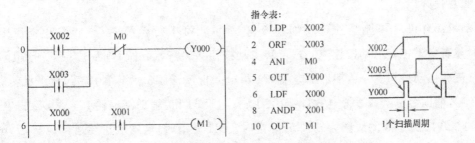

图 3-48　脉冲式触头指令的用法图

3.使用注意事项

(1)LDP、ANDP 和 ORP 指令是用来作上升沿检测的触头指令,触头的中间有 1 个向上的箭头,对应的触头仅在指定位元件的上升沿(由 OFF 变为 ON)时接通 1 个扫描周期。

(2)LDF、ANDF 和 ORF 指令是用来作下降沿检测的触头指令,触头的中间有 1 个向下的箭头,对应的触头仅在指定位元件的下降沿(由 ON 变为 OFF)时接通 1 个扫描周期。

(3)脉冲式触头指令的操作元件有 X、Y、M、T、C 和 S。在图 3-48 中,X002 的上升沿或 X003 的下降沿出现时,Y000 仅在 1 个扫描周期为 ON。

三、项目实施

1.分配 I/O 地址

通过分析任务导入中的控制要求可知,该控制系统有 4 个输入:停止按钮 SB——X000、正转启动按钮 SB1——X001,反转启动按钮 SB2——X002,电动机的过载保护 FR——X003。输出有 2 个:电动机正转接触器 KM1——Y001,电动机正转接触器 KM2——Y002,其 I/O 接线图如图 3-49 所示。

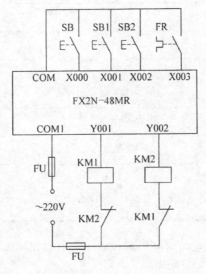

图 3-49　电动机循环正反转 I/O 接线图

2.程序设计

电动机循环正反转控制的程序如图 3-50 所示。第 1 行至第 6 行,PLC 由 STOP 至 RUN 时或者按下正转启动按钮 X001、反转启动按钮 X002,计数器 C0 复位;第 7 行至第 12 行,按下正转启动按钮 X001,辅助继电器 M1 得电并自锁;第 13 行至第 18 行,按下反转启动按钮 X002,辅助继电器 M2 得电并自锁;第 19 行至第 51 行,辅助继电器 M1 或 M2 得电后,定时器 T0、T1、T2、T3 的线圈为 ON,开始定时。M1 得电时,电动机正转运行;10s 后,电动机暂停 5s;然后电动机再反转 10s,暂停 5s,此时计数器 C0 计数;如此循环 5 个周期,然后自动停止。M2 得电时,电动机反转运行;10s 后,电动机暂停 5s;然后电动机再正转 10s,暂停 5s,此时计数器 C0 计数;如此循环 5 个周期,然后自动停止。运行中,按下停止按钮或热继电器动作时电动机均会停止运行。

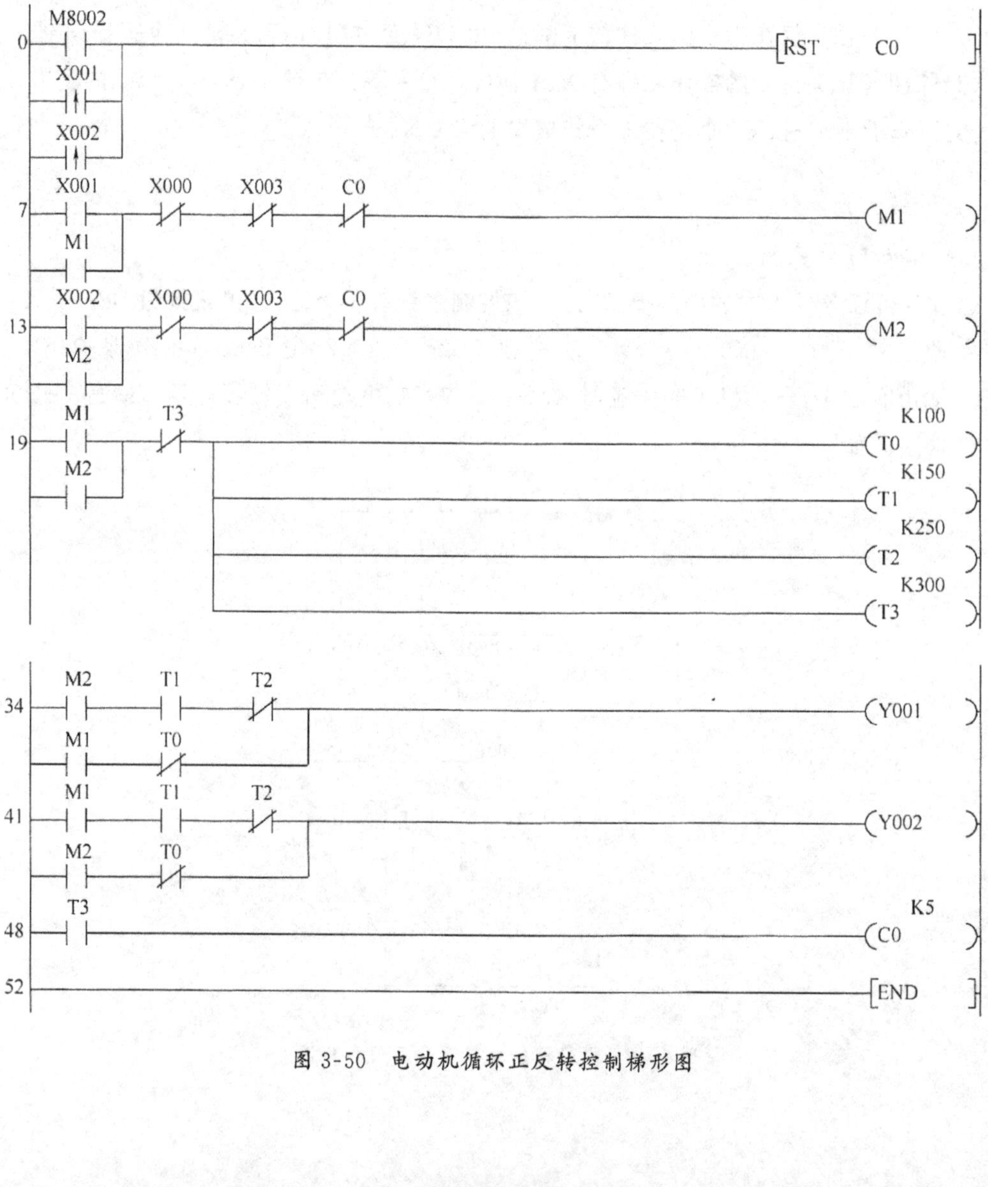

图 3-50 电动机循环正反转控制梯形图

3. 系统调试

(1)将图 3-50 所示的程序用 GX Developer 软件编程并下载到 PLC 中。

(2)静态调试。按图 3-49 所示的 PLC 外围电路图正确连接好输入设备,进行 PLC 程序的静态调试(按下正转启动按钮 X001 后,Y001 亮,10s 后,Y001 熄灭,5s 后,Y002 亮,10s 后,Y002 熄灭,5s 后 Y001 亮,如此 5 个循环,Y001、Y002 都熄灭;按下反转启动按钮 X002 后,Y002 亮,10s 后,Y002 熄灭,5s 后,Y001 亮,10s 后,Y001 熄灭,5s 后 Y002 亮,如此 5 个循环,Y001、Y002 都熄灭;按下停止按钮 X000 或热继电器 X002 动作时,Y001、Y002 都熄灭),观察 PLC 的输出指示灯是否按要求指示,否则,检查并修改程序,直至输出指示正确。

(3)动态调试。按图 3-49 所示的 PLC 外围电路图正确连接好输出设备,进行系统的空载调试,观察交流接触器能否按控制要求动作(按下正转启动按钮 X001 后,KM1 闭合,10s 后,KM1 断开,5s 后,KM2 闭合,10s 后,KM2 断开,5s 后 KM1 闭合,如此 5 个循环,KM1、KM2 都断开。按下反转启动按钮 X002 后,KM2 闭合,10s 后,KM2 断开,5s 后,KM1 闭合,10s 后,KM1 断开,5s 后 KM2 闭合,如此 5 个循环,KM1、KM2 都断开;按下停止按钮 X000 或热继电器 X002 动作时,KM1、KM2 都断开)。否则,检查电路接线或修改程序,直至交流接触器能按控制要求动作;然后连接好电动机,进行带载动态调试。

四、知识拓展

(一)定时器和计数器构成长延时电路

利用计数器配合定时器获得长延时,如图 3-51 所示。图中 X000 常开触头是这个电路的工作条件,当 X000 保持接通时电路工作。在定时器 T0 的线圈回路中接有 T0 的常闭触头,它使得 T0 每隔 100s 接通一次,接通时间为一个扫描周期。定时器 T0 的每一次接通都使计数器 C0 计一个数,当计到计数器的设定值时使其工作对象 Y000 接通,从 X000 接通为始点的延时时间为定时器的设定值×计数器设定值。X000 常闭触头为计数器 C0 的复位条件。

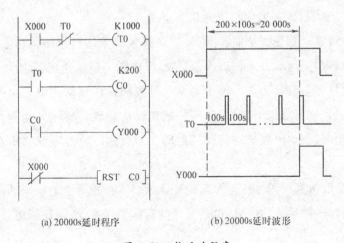

(a) 20000s延时程序　　(b) 20000s延时波形

图 3-51　长延时程序

(二)脉冲输出指令

1.指令助记符及功能

脉冲输出指令(PLS、PLF 指令)的功能、梯形图表示、操作元件、所占的程序步如表 3-8 所示。

表 3-8　脉冲输出指令表

符号	名称	功能	梯形图表示	操作元件	程序步
PLS	上升沿脉冲	上升沿微分输出	X000 ├─┤ ├──[PLS M0]	Y、M	2
PLF	下降沿脉冲	下降沿微分输出	X001 ├─┤ ├──[PLF M1]	Y、M	2

2.指令说明

(1) PLS、PLF 为微分脉冲输出指令。PLS 指令使操作元件在输入信号上升沿时产生一个扫描周期的脉冲输出。PLF 指令则使操作元件在输入信号下降沿产生一个扫描周期的脉冲输出。

(2)在图 3-52 所示程序的时序图中可以看出,PLS、PLF 指令可以将输入元件的脉宽较宽的输入信号变成脉宽等于可编程序控制器的扫描周期的触发脉冲信号,相当于对输入信号进行了微分。

3.用法示例

脉冲输出指令的用法图如图 3-52 所示。

(三)PLC 应用系统的设计步骤

PLC 应用系统的设计,一般应按下述几个步骤进行。

(1)熟悉被控对象。首先要全面、详细地了解被控对象的机械结构和生产工艺过程,了解机械设备的运动内容、运动方式和步骤,归纳出工作循环图或者状态(功能)流程图。

(2)明确控制任务与设计要求。要了解工艺过程和机械运动与电气执行元件之间的关系和对电控系统的控制要求,如机械运动部件的传动与驱动,液压、气动的控制,仪表、传感器等的连接与驱动等,归纳出电气执行元件的动作节拍表。电控系统的根本任务就是正确实现这个节拍表。

以上两个步骤所得到的图、表,综合而完整地反映了被控对象的全部功能和对电控系统的基本要求,是设计电控系统的依据,也是设计的目标和任务,必须仔细地分析和掌握。

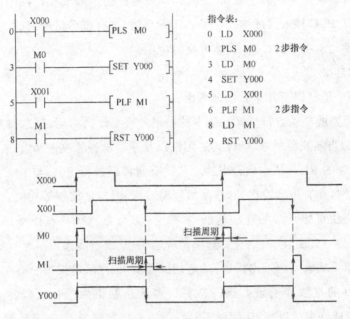

图 3-52 脉冲输出指令的用法图

(3)制订电气控制方案。根据生产工艺和机械运动的控制要求,确定电控系统的工作方式,如全自动、半自动、手动、单机运行、多机联机运行等。还要确定电控系统应有的其他功能,如故障诊断与显示报警、紧急情况的处理、管理功能、联网通信功能等。

(4)确定电控系统的输入/输出信号。通过研究工艺过程或机械运动的各个步骤,各种状态,各种功能的发生、维持、结束、转换和其他的相互关系,以确定各种控制信号,并检测反馈信号、相互的转换信号和联系信号。还要确定哪些信号需要输入PLC,哪些信号要由PLC输出或者哪些负载要由PLC驱动,分类统计出各输入/输出量的性质及参数。

(5)PLC的选型与硬件配置。根据以上各步骤所得到的结果,选择合适的PLC型号并确定各种硬件配置。

(6)PLC元件的编号分配。对各种输入/输出信号占用的PLC输入/输出端点及其他PLC元件进行编号分配,并设计出PLC的外部接线图。

(7)程序设计。设计出梯形图程序或语句表程序。

(8)模拟运行与调试程序。将设计好的程序传入PLC后,再逐条检查与验证,并改正程序设计时的语法、数据等错误,然后,可以在实验室里进行模拟运行与调试程序,观察在各种可能的情况下各个输入量、输出量之间的变化关系是否符合设计要求。发现问题及时修改设计和已传送到PLC中的程序,直到完全满足工作循环图或状态流程图的要求。

在进行程序设计和模拟运行调试的同时,可以平行地进行电控系统的其他部分,例如PLC外部电路和电气控制柜、控制台等的设计、装配、安装和接线等工作。

(9)现场运行调试。完成以上各项工作后,即可将已初步调试好的程序传送到现场使用的 PLC 存储器中,PLC 接入实际输入信号与实际负载,进行现场运行调试,及时解决调试中发现的问题,直到完全满足设计要求,即可交付使用。

(四)PLC 的选型

PLC 的选型一般从以下几个方面来考虑。

(1)根据所需要的功能进行选择。基本的原则是需要什么功能,就选择具有什么样功能的 PLC,同时也适当地兼顾维修、备件的通用性以及今后设备的改进和发展。

各种新型系列的 PLC,从小型到中、大型,已普遍可以进行 PLC 与 PLC、PLC 与上位计算机的通信与联网,具有进行数据处理、高级逻辑运算、模拟量控制等功能。因此,在功能的选择方面,要着重注意的是对特殊功能的需求。一方面是选择具有所需功能的 PLC 主机(即 CPU 模块);另一方面,应根据需要选择相应的模块(或扩展选用单元),如开关量的输入与输出模块、模拟量的输入与输出模块、高速计数器模块、网络链接模块等。

(2)根据 I/O 的点数或通道数进行选择。多数小型机为整体式,同一型号的整体式 PLC,除按点数分成许多挡以外,还配以不同点数的 I/O 扩展单元,来满足对 I/O 点数的不同需求。例如,FX2 型 PLC,主机分成 16 点、24 点、32 点、64 点、80 点和 128 点六挡,同时配以 I/O 点数为 8 点、16 点和 24 点的三种 I/O 扩展模块。模块式结构的 PLC,采取主机模块与输入/输出模块、各种功能模块分别选择组合使用的方式。I/O 模块按点数可分为 8 点、16 点、32 点、64 点等,因此可以根据需要的 I/O 点数选用 I/O 模块,与主机灵活地组合使用。

对于一个被控的对象,所用的 I/O 点数不会轻易发生变化,但是考虑到工艺和设备的改动,或 I/O 点的损坏、故障等,一般应保留 1/8 的裕量。

(3)根据输入、输出信号进行选择。除了 I/O 点的数量,还要注意输入、输出信号的性质、参数和特性要求等。例如,要注意输入信号的电压类型、等级和变化频率;注意信号源是电压输出型还是电流输出型,是 NPN 输出型还是 PNP 输出型,等等。要注意输出端点的负载特点(如负载电压、电流的类型等)、数量等级以及对响应速度的要求等。据此,来选择和配置适合输入、输出信号特点和要求的 I/O 模块。

(4)根据程序存储器容量进行选择。通常 PLC 的程序存储器容量以字或步为单位,如 1K 字、4K 步等。这里,PLC 程序的单位步,是由一个字构成的,即每个程序步占一个存储器单元。

PLC 应用程序所需存储器容量可以预先进行估算。根据经验数据,对于开关量控制系统,程序所需存储字数等于 I/O 信号总数乘以 8;而对于有数据处理、模拟量输入、输出的系统,所需要的存储器容量要大得多,例如,和泉 FA-2 型 PLC 一个模拟输出信号需要 14 个字的存储器容量,而外部显示或打印则需要 40 个字的存储器容量。大多数 PLC 的存储器采用模块式的存储器盒,同一型号的 PLC 可以选配不同容量的存储器盒,实现可选择的多种用户程序的存储容量,例如,三菱 FX2 PLC 可以有 2K 步、8K 步,和泉 FA-2 PLC 可以有 1K 步、4K 步等。

此外,还应根据用户程序的使用特点来选择存储器的类型。当程序需要频繁的修改时,应选用 CMOS－RAM 存储器。当程序需要长期使用并保持 5 年以上不变时,应选用 EEP－ROM 或 EPROM 存储器。

五、思考与练习

1. 设计一个只利用一个按钮控制电动机启停的电路,即第一次按下按钮,电动机启动,第二次按下该按钮,电动机停止。

2. 洗手间小便池在有人使用时,光电感应开关 X000 为 ON,此时冲水控制系统使电磁阀 Y000 为 ON,冲水 2s,4s 后电磁阀 Y000 又为 ON,又冲水 2s,使用者离开后再冲水 3s。请设计其梯形图程序。

3. 试设计一个控制电路,该电路中有 3 台电动机,并且它们用一个按钮控制。第 1 次按下按钮时,M1 启动;第 2 次按下按钮时,M2 启动;第 3 次按下按钮时,M3 启动;再按 1 次按钮时,3 台电动机都停止。

项目五

电动机Y/△减压启动的 PLC 控制

一、任务导入

在模块一中,已介绍过安装和调试电动机Y/△减压启动电路,如其控制要求改为:当按下启动按钮 SB1 时,接触器 KM1 和 KM3 得电,电动机接成Y形启动,6s 后 KM3 失电而 KM2 则得电,电动机接成△形运行;当按下停止按钮 SB2 时,电动机停止。如何用 PLC 来实现电动机Y/△减压启动呢?

二、相关知识

学习情境 1 电路块连接指令

1.指令助记符及功能

电路块连接指令(ORB、ANB 指令)的功能、梯形图表示、操作元件、所占的程序步如表 3-9 所示。

表 3-9 电路块连接指令表

符号	名称	功能	梯形图表示	操作元件	程序步
ORB	电路块或	串联电路的并联连接		无	1
ANB	电路块与	并联电路的串联连接		无	1

2.用法示例

串联电路块并联的应用如图 3-53 所示。并联电路块串联的应用如图 3-54 所示。

3.指令说明

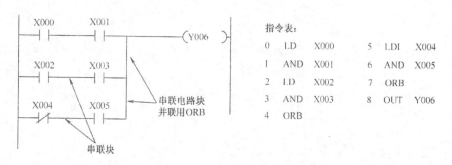

图 3-53 串联电路块并联的应用

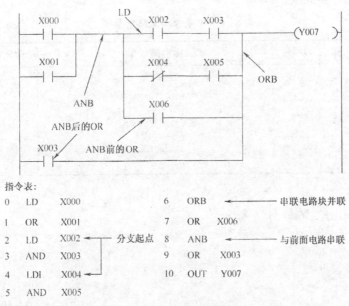

指令表：

0	LD	X000		6	ORB		← 串联电路块并联
1	OR	X001		7	OR	X006	
2	LD	X002	← 分支起点	8	ANB		← 与前面电路串联
3	AND	X003		9	OR	X003	
4	LDI	X004		10	OUT	Y007	
5	AND	X005					

图 3-54　并联电路块串联的应用

(1)ORB指令是不带操作元件的指令。两个以上触头串联连接的支路称为串联电路块,将串联电路块再并联连接时,分支开始用 LD、LDI 指令表示,分支结束用 ORB 指令表示。

(2)有多条串联电路块并联时,可对每个电路块使用 ORB 指令,对并联电路数没有限制。

(3)对多条串联电路块并联电路,也可成批使用 ORB 指令,但考虑到 LD、LDI 指令的重复使用限制在 8 次,因此 ORB 指令的连续使用次数也应限制在 8 次。

(4)ANB指令是不带操作组件编号的指令。两个或两个以上触头并联连接的电路称为并联电路块。当分支电路并联电路块与前面的电路串联连接时,使用 ANB 指令。分支起点用 LD、LDI 指令,并联电路块结束后使用 ANB 指令,表示与前面的电路串联。

(5)若多个并联电路块按顺序和前面的电路串联连接时,则 ANB 指令的使用次数没有限制。

(6)对多个并联电路块串联时,ANB 指令可以集中成批地使用,但在这种场合,与 ORB 指令一样,LD、LDI 指令的使用次数只能限制在 8 次以内,ANB 指令成批使用次数也应限制在 8 次。

学习情境2　多重输出电路指令

1.指令助记符及功能

多重输出电路指令(MPS、MRD、MPP 指令),又称为堆栈指令,其功能、梯形图表示、操作元件、所占的程序步如表 3-10 所示。

表 3-10　多重输出电路指令表

符号	名称	功能	梯形图表示	操作元件	程序步
MPS	进栈	进栈		无	1
MRD	读栈	读栈		无	1
MPP	出栈	出栈		无	1

2. 用法示例

堆栈指令的用法图如图 3-55 所示。

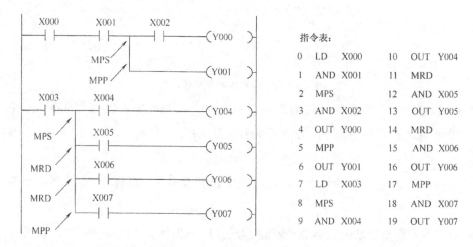

指令表:

0	LD X000	10	OUT Y004
1	AND X001	11	MRD
2	MPS	12	AND X005
3	AND X002	13	OUT Y005
4	OUT Y000	14	MRD
5	MPP	15	AND X006
6	OUT Y001	16	OUT Y006
7	LD X003	17	MPP
8	MPS	18	AND X007
9	AND X004	19	OUT Y007

图 3-55　堆栈指令的用法图

3. 指令说明

(1)这组指令分别为进栈、读栈、出栈指令,用于分支多重输出电路中将连接点数据先存储,便于连接后面电路时读出或取出该数据。

(2)在 FX2N 系列 PLC 中有 11 个用来存储中间运算结果的存储区域,称为栈存储器。堆栈指令操作的示意图如图 3-56 所示,由图可知,使用一次 MPS 指令,便将此刻的中间运算结果②送入堆栈的第一层,而将原存在堆栈第一层的数据①移往堆栈的下一层。

MRD 指令是读出栈存储器最上层的最新数据,此时堆栈内的数据不移动。可对分支多重输出电路多次使用,但分支多重输出电路不能超过 24 行。图 3-56 堆栈指令操作的示意图使用 MPP 指令,栈存储器最上层的数据被读出,各数据顺次向上一层移动。读出的数据从堆栈内消失。

(3)MPS、MRD、MPP 指令都是不带软元件的指令。

(4)MPS 和 MPP 必须成对使用,而且连续使用应少于 11 次。

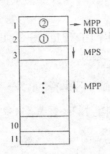

图 3-56　堆栈指令操作的示意图

学习情境 3　主控触头指令

在编程时,经常会遇到许多线圈同时受 1 个或 1 组触头控制的情况,如果在每个线圈的控制电路中都串入同样的触头,将占用很多存储单元,主控触头指令可以解决这一问题。

使用主控触头指令的触头称为主控触头,主控触头是控制 1 组电路的总开关。

1. 指令助记符及功能

主控触头指令(MC、MCR 指令)的功能、梯形图表示、操作元件、所占的程序步如表 3-11 所示。

表 3-11　主控触头指令表

符号	名称	功能	梯形图表示及操作元件	程序步
MC	主控	主控电路块起点	X000 —[MC　N0　M0]	3
MCR	主控结束	主控电路块终点	—[MCR　N0]	2

2. 用法示例

主控触头指令的用法图(图 3-57)。

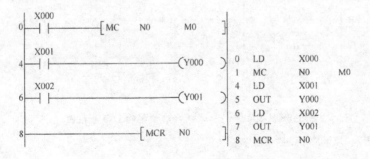

图 3-57　主控触头指令的用法图

3. 指令说明

(1)MC 为主控起点,操作数 N(0~7)为嵌套层数,操作元件为 M、Y,特殊辅助继电器不能用作 MC 的操作元件。MCR 为主控结束指令,主控电路块的终点。MC 和 MCR 必须成对使用。

(2)与主控触头相连的触头必须用 LD/LDI 指令,即执行 MC 指令后,母线移到主控触头的后面,MCR 使母线回到原来的位置。

(3)在图 3-57 中,若输入 X000 接通,则执行 MC 至 MCR 之间的梯形图电路的指令。若输入 X000 断开,则跳过主控指令控制的梯形图电路,这时 MC 至 MCR 之间的梯形图电路根据软元件性质不同有以下两种状态。

①积算定时器、计数器、置位/复位指令驱动的软元件保持断开前状态不变。

②非积算定时器、OUT 指令驱动的软元件均变为 OFF 状态。

(4)在 MC 指令内再使用 MC 指令时,称为嵌套,嵌套层数 N 的编号依顺次增大;主控返回时用 MCR 指令,嵌套层数 N 的编号依顺次减少。

三、项目实施

1.分配 I/O 地址

通过分析任务导入中的控制要求可知,该控制系统有 3 个输入:启动按钮 SB1——X001,停止按钮 SB2——X000,电动机的过载保护 FR——X002。输出有 3 个:电源接触器 KM1——Y000,Y 形接触器 KM3——Y001,△形接触器 KM2——Y002。根据 I/O 分配,可以设计出电动机 Y/△减压启动控制的 I/O 接线图如图 3-58 所示。

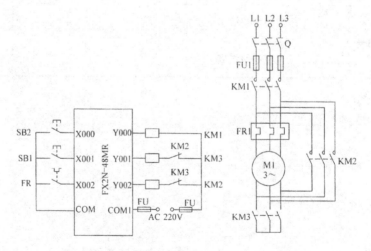

图 3-58 电动机 Y/△减压启动控制的 I/O 接线图

2.程序设计

电动机 Y/△减压启动控制的程序如图 3-59 所示。当没有按下停止按钮或热继电器没有动作时,执行 MC 至 MCR 之间的梯形图电路的指令;按下启动按钮 X001,Y000 和 Y001 得电,接触器 KM1 和 KM3 闭合,电动机 Y 形启动;同时定时器 T0 开始定时,6s 后,T0 常闭触头断开,Y001 失电,解除 Y 形连接,Y001 的常闭触头闭合,为 Y002 得电做准备,T0 常开触头闭合，T1 开始定时，0.5s 后，Y002 得电，接触器 KM2 闭合，电动机△运行。停止时或热继电器动作时，不执行 MC 至 MCR 之间的梯形图电路的指令，所有接触器线圈都失电，电动机停止运行。用 T1 定时器实现丫形和△形绕组换接时的 0.5s 的延时，以防 KM2、KM3 同时通电，造成主电路短路。

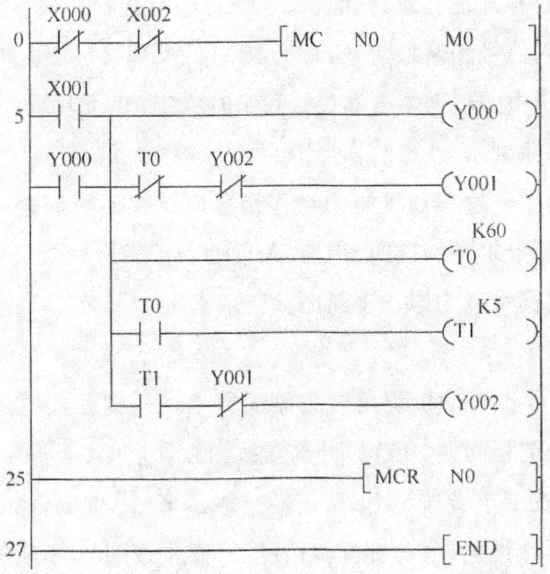

图 3-59 电动机丫/△减压启动控制梯形图

3. 系统调试

(1)将图 3-59 所示的程序用 GX Developer 软件编程并下载到 PLC 中。

(2)静态调试。按图 3-58 所示的 PLC 外围电路图正确连接好输入设备，进行 PLC 程序的静态调试(按下启动按钮 X001 后，Y000、Y001 亮，6s 后，Y000 亮、Y001 熄灭，0.5s 后，Y000、Y002 亮；按下停止按钮 X000 或热继电器 X002 动作时，Y000、Y001、Y002 同时熄灭)，观察 PLC 的输出指示灯是否按要求指示，否则，检查并修改程序，直至输出指示正确。

(3)动态调试。按图 3-58 所示的 PLC 外围电路图正确连接好输出设备，进行系统的空载调试，观察交流接触器能否按控制要求动作(按下启动按钮 X001 后，KM1、KM3 闭合，6s 后，KM1 闭合、KM3 断开，0.5s 后，KM1、KM2 闭合；按下停止按钮 X000 或热继电器 X002 动作时，KM1、KM2、KM3 同时断开)，否则，检查电路接线或修改程序，直至交流接触器能按控制要求动作；然后按图 3-58 所示的主电路连接好电动机，进行带载动态调试。

四、知识拓展

(一)程序设计的方法

1. 转换法

转换法就是将继电器—接触器电路图转换成与原有功能相同的 PLC 梯形图。根据继电器—接触器电路图来设计 PLC 的梯形图时,关键是要抓住它们的一一对应关系,即控制功能的对应、逻辑功能的对应以及继电器硬件元件和 PLC 软件元件的对应。

(1)转换设计的步骤。

①了解和熟悉被控设备的工艺过程和机械的动作情况,根据继电器电路图分析和掌握控制系统的工作原理,这样才能在设计和调试系统时心中有数。

②确定 PLC 的输入信号和输出信号,画出 PLC 的外部接线图。

③确定 PLC 梯形图中的辅助继电器(M)和定时器(T)的元件号。

④根据上述对应关系画出 PLC 的梯形图。

⑤根据被控设备的工艺过程和机械的动作情况以及梯形图编程的基本规则,优化梯形图,使梯形图既符合控制要求,又具有合理性、条理性和可靠性。

⑥根据梯形图写出其对应的指令表程序。

(2)转换法的应用。

例:图 3-60 是三相异步电动机正反转控制的继电器—接触器电路图,试将该继电器—接触器电路图转换为功能相同的 PLC 的外部接线图和梯形图。

①分析动作原理:按下正转按钮 SB1,正转接触器 KM1 得电,电动机正转;若按反转按钮 SB2,反转接触器 KM2 得电,电动机反转;若按下停止按钮 SB3 或热继电器动作,正转接触器 KM1 或反转接触器 KM2 失电,电动机停止。

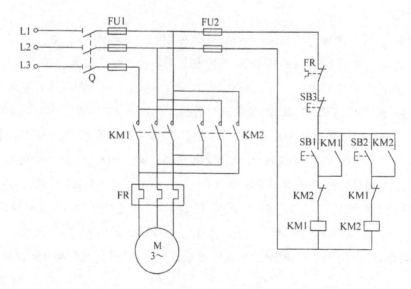

图 3-60 三相异步电动机正反转控制的继电器电路图

②确定输入/输出信号:输入信号有停止按钮 SB3——X000、正转启动按钮 SB1——X001、反转启动按钮 SB2——X002、热继电器 FR——X003,输出信号有电动机正转 KM1——Y001、电动机反转 KM2——Y002。

③画出 PLC 的外部接线图,如图 3-61 所示。

④画对应的梯形图,如图 3-62 所示。

⑤画优化梯形图,如图 3-63 所示。

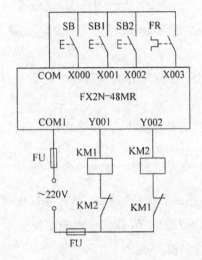

图 3-61　电动机正反转的 PLC 外部接线图

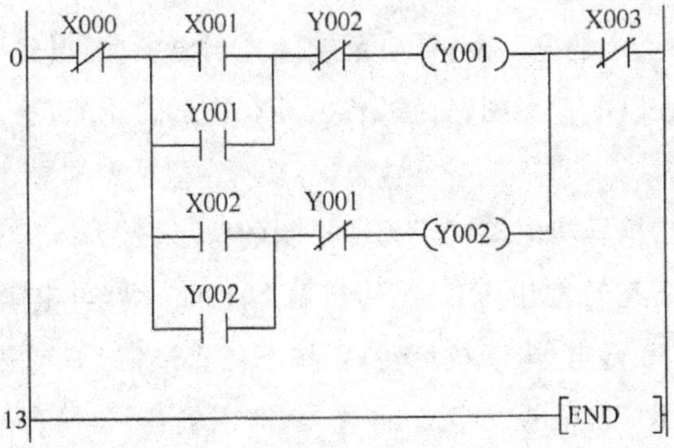

图 3-62　电动机正反转的梯形图

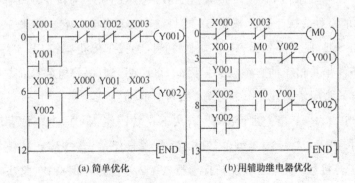

(a) 简单优化　　　　　(b) 用辅助继电器优化

图 3-63　电动机正反转的优化梯形图

2.经验法

经验法是用设计继电器—接触器电路图的方法来设计比较简单的开关量控制系统的梯形图。经验法是在一些典型应用程序的基础上,根据控制系统的具体要求,选用一些应用程序进行适当组合,经过多次反复的调试、修改和完善,最后得到一个较为满意的结果。用经验法设计时,可以参考一些基本电路的梯形图或以往的一些编程经验。

(1)设计步骤。

①在准确了解控制要求后,合理地为控制系统中的信号分配 I/O 接口,并画出 I/O 分配图。

②对于一些控制要求比较简单的输出信号,可直接写出它们的控制条件,依启保停电路的编程方法完成相应输出信号的编程;对于控制条件较复杂的输出信号,可借助辅助继电器来编程。

③对于较复杂的控制,要正确分析控制要求,确定各输出信号的关键控制点。在以空间位置为主的控制中,关键点为引起输出信号状态改变的位置点;在以时间为主的控制中,关键点为引起输出信号状态改变的时间点。

④确定了关键点后,用启保停电路的编程方法或基本电路的梯形图,画出各输出信号的梯形图。

⑤在完成关键点梯形图的基础上,针对系统的控制要求,画出其他输出信号的梯形图。

⑥在此基础上,审查以上梯形图,更正错误,补充遗漏的功能,进行最后的优化。

(2)经验法的应用。

例:用经验法设计三相异步电动机正反转控制的梯形图。

控制要求为:若按下正转按钮 SB1,正转接触器 KM1 得电,电动机正转;若按下反转按钮 SB2,反转接触器 KM2 得电,电动机反转;若按下停止按钮 SB 或热继电器动作,正转接触器 KM1 或反转接触器 KM2 失电,电动机停止;只有电气互锁,没有按钮互锁。

①根据以上控制要求,可画出其 I/O 分配图,如图 3-61 所示。

②根据以上控制要求可知:正转接触器 KM1 得电的条件为按下正转按钮 SB1,正转接触器 KM1 失电的条件为按下停止按钮 SB 或热继电器动作。反转接触器 KM2 得电的条件为按下反转按钮 SB2,反转接触器 KM2 失电的条件为按下停止按钮 SB 或热继电器动作,线圈保持有电的条件是其相应的自锁触头。因此,可用两个启保停电路叠加,在此基础上再在线圈前增加对方的常闭触头作电气软互锁,如图 3-64(a)所示。

另外,可用 SET、RST 指令进行编程,若按下正转按钮 X001,正转接触器 Y1 置位并自保持;若按反转按钮 X002,反转接触器 Y002 置位并自保持;若按停止按钮 X000 或热继电器 X003 动作,正转接触器 Y001 和反转接触器 Y002 复位并自保持;在此基础上再增加对方的常闭触头作电气软互锁,如图 3-64(b)所示。

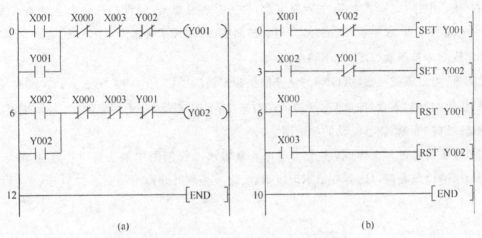

图 3-64　电动机正反转控制的梯形图

(二)梯形图的基本规则

(1)线圈右边无触头。梯形图中的阶梯都是从左母线开始,终于右母线。线圈只能接在右母线上,不能直接接在左母线上,并且所有的触头不能放在线圈的右边,如图 3-65 所示。

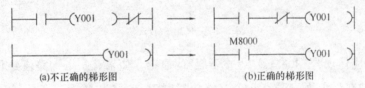

图 3-65　规则 1 的说明

(2)触头水平不垂直。触头应画在水平线上,不能画在垂直分支线上。触头垂直跨接在分支路上的梯形图,称为桥式电路,如图 3-66(a)所示,这种为不正确的梯形图,正确的梯形图如图 3-66(b)和图 3-66(c)所示。

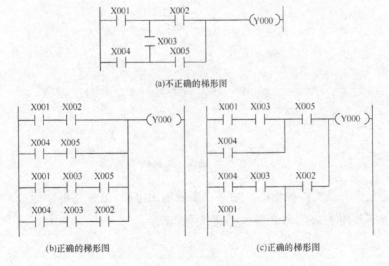

图 3-66　规则 2 的说明

在 PLC 中存在一个"能流"的重要概念,它的基本思想是:假设左母线为电源的火线,右母线为电源的零线,如果有"能流"从左至右流向线圈,则线圈被激励(ON),如果没有"能流"通过,则线圈未被激励(OFF),不动作。

"能流"可以通过被激励(ON)的常开触头和未被激励(OFF)的常闭触头自左向右流动,"能流"任何时刻都不会自右向左流动。在桥式电路中"能流"是不能流动的,必须按逻辑功能等效转换成"能流"能够流动的梯形图。

(3)触头可串可并无限制,多个线圈可并联输出。梯形图中触头可以任意地串联或并联,而输出继电器线圈可以并联但不可以串联,多个线圈并联输出如图 3-67 所示。

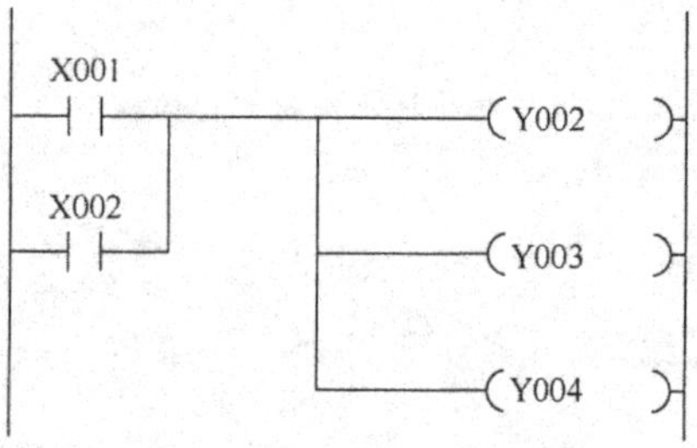

图 3-67　规则 3 的说明

(4)梯形图应体现"左重右轻""上重下轻"的原则。如果有几个电路块并联时,应将触头最多的支路块放在最上面。若有几个支路块串联时,应将并联支路多的尽量靠近左母线。这样可以使编制的程序简洁明了,指令语句减少,如图 3-68 所示。

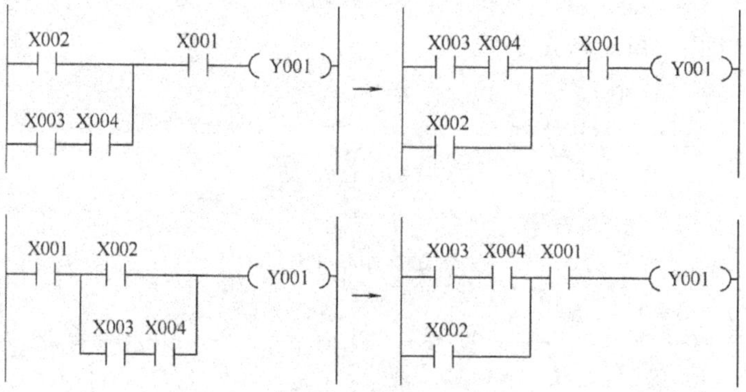

图 3-68　规则 4 的说明

(5)尽量避免出现分支点梯形图。如果有多重输出电路,最好将串联触头多的电路放在下面,这样可以不使用 MPS、MPP 指令,如图 3-69 所示。

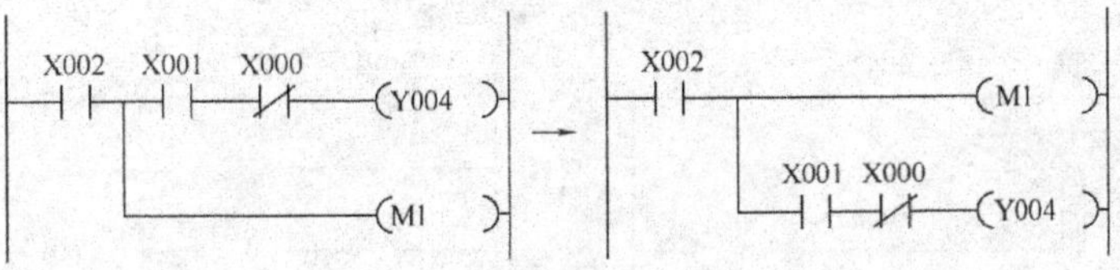

图 3-69　规则 5 的说明

（6）线圈不能重复使用。在梯形图中,线圈前边的触头代表线圈输出的条件,线圈代表输出。在同一程序中,某个线圈的输出条件可能非常复杂,但应是唯一且可集中表达的。由 PLC 的操作系统引出的梯形图编绘法则规定,一个线圈在梯形图中只能出现一次。如果在同一程序中同一组件的线圈使用两次或多次,称为双线圈输出。PLC 程序对这种情况的出现,扫描执行的原则规定是:前面的输出无效,最后一次输出才是有效的。但是,作为这种事件的特例:同一程序的两个绝不会同时执行的程序段中可以有相同的输出线圈,如图 3-70 所示。

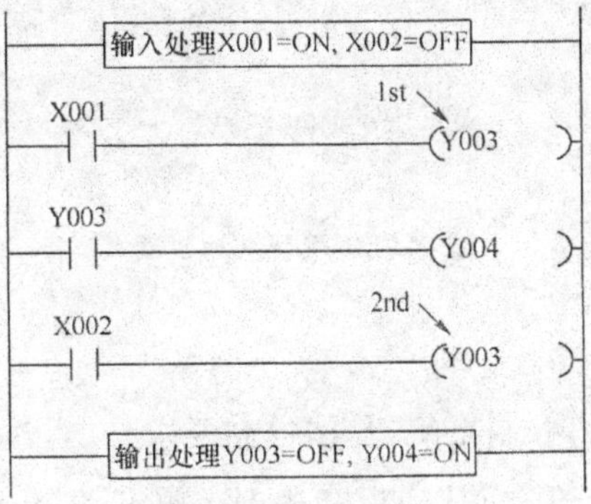

图 3-70　双线圈输出梯形图

如果程序中出现双线圈,需要按控制要求对梯形图进行重新编写,如图 3-71 所示。

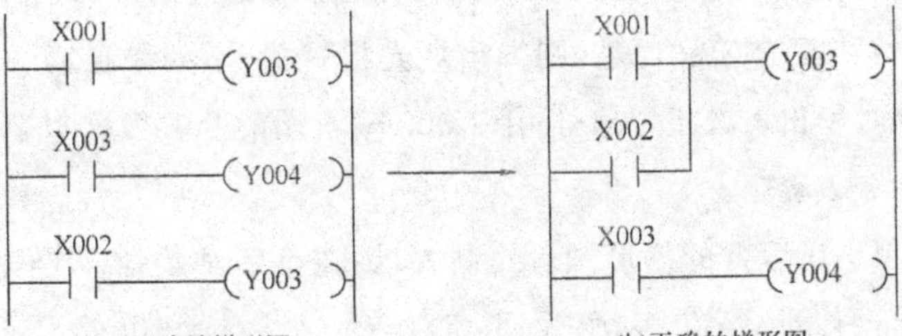

(a)不正确的梯形图　　　(b)正确的梯形图

图 3-71　规则 6 的说明

（7）遇到不可编程的梯形图时,可根据信号流向对原梯形图重新编排,以便于正确进行编程。在图 3-72 中举了几个实例,将不可编程梯形图重新编排成了可编程的梯形图。

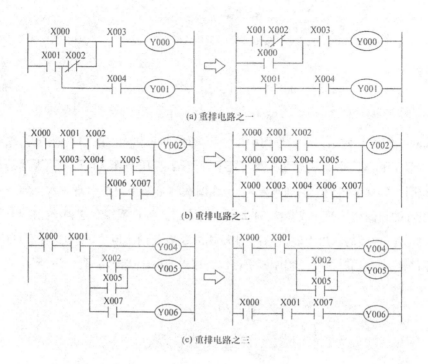

(a) 重排电路之一

(b) 重排电路之二

(c) 重排电路之三

图 3-72　规则 7 的说明

五、思考与练习

1.设计一个汽车库自动门控制系统,具体控制要求是:当汽车到达车库门前,超声波开关接收到车来的信号,开门上升,当升到顶点碰到上限开关,门停止上升,当汽车驶入车库后,光电开关发出信号,60s 后,门电动机反转,门下降,当下降碰到下限开关后门电动机停止。试画出输入输出设备与 PLC 的接线图,设计出梯形图程序并加以调试。

2.有一条生产线,用光电感应开关 X001 检测传送带上通过的产品,有产品通过时 X001 为 ON;如果连续 10s 内没有产品通过,则发出灯光报警信号;如果连续 20s 内没有产品通过,则灯光报警的同时发出声音报警信号;用 X000 输入端的开关解除报警信号。请设计其梯形图,并写出其指令表程序。

3.设计一个控制小车运行的梯形图。控制要求:按下启动按钮,小车由 A 点开始向 B 点运动,到 B 点后自动停止,停留 10s 后返回 A 点,在 A 点停留 10s 后又向 B 点运动,如此往复;按下停止按钮,小车立即停止运动;小车拖动电动机要求有过载和失电压保护,当小车运行到 A 点或 B 点时,对应的指示灯亮。

模块四 PLC步进顺控指令及其应用

项目一
彩灯循环点亮的PLC控制

一、任务导入

用梯形图或指令表编程固然为广大电气技术人员所接受,但对于一些复杂的控制程序,尤其是顺序控制程序,由于其内部的联锁、互动关系极其复杂,用梯形图或指令表编程有一定的难度,且程序的可读性也比较差。因此,PLC厂家为了方便用户的应用,开发出了顺序功能图语言。顺序功能图(Sequential Function Chart,SFC)是描述控制系统的控制过程、功能和特征的一种图形语言,专门用于编制顺序控制程序。

所谓顺序控制,就是按照生产工艺的流程顺序,在各个输入信号及内部软元件的作用下,使各个执行机构自动有序地运行。使用顺序功能图设计程序时,首先应根据系统的工艺流程,把一个复杂的控制过程分解为若干个工作状态(步),弄清各状态的工作细节(步的功能、转移条件和转移方向),再依据总的控制顺序要求,将这些状态联系起来,形成顺序功能图(状态转移图),进而编绘梯形图程序。

例如,有一个彩灯循环点亮的程序,其控制要求为:闭合启动按钮,彩灯依次按黄、绿、红的顺序点亮1s,并循环;运行中,若按停止按钮彩灯立即熄灭。

从上述的控制要求中,可以知道彩灯循环点亮,实际上这是一个顺序控制,整个控制过程可分为如下4个阶段(或叫工序):复位、黄灯亮、绿灯亮、红灯亮。这种类型的程序最适合用顺序功能图的思想编程。

二、相关知识

学习情境1 状态继电器

状态继电器(S)是构成顺序功能图(SFC)的基本要素,是对工序步进型控制进行简易编程的重要软元件,与步进阶梯图(STL)指令组合使用。

状态继电器与辅助继电器一样,有无数的常开触头与常闭触头,在PLC的程序内可随意使用,次数不限。如果不作顺序功能图程序中状态软元件,状态继电器(S)可在一般的顺序控制程序中作辅助继电器(M)使用,其地址码按十进制编码。

FX2N系列PLC的状态继电器通常分为以下几类:

(1)初始状态继电器 S0～S9,共 10 点。

(2)回零状态继电器 S10～S19,共 10 点。

(3)通用状态继电器 S20～S499,共 480 点。

(4)断电保持状态继电器 S500～S899,共 400 点。

(5)报警用状态继电器 S900～S999,共 100 点,这 100 个状态继电器可用作外部故障诊断输出。

学习情境 2　顺序功能图

在彩灯循环点亮的控制过程中每个阶段分别完成如下的工作(也叫动作):初始及停止复位,亮黄灯、延时,亮绿灯、延时,亮红灯、延时。各个阶段之间只要延时时间到就可以过渡(也叫转移)到下一阶段。因此,可以很容易地画出其工作流程图,如图 4-1 所示。

流程图对大家来说并不陌生,那么,如何让 PLC 来识别大家所熟悉的流程图呢?这就要将流程图"翻译"成顺序功能图,只要进行如下的变换即可。

(1)将流程图中的每一个阶段(或工序)用 PLC 的一个状态继电器来表示。

(2)将流程图中的每个阶段要完成的工作(或动作)用 PLC 的线圈指令或功能指令来实现。

(3)将流程图中各个阶段之间的转移条件用 PLC 的触头或电路块来替代。

(4)流程图中的箭头方向就是 PLC 状态转移图中的转移方向。

由此可见,顺序功能图主要由步(状态)、动作、转移条件、有向连线(转移方向)组成,如图 4-2 所示。

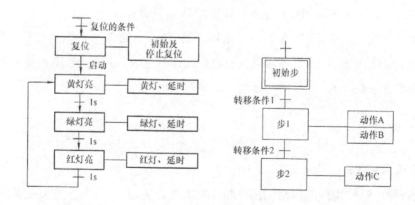

图 4-1　彩灯工作流程图　　　　图 4-2　顺序功能图的组成

顺序功能图中的状态有驱动负载、指定转移目标和指定转移条件三个要素。

当某一状态被"激活"成为活动步时,它右边的电路被处理,即该状态的负载可以被驱动。当该状态的转移条件满足时,就执行转移,即后续状态对应的状态继电器被 SET 或 OUT 指令驱动,后续状态变为活动步,同时原活动状态对应的状态继电器被系统程序自动复位,其后面的负载复位(SET指令驱动的负载除外)。若对应状态"无电"(即"未激活"),则状态的负载驱动和转移处理就不可能执行。

学习情境3　步进顺控指令

FX系列PLC的步进顺控指令有两条:一条是步进触头(也叫步进开始)指令(STL指令),一条是步进返回(也叫步进结束)指令(RET指令)。

STL是步进开始指令,用于"激活"某个状态,以使该状态的负载可以被驱动。RET是步进返回(也叫步进结束)指令,使步进顺控程序执行完毕时,非步进顺控程序的操作在主母线上完成。

学习情境4　顺序功能图与步进梯形图之间的转换

使用步进顺控指令STL和RET可以将顺序功能图转换为步进梯形图,其对应关系如图4-3所示。将顺序功能图转换为步进梯形图时,编程顺序为先进行负载的驱动处理,然后进行状态的转移处理。当然,没有负载的状态时不必进行负载驱动处理。

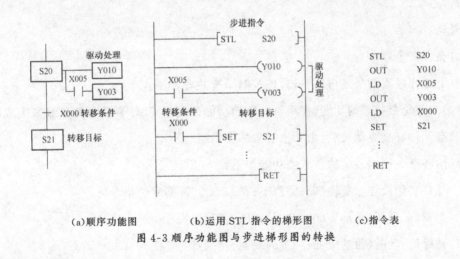

(a)顺序功能图　　　(b)运用STL指令的梯形图　　　(c)指令表

图4-3 顺序功能图与步进梯形图的转换

三、项目实施

采用顺序功能图设计彩灯循环点亮程序的步骤如下。

1.分配I/O地址

通过分析任务导入中的控制要求可知,该控制系统有2个输入:启动按钮SB1——X001、停止按钮SB2——X000;有3个输出:黄灯——Y000、绿灯——Y001、红灯——Y002。由此可以画出彩灯循环点亮的I/O接线图,如图4-4所示。

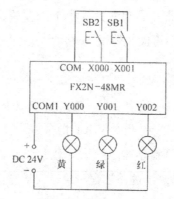

图 4-4　彩灯循环点亮的 I/O 接线图

2．顺序功能图的设计

(1)将整个控制过程按任务要求分解成若干道工序,其中的每一道工序对应一个状态(即步),并分配状态继电器。

初始状态:S0。

黄灯亮:S20。

绿灯亮:S21。

红灯亮:S22。

从以上工作过程的分解可以看出,该控制系统共有 4 步。

(2)搞清楚每个状态的功能、作用。状态的功能是通过 PLC 驱动各种负载来完成的,负载可由状态元件直接驱动,也可由其他触头的逻辑组合驱动。

彩灯循环点亮控制系统的各状态功能如下:

S0:PLC 初始及停止复位(驱动"ZRST S20 S22"区间复位指令)。

S20:亮黄灯、延时(驱动 Y000、T0 的线圈,使黄灯亮 1s)。

S21:亮绿灯、延时(驱动 Y001、T1 的线圈,使绿灯亮 1s)。

S22:亮红灯、延时(驱动 Y002、T2 的线圈,使红灯亮 1s)。

(3)找出每个状态的转移条件和方向,即在什么条件下将下一个状态"激活"。状态的转移条件可以是单一的触头,也可以是多个触头的串、并联电路的组合。

彩灯循环点亮控制系统的各状态转移条件如下:

S0:初始脉冲 M8002,停止按钮(常开触头)X000,并且,这两个条件是或的关系。

S20:一个是启动按钮 X001,另一个是从 S22 来的定时器 T2 的延时闭合触头。

S21:定时器 T0 的延时闭合触头。

S22:定时器 T1 的延时闭合触头。

(4)根据控制要求或工艺要求,画出顺序功能图。

经过以上分析,可画出彩灯循环点亮的控制系统的顺序功能图,如图4-5所示。

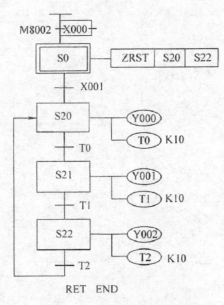

图4-5 彩灯工作的顺序功能图

当PLC开始运行时,M8002产生一个初始脉冲使初始状态S0置1,进而使ZRST指令有效,使S20~S22复位。

当按下启动按钮X001时,状态转移到S20,使S20置1,同时S0在下一扫描周期自动复位,S20马上驱动Y000、T0(亮黄灯、延时)。

当延时到转移条件T0闭合时,状态从S20转移到S21,使S21置1,同时驱动Y001、T1(亮绿灯、延时),而S20则在下一扫描周期自动复位,Y000、T0线圈也就断电。

当转移条件T1闭合时,状态从S21转移到S22,使S22置1,同时驱动Y002、T2(亮红灯、延时),而S21则在下一扫描周期自动复位,Y001、T1线圈也就断电。

当转移条件T2闭合时,状态转移到S20,使S20又置1,同时驱动Y000、T0(亮黄灯、延时),而S22则在下一扫描周期自动复位,Y002、I2线圈也就断电,开始下一个循环。

在上述过程中,若按下停止按钮X000,则随时可以使状态S20~S22复位,同时Y000~Y002、T0~T2的线圈也复位,彩灯熄灭。

(5)将顺序功能图转换为步进梯形图。图4-5所示顺序功能图的状态梯形图如图4-6所示,其指令表程序见表4-1。

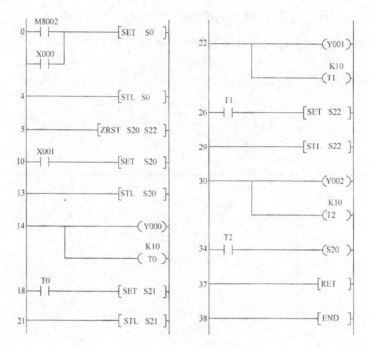

图 4-6　状态梯形图

表 4-1　图 4-5 的指令表

0	LD	M8002		14	OUT	Y000		27	SET	S22	
1	OR	X000		15	OUT	T0	K10	29	STL	S22	
2	SET	S0		18	LD	T0		30	OUT	Y002	
4	STL	S0		19	SET	S21		31	OUT	T2	K10
5	ZRST	S20	S22	21	STL	S21		34	LD	T2	
10	LD	X001		22	OUT	Y001		35	OUT	S20	
11	SET	S20		23	OUT	T1	K10	37	RET		
13	STL	S20		26	LD	T1		38	END		

3.系统调试

(1)将图 4-6 所示的程序用 GX Developer 软件编程并下载到 PLC 中。

(2)静态调试。按图 4-4 所示的 PLC 外围电路图正确连接好输入设备,进行 PLC 程序的静态调试,观察 PLC 的输出指示灯是否按要求指示,否则,检查并修改程序,直至输出指示正确。

(3)动态调试。按图 4-4 所示的 PLC 外围电路图正确连接好输出设备,进行系统的动态调试,观察黄灯、绿灯和红灯是否按控制要求动作,否则,检查电路接线或修改程序,直至黄灯、绿灯和红灯能按控制要求动作。

四、知识拓展——SFC 编程注意事项

(1)与 STL 指令相连的触头要用 LD 或 LDI 指令,下一条 STL 指令的出现意味着当前 STL 程序区的结束和新的 STL 程序区的开始。最后一个 STL 程序区结束时,一定要用 RET 指令,这就意味着整个 STL 程序区的结束。

(2)初始状态可由其他状态驱动,但运行开始时,必须用其他方法预先做好驱动,否则状态流程不可能向下进行。一般用系统的初始条件,若无初始条件,可用 M8002(PLC 从 STOP 至 RUN 切换时的初始脉冲)进行驱动。

初始状态的软元件用 S0~S9,要用双框表示;中间状态软元件用 S20~S899 等状态,用单框表示。若需要在停电恢复后继续以原状态运行时,可使用 S500~S899 停电保持状态元件。

(3)状态编程顺序为:先进行驱动,再进行转移,不能颠倒。

(4)STL 触头可以直接驱动或通过别的触头驱动 Y、M、S、T、C 等元件的线圈和应用指令。若同一线圈需要在连续多个状态下驱动,则可在各个状态下分别使用 OUT 指令,也可以使用 SET 指令将其置位,等到不需要驱动时,用 RST 指令将其复位。

(5)由于 CPU 只执行活动步对应的电路块,因此,使用 STL 指令时允许双线圈输出,如图 4-7 所示,S20 和 S22 驱动的是同一线圈 Y000。但是应注意,同一编号定时器或计数器线圈不能在相邻的状态中出现,因为指令会相互影响,使定时器或计数器无法复位,如图 4-8 所示中的 S20 和 S21,不可以使用同一个定时器 T1,但 S20 和 S22,可以使用同一个定时器 T1。

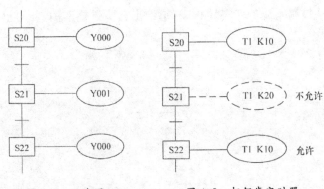

图 4-7　双线圈　　　　图 4-8　相邻步定时器

在同一个程序段中,同一状态继电器地址号只能使用一次。因为在步的活动状态的转移过程中,相邻两步的状态继电器会同时 ON 一个扫描周期,可能会引发瞬时的双线圈问题。

为了避免不能同时动作的两个输出(如控制电动机正反转的两个交流接触器线圈)出现同时动作,除了在程序中设置软件互锁电路(图 4-9)外,还应在 PLC 外部设置由常闭触头组成的硬件互锁电路。

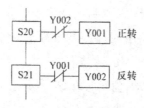

图 4-9　正反转的软件互锁

(6)若向上转移（称重复）、向非相连的下面转移或向其他流程状态转移，称为顺序不连续转移（即跳转），顺序不连续转移的状态不能使用 SET 指令，要用 OUT 指令进行状态转移，如图 4-10 所示。

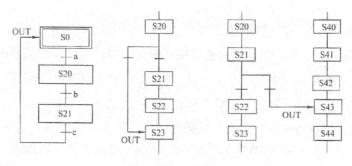

图 4-10　跳转处理

五、思考与练习

1. 顺序功能图的编程注意事项有哪些？

2. 图 4-11 是某控制系统的状态转移图，请绘出其步进梯形图，并写出指令。

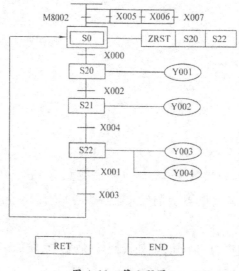

图 4-11　第 2 题图

项目二
电镀生产线的 PLC 控制

一、任务导入

电镀生产线采用专用行车,行车架上装有可升降的吊钩,行车和吊钩各由一台电动机拖动,行车前进和吊钩升降由限位开关控制,生产线定为三槽位,控制要求为:具有手动和自动控制功能,手动时,各动作能分别操作;自动时,按下启动按钮后,从原点开始按图4-12所示的流程运行一周回到原点;图中SQ1～SQ4为行车进退限位开关,SQ5、SQ6为吊钩上、下限位开关。

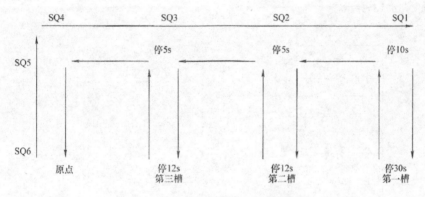

图 4-12 电镀生产线的控制流程

由电镀生产线的控制要求可知,这是一个单流程控制过程,那么如何设计单流程的程序呢?

二、相关知识

学习情境 单流程的程序设计

所谓单流程结构,就是由一系列相继执行的工步组成的单条流程,状态转移只有一个流程,没有其他分支。其特点是:每一工步的后面只能有一个转移的条件,且转向仅有一个工步;状态不必按顺序编号,其他流程的状态也可以作为状态转移的条件。

单流程控制的程序设计比较简单,其设计方法和步骤如下。

(1)根据控制要求,列出 PLC 的 I/O 分配表,画出 I/O 分配图。

(2)将整个工作过程按工作步序进行分解,每个工作步序对应一个状态,将其分为若干个状态。

(3)理解每个状态的功能和作用,即设计驱动程序。

(4)找出每个状态的转移条件和转移方向。

(5)根据以上分析,画出控制系统的状态转移图。

(6)根据状态转移图写出指令表。

三、项目实施

1.分配 I/O 地址

通过分析任务导入中的控制要求可知,该控制系统有 12 个输入:自动/手动转换——X000,右限位——X001,第二槽限位——X002,第三槽限位——X003,左限位——X004,上限位——X005,下限位——X006,停止——X007,自动启动——X010,手动向上——X011,手动向下——X012,手动向右——X013,手动向左——X014。有 5 个输出:吊钩上——Y000,吊钩下——Y001,行车右行——Y002,行车左行——Y003,原点指示——Y004,其 I/O 接线图如图 4-13 所示。

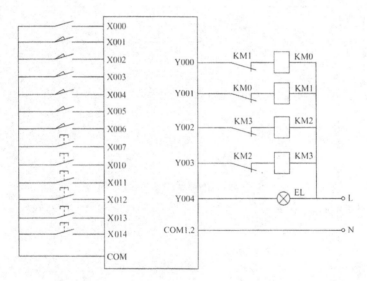

图 4-13 电镀生产线控制系统接线图

2.程序设计

根据控制系统的要求,可将整个控制过程分为 19 个状态,每个状态的功能如下。

S0:初始状态复位、停止及手动控制。S20:吊钩上升。S21:行车右移。S22:吊钩下降。S23:延时 30s。S24:吊钩上升。S25:延时 10s。S26:行车左移。S27:吊钩下降。S28:延时 12s。S29:吊钩上升。S30:延时 5s。S31:行车左移。S32:吊钩下降。S33:延时 12s。S34:吊钩上升。S35:延时 5s。S36:行车左移。S37:吊钩下降。

各步转移的条件为限位开关或定时器的定时时间,由此可以设计出电镀生产线的顺序功能图,如图 4-14 所示。

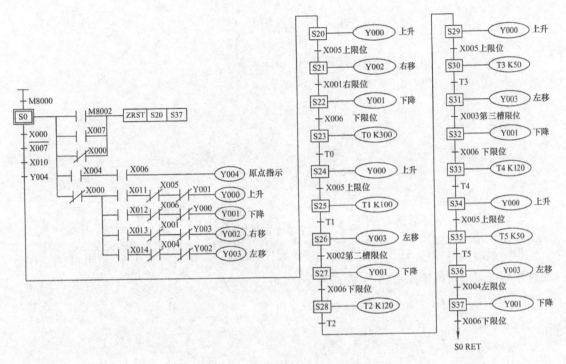

图 4-14　电镀生产线的顺序功能图

3.系统调试

(1)将图 4-14 所示的程序用 GX Developer 软件编程并下载到 PLC 中。

(2)静态调试。按图 4-13 所示的 PLC 外围电路图正确连接好输入设备,进行 PLC 程序的静态调试,观察 PLC 的输出指示灯是否按要求指示,否则,检查并修改程序,直至输出指示正确。

(3)动态调试。按图 4-13 所示的 PLC 外围电路图正确连接好输出设备,进行系统的动态调试。先调试手动程序,后调试自动程序,观察行车和吊钩能否按控制要求动作,否则,检查电路接线或修改程序,直至行车和吊钩能按控制要求动作。

四、知识拓展

(一)三相电动机循环正反转的控制系统

用步进顺控指令设计一个三相电动机循环正反转的控制系统。其控制要求如下:按下启动按钮,电动机正转 3s,暂停 2s,反转 3s,暂停 2s,如此循环 5 个周期,然后自动停止;运行中,可按下停止按钮停止,热继电器动作时也应停止。

通过分析控制要求可知,该控制系统有 3 个输入:停止按钮 SB——X000,启动按钮 SB1——X001,热继电器 FR——X002。有 2 个输出:正转接触器 KM1——Y001,反转接触器 KM2——Y002,其 I/O 接线图如图 4-15 所示。

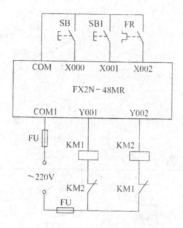

图 4-15　PLC 的 I/O 接线图

根据控制要求可知,这是一个单流程控制程序,其工作流程图如图 4-16 所示;再根据工作流程图可以画出其顺序功能图,如图 4-17 所示。

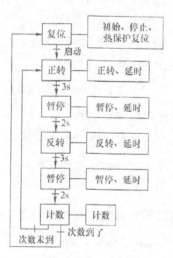

图 4-16　工作流程图

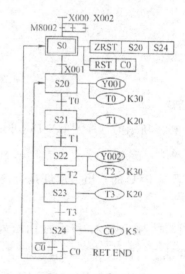

图 4-17　顺序功能图

(二)步进梯形图程序中电动机的过载保护

在电动机的控制程序中,若需要过载保护参与程序控制,可采用图 4-15 所示的 I/O 接线图,将热继电器的常开触头接入输入继电器 X002 的端口,利用 X002 触头控制程序。

1. 电动机过载时状态继电器复位的程序

第一种方法可采用如图 4-17 所示的方法,即发生过载时,X002 输入继电器得电,其常开触头闭合,状态转移到 S0,执行指令语句"ZRST S20 S24",状态继电器 S20～S24 全部复位,程序被终止。故障排除后,程序重新运行。在图 4-18 中,按下停止按钮 X000,其常开触头闭合,状态转移到 S0,执行指令语句"ZRST S20 S24",可以对系统运行过程进行停止控制,也可在程序的第一行写入如图 4-18 所示程序进行过载保护和停止控制。

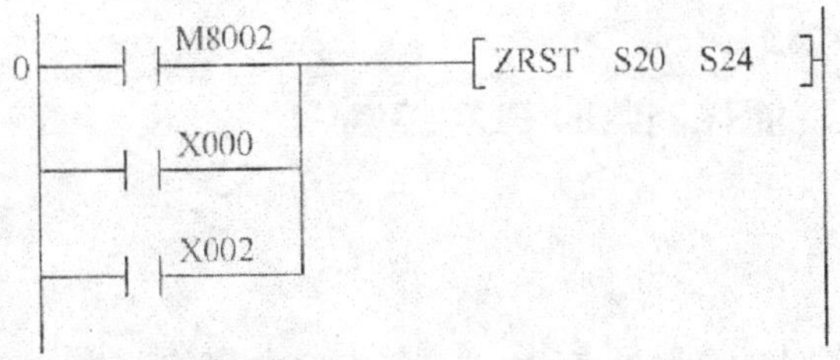

图 4-18 用 ZRST 指令实现过载保护程序

2.电动机过载时禁止所有输出的程序

利用特殊辅助继电器 M8034,在程序的第一行写入如图 4-19 所示程序进行过载保护。当电动机过载时,X002 输入继电器得电,其常开触头闭合,特殊辅助继电器 M8034 线圈得电,禁止所有输出继电器 Y,此时程序虽然运行,但输出继电器 Y 全部关断,故障排除后,X002 输入继电器失电,其常开触头断开,M8034 线圈失电,输出继电器 Y 开启。

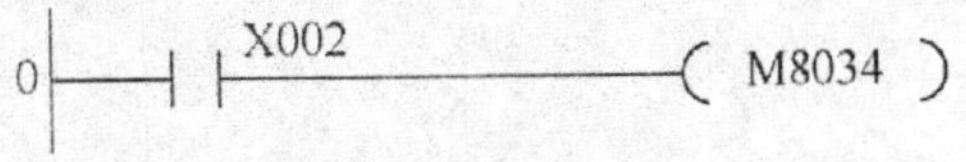

图 4-19 用 M8034 实现过载保护程序

五、思考与练习

1.设计一个控制 3 台电动机 M1～M3 顺序启动和停止的控制系统,其具体要求如下:

(1)当按下启动按钮 SB2 后,M1 启动;M1 运行 2s 后,M2 也一起启动;M2 运行 3s 后,M3 也一起启动。

(2)按下停止按钮 SB1 后,M3 停止;M3 停止 2s 后,M2 停止;M2 停止 3s 后,M1 停止。

试画出 PLC 的外部接线示意图、顺序功能图,并编写步进梯形图和指令程序。

2.设计一个汽车库自动门控制系统,具体控制要求是:汽车到达车库门前,超声波开关接收到来车的信号,门电动机正转,门上升,当门上升到顶点碰到上限开关时,停止上升;汽车驶入车库后,光电开关发出信号,门电动机反转,门下降,当下降到下限开关后,门电动机停止。试画出 PLC 的外部接线示意图、状态转移图,并编写步进梯形图和指令程序。

项目三
电动机正反转能耗制动的 PLC 控制

一、任务导入

前面项目中的顺序控制均为单流程,在较复杂的顺序控制中,一般都是多流程的控制,常见的有选择性流程和并行性流程,例如,设计一个三相电动机正反转能耗制动的控制系统,其控制要求如下:按下 SB1,电动机正转;按下 SB2,电动机反转;按下 SB,电动机能耗制动,制动时间为 3s;要求有必要的电气互锁,不需按钮互锁;当 FR 动作时,电动机自由停车;要求用步进顺控指令设计程序。

电动机要选择正转或反转启动,显然,这是一个选择性流程,如何将选择分支的顺序功能图转换为梯形图呢?

二、相关知识

学习情境　选择性流程及其编程

1.选择性流程程序的特点

由两个及两个以上的分支流程组成的,但根据控制要求只能从中选择 1 个分支流程执行的程序,称为选择性流程程序。图 4-20 就是一个选择性分支流程的顺序功能图,其特点是:

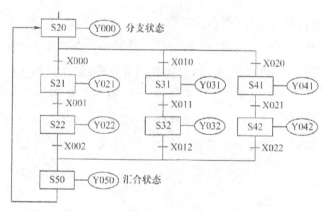

图 4-20　选择性分支流程的顺序功能图

(1)该顺序功能图有三个分支流程。

(2)S20 为分支状态。根据不同的条件(X000、X010、X020),选择执行其中的一个分支流程。当 X000 为 ON 时执行第一分支流程;X010 为 ON 时执行第二分支流程;X020 为 ON 时执行第三分支流程;X000、X010、X020 不能同时为 ON,哪个先接通,就执行哪条分支;当 S20 已动作,一旦 X000 接通,程序就向 S21 转移,则 S20 就复位,因此即使以后 X010

或 X020 接通，S31 或 S41 也不会动作。

（3）S50 为汇合状态，可由 S22、S32、S42 任一状态驱动。

2.选择性分支的编程

选择性分支的编程与一般状态的编程一样，先进行驱动处理，然后进行转移处理，所有的转移处理按顺序执行，简称先驱动后转移；先集中处理分支状态，然后再集中处理汇合状态。

（1）分支状态的编程方法是先对分支状态 S20 进行驱动处理（OUT Y000），然后按 S21、S31、S41 的顺序进行转移处理。选择性分支程序的指令见表 4-2。

表 4-2　选择性分支程序的指令表

指令	功能说明	指令	功能说明
STL　S20		LD　X010	第 2 分支的转移条件
OUT　Y000	驱动处理	SET　S31	转移到第 2 分支
LD　X000	第 1 分支的转移条件	LD　X020	第 3 分支的转移条件
SER　S21	转移到第 1 分支	SET　S41	转移到第 3 分支

（2）汇合状态的编程方法是先依次对 S21、S22、S31、S32、S41、S42 状态进行汇合前的输出处理编程，然后按顺序从 S22（第一分支）、S32（第二分支）、S42（第三分支）向汇合状态 S50 转移编程。选择性汇合程序的指令见表 4-3。

表 4-3　选择性汇合程序的指令表

指令	功能说明	指令	功能说明
STL　S21		LD　X021	第 3 分支驱动处理
OUT　Y021		SET　S42	
LD　X001	第 1 分支驱动处理	STL　S42	
SET　S22		OUT　Y042	
STL　S22		STL　S22	由第 1 分支转移到汇合点
OUT　Y022		LD　X002	
STL　S31		SET　S50	
OUT　Y031		STL　S32	由第 2 分支转移到汇合点
LD　X011	第 2 分支驱动处理	LD　X012	
SER　S32		SET　S50	
STL　S32		STL　S42	由第 3 分支转移到汇合点
OUT　Y032		LD　X022	
STL　S41	第 3 分支驱动处理	SET　S50	
OUT　Y041		STL S50　OUT Y050	

三、项目实施

1.分配 I/O 地址

通过分析任务导入中的控制要求可知，该控制系统有 4 个输入：停止按钮 SB——X000，正转启动按钮 SB1——X001，反转启动按钮 SB2——X002，热继电器 FR——X003。有 3 个输出：正转接触器 KM1——Y000，反转接触器 KM2——Y001，制动接触器 KM3——Y002。

其 I/O 接线图及主电路图如图 4-21 所示。

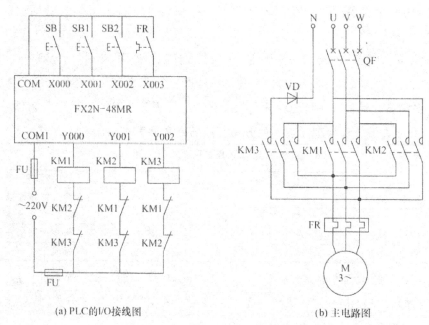

(a) PLC的I/O接线图   (b) 主电路图

图 4-21　电动机正反转能耗制动系统 I/O 接线图及主电路图

2. 程序设计

根据控制系统的要求,可将整个控制过程分为 5 个状态,每个状态的功能如下:

S0:初始状态复位。

S20:电动机正转。

S21:电动机反转。

S22:延时。

S23:电动机能耗制动。

　　各步转移的条件为开关或定时器的定时时间,由此可以设计出电动机正反转能耗制动的顺序功能图,如图 4-22 所示。

3. 系统调试

(1)将图 4-22 所示的程序用 GX Developer 软件编程并下载到 PLC 中。

(2)静态调试。按图 4-21 所示的 PLC 外围电路图正确连接好输入设备,进行 PLC 程序的静态

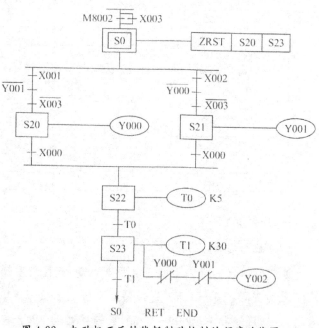

图 4-22　电动机正反转能耗制动控制的顺序功能图

调试(按下正转启动按钮 SB1 时,Y000 亮,按下停止按钮 SB 时,Y000 灭,0.5s 后 Y002 亮,3s 后 Y002 灭;按下反转启动按钮 SB2 时,Y001 亮,按下停止按钮 SB 时,Y001 灭,0.5s 后 Y002 亮,3s 后 Y002 灭;系统正在工作时,若热继电器动作,则 Y000 或 Y001 或 Y002 都灭),观察 PLC 的输出指示灯是否按要求指示,否则,检查并修改程序,直至输出指示正确。

(3)动态调试。按图 4-21(a)所示的 PLC 外围电路图正确连接好输出设备,进行系统的空载调试,观察交流接触器能否按控制要求动作(按下正转启动按钮 SB1 时,KM1 闭合,按下停止按钮 SB 时,KM1 断开,0.5s 后 KM3 闭合,3s 后 KM3 断开;按下反转启动按钮 SB2 时,KM2 闭合,按下停止按钮 SB 时,KM2 断开,0.5s 后 KM3 闭合,3s 后 KM3 断开;系统正在工作时,若热继电器动作,则 KM1 或 KM2 或 KM3 都断开),否则,检查电路接线或修改程序,直至交流接触器按控制要求动作;然后按图 4-21(b)所示的主电路连接好电动机,进行带载动态调试。

四、知识拓展——跳转流程的程序编制

凡是不连续的状态之间的转移都称为跳转。从结构形式看,跳转分为向前跳转、向后跳转及向另外分支程序跳转。凡是跳转都要用 OUT 指令而不用 SET 指令进行状态转移。

1.部分重复的编程方法

在一些情况下,需要返回某个状态重复执行一段程序,可以采用部分重复的编程方法,如图 4-23 所示。

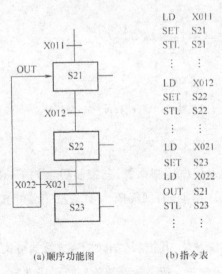

(a)顺序功能图　　　(b)指令表

图 4-23　部分重复的编程

2.同一分支内跳转的编程方法

在一条分支的执行过程中,由于某种需要,跳过几个状态执行下面的程序。此时,可以采用同一分支内跳转的编程方法,如图 4-24 所示。

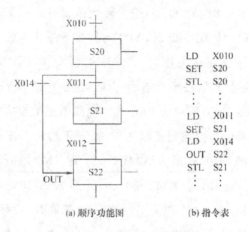

(a) 顺序功能图　　　(b) 指令表

图 4-24　同一分支内跳转的编程

3.跳转到另一条分支的编程方法

在某种情况下,要求程序从一条分支的某个状态跳转到另一条分支的某个状态继续执行。此时,可以采用跳转到另一条分支的编程方法,如图 4-25 所示。

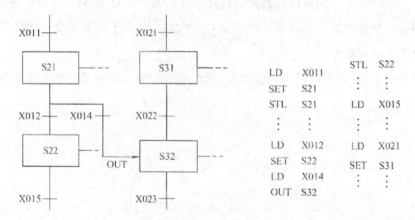

图 4-25　跳转到另一分支的编程

五、思考与练习

1.设计一个 3 台电动机的顺序控制系统,其控制要求如下:按下启动按钮 SB1,三台电动机按 M1→M2→M3 的顺序启动,时间间隔为 10s;按下停止按钮 SB,停车顺序为 M3→M2→M1,时间间隔为 10s。

2.设计一个抢答器的控制系统,其控制要求如下:抢答器可实现四组抢答,每组两人,共有八个抢答按钮,前三组中任意一人按下抢答按钮即获得答题权,最后一组必须同时按下抢答按钮才可以获得答题权。当主持人说出题目并按下开始抢答开关后即可进行抢答,谁先抢答成功,谁桌子上的灯就亮,一直到主持人按下停止按钮后,灯才会熄灭,否则一直亮着。

项目四
按钮式人行横道指示灯的 PLC 控制

一、任务导入

并行性流程也是实际中常用的一种较为复杂的顺序控制流程。例如,图 4-26 所示为按钮式人行道红绿灯交通管理器。正常情况下,汽车通行,即车道绿灯(Y003)亮、人行道红灯(Y005)亮;当行人需要过马路时,则按下按钮 X000(或 X001),30s 后主干道交通灯的变化为绿—黄—红(其中黄灯亮 10s),当主干道红灯亮 5s 后,人行道从红灯转成绿灯亮,15s 后人行道绿灯开始闪烁,闪烁 5 次后转入主干道绿灯亮,人行道红灯亮,各方向三色灯的工作时序图如图 4-27 所示。

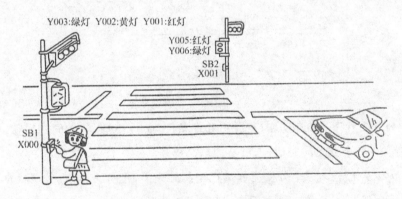

图 4-26 按钮式人行横道指示灯示意图

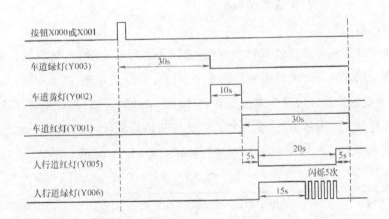

图 4-27 按钮式人行横道指示灯工作时序图

从交通灯的控制要求可知,人行道灯和车道灯是同时工作的,可以采用并行性流程编写程序。

二、相关知识

学习情境　并行性流程及其编程

1. 并行性流程程序的特点

由两个及以上的分支流程组成的,但必须同时执行各分支的程序,称为并行性流程程序,如图 4-28 所示,它有两个特点。

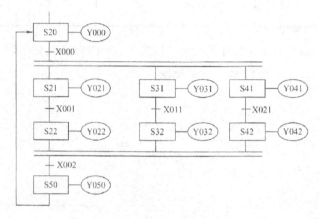

图 4-28　并行分支流程结构图

(1)S20 为分支状态。S20 动作,若并行处理条件 X000 接通,状态同时转移,使 S21、S31 和 S41 同时置位,三个分支同时运行,没有先后之分。

(2)S30 为汇合状态。三个分支流程运行全部结束后,汇合条件 X002 为 ON,则 S50 动作,S22、S32 和 S42 同时复位。这种汇合,有时又叫作排队汇合(即先执行完的流程保持动作,直到全部流程执行完成,汇合才结束)。

2. 并行性流程的编程

并行性流程的编程与选择性流程的编程一样,先进行驱动处理,然后进行转移处理,所有的转移处理按顺序执行。编程原则是先集中进行并行分支处理,再集中进行汇合处理。

(1)并行分支的编程方法是先对分支状态进行驱动处理,然后按分支顺序进行状态转移处理。根据并行分支的编程方法,首先对 S20 进行驱动处理(OUT Y000),然后按第一分支 S21、第二分支 S31、第三分支 S41 的顺序进行转移处理,其指令见表 4-4。

表 4-4　并行性分支程序的指令表

指令	指令功能	指令	指令功能
STL　S20		SET　S21	转移到第 1 分支
OUT　Y000	驱动处理	SET　S31	转移到第 2 分支
LD　X000	转移条件	SET　S41	转移到第 3 分支

(2)并行汇合处理编程方法是先进行汇合前状态的驱动处理,然后按顺序向汇合状态进

行转移处理。根据并行汇合的编程方法,首先对 S21、S22、S31、S32、S41、S42 进行驱动处理,然后按顺序从第一分支 S22、第二分支 S32、第三分支 S42 向 S50 进行转移,其指令见表 4-5。

表 4-5　并行汇合处理程序的指令表

指令	指令功能	指令	指令功能
STL　S21	第 1 分支驱动处理	STL　S41	第 3 分支驱动处理
OUT　Y021		OUT　Y041	
LD　X001		LD　X021	
SET　S22		SET　S42	
STL　S22		STL　S42	
OUT　Y022		OUT　Y042	
STL　S31	第 2 分支驱动处理	STL　S22	由第 1 分支汇合
OUT　Y031		STL　S32	由第 2 分支汇合
LD　X011		STL　S42	由第 3 分支汇合
SER　S32		LD　X002	汇合条件
STL　S32		SET　S50	汇合状态
OUT　Y032		STL　S50 OUT　Y050	

三、项目实施

1.分配 I/O 地址

通过分析任务导入中的控制要求可知,该控制系统有 2 个输入:左侧启动按钮 SB1——X000、右侧启动按钮 SB2——X001。有 5 个输出:车道红灯指示——Y001、车道黄灯指示——Y002、车道绿灯指示——Y003、人行道红灯指示——Y005、人行道绿灯指示——Y006,其系统接线图如图 4-29 所示。

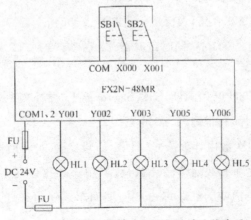

图 4-29　按钮式人行横道指示灯的系统接线图

2.程序设计

根据控制要求,当未按下按钮 SB1 或 SB2 时,人行道红灯和车道绿灯亮;当按下按钮 SB1 或 SB2 时,人行道指示灯和车道指示灯同时开始运行,因此,流程是具有两个分支的并行性流程,其顺序功能图如图 4-30 所示。

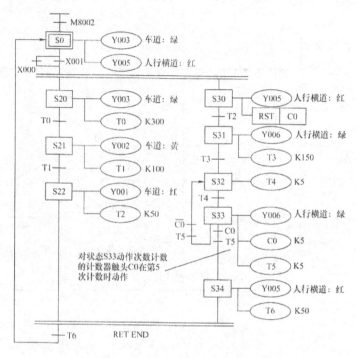

图 4-30　按钮式人行横道指示灯的顺序功能图

当 PLC 从 STOP 转入 RUN 时,初始状态 S0 动作,这时车道绿灯 Y003 亮,人行道红灯 Y005 亮。

当按下人行道按钮 X000 或 X001 时,进入并行分支,S20 和 S30 同时为 ON,此时,车道绿灯 Y003 亮,人行道红灯 Y005 亮,红绿灯状态不变。

30s 后车道变为黄灯 Y002 亮,人行道仍为红灯 Y005 亮。

再过 10s 后车道红灯 Y001 亮,同时定时器 T2 启动,5s 后 T2 触头接通,人行道变为绿灯 Y006 亮。

15s 后人行道绿灯 Y006 开始闪烁,S32、S33 每隔 1s 循环接通一次,S32 接通时人行道绿灯 Y006 灭,S33 接通时人行道绿灯 Y006 亮。

S32、S33 循环接通的次数由计数器 C0 计数,其设定值为 5,当循环次数没达到 5 次时,C0 常闭触头接通,状态跳动 S32 继续循环执行;当循环次数达到 5 次时,C0 常开触头就接通,状态向 S34 转移,人行道变为红灯 Y005 亮,期间车道仍为红灯 Y001 亮,5s 后返回初始状态,完成一个周期的动作。

在状态转移过程中,即使再按下人行道按钮 X000、X001 也无效。

3.系统调试

(1)将图 4-30 所示的程序用 GX Developer 软件编程并下载到 PLC 中。

(2)静态调试。按图 4-29 所示的 PLC 外围电路图正确连接好输入设备,进行 PLC 程序的静态调试,观察 PLC 的输出指示灯是否按要求指示,否则,检查并修改程序,直至输出指示正确。

(3)动态调试。按图 4-29 所示的 PLC 外围电路图正确连接好输出设备,进行系统的动态调试,观察车道和人行道指示灯是否按控制要求动作,否则,检查电路接线或修改程序,直至车道和人行道指示灯能按控制要求动作。

四、知识拓展——复杂流程的程序编制

在复杂的顺序控制中,常常会有选择性流程、并行性流程的组合,这里对几种常见的复杂流程作一简单的介绍。

1.选择性流程汇合后的选择性分支的编程

图 4-31(a)是一个选择性流程汇合后的选择性分支的顺序功能图,要对这种顺序功能图进行编程,必须要在选择性流程汇合后和选择性流程分支前插入一个虚拟状态(如 S100)才可以编程,如图 4-31(b)所示。

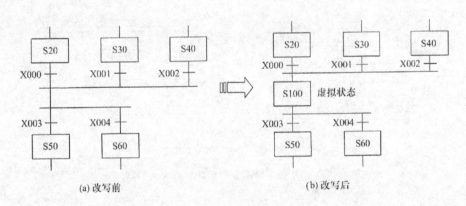

(a)改写前   (b)改写后

图 4-31 选择性流程汇合后的选择性分支的改写

2.复杂选择性流程的编程

所谓复杂选择性流程是指选择性分支下又有新的选择性分支,同样选择性分支汇合后又与另一选择性分支汇合组成新的选择性分支的汇合。对于这类复杂的选择性分支,可以采用重写转移条件的办法重新进行组合,如图 4-32 所示。

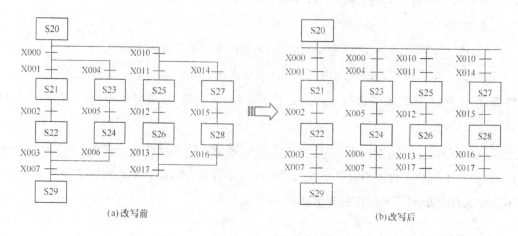

(a)改写前　　　　　　　　　　　(b)改写后

图 4-32　复杂选择性流程的改写

3.并行性流程汇合后的并行性分支的编程

图 4-33(a)是一个并行性流程汇合后的并行性分支的顺序功能图,要对这种顺序功能图进行编程,必须要在并行性流程汇合后和并行性流程分支前插入一个虚拟状态(如 S101)才可以编程,如图 4-33(b)所示。

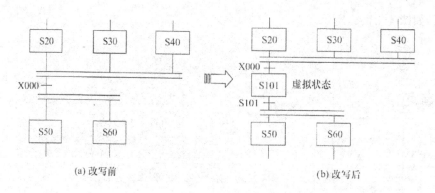

(a) 改写前　　　　　　　　　　(b)改写后

图 4-33　并行性流程汇合后的并行性分支的改写

4.选择性流程汇合后的并行性分支的编程

图 4-34(a)是一个选择性流程汇合后的并行性分支的顺序功能图,要对这种顺序功能图进行编程,必须要在选择性流程汇合后和并行性分支前插入一个虚拟状态(如 S102)才可以编程,如图 4-34(b)所示。

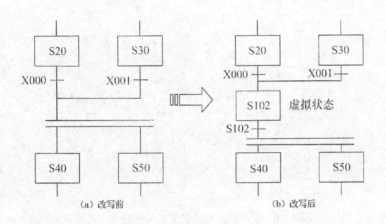

图 4-34　选择性流程汇合后的并行性分支的改写

5.并行性流程汇合后的选择性分支的编程

图 4-35(a)是一个并行性流程汇合后的选择性分支的顺序功能图,要对这种顺序功能图进行编程,必须要在并行性流程汇合后和选择性分支前插入一个虚拟状态(如 S103)才可以编程,如图 4-35(b)所示。

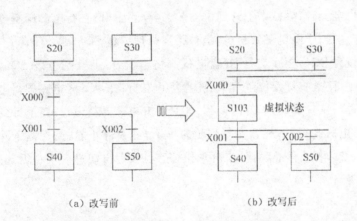

图 4-35　并行性流程汇合后的选择性分支的改写

6.选择性流程里嵌套并行性流程的编程

图 4-36 是在选择性流程里嵌套并行性流程,分支时,先按选择性流程的方法编程,然后按并行性流程的方法编程;汇合时,先按并行性汇合的方法编程,然后按选择性汇合的方法编程。

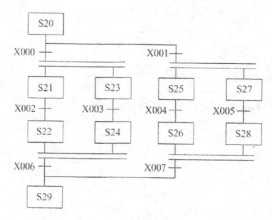

图 4-36　选择性流程里嵌套并行性流程的改写

五、思考与练习

1. 设计一个 6 台电动机(M1～M6)的控制系统,其控制要求如下:按下启动按钮 SB1,M1 启动,延时 5s 后 M2 启动,M2 启动 5s 后 M3 启动;M4 与 M1 同时启动,M4 启动 10s 后 M5 启动,M5 启动 10s 后 M6 启动。按下停止按钮 SB2,M4、M5、M6 同时停车;M4、M5、M6 停车后,延时 5s 后,M1、M2、M3 同时停车。

2. 设计一个用 PLC 控制的自动焊锡机的控制系统。其控制要求如下:启动机器,除渣机械手电磁阀得电上升,机械手上升到位碰 SQ7,停止上升;左行电磁阀得电,机械手左行到位碰 SQ5,停止左行;下降电磁阀得电,机械手下降到位碰 SQ8,停止下降;右行电磁阀得电,机械手右行到位碰 SQ6,停止右行;托盘电磁阀得电上升,上升到位碰 SQ3,停止上升;托盘右行电磁阀得电,托盘右行到位碰 SQ1,托盘停止右行;托盘下降电磁阀得电,托盘下降到位碰 SQ4,停止下降,工件焊锡,焊锡时间到;托盘上升电磁阀得电,托盘上升到位碰 SQ3,停止上升;托盘左行电磁阀得电,托盘左行到位碰 SQ1,托盘停止左行;托盘下降电磁阀得电,托盘下降到位碰 SQ4,托盘停止下降,工件取出,延时 5s 后自动进入下一循环。简易的动作示意图如图 4-37 所示。

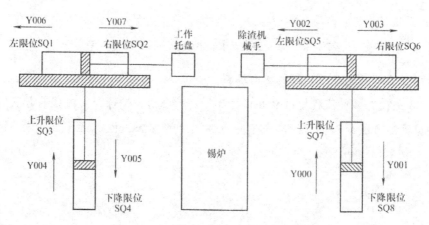

图 4-37　自动焊锡机简易的动作示意图

模块五 PLC 功能指令及其应用

项目一

8 盏流水灯的 PLC 控制

一、任务导入

作为工业控制计算机,PLC 仅有基本指令是远远不够的。现代工业控制在许多场合需要数据处理,因而 PLC 制造商逐步在 PLC 中引入功能指令(Functional Instruction,也有的书称为应用指令 Applied Instruction),用于数据的传送、运算、变换及程序控制等应用。这使得 PLC 成了真正意义上的计算机。特别是近年来,功能指令又向综合性方向迈进了一大步,出现了许多一条指令即能实现以往需要大段程序才能完成的某种任务的指令,如 PID(比例-积分-微分)应用、表应用等。这类指令实际上就是一个个应用完整的子程序,使编程更加精炼,从而大大提高了 PLC 的实用价值和普及率。

FX2N 系列 PLC 功能指令依据应用不同,可分为数据处理类、程序控制类、特种功能类及外部设备类。其中,数据处理类指令种类多、数量大、使用频繁,又可分为传送比较、四则运算及逻辑运算、移位、编解码等;程序控制类指令主要用于程序的结构及流程控制,含子程序、中断、跳转及循环等指令;特种功能类指令是机器的一些特殊应用,如高速计数器或模仿一些专用机械或专用电气设备应用的指令等;外部设备类指令含一般的输入/输出口设备及专用外部设备两大类,专用外部设备是指与主机配接的应用单元及专用通信单元等。

那么功能指令该如何使用呢?例如用功能指令设计 8 盏流水灯每隔 1s 顺序点亮,并不断循环的 PLC 控制系统,该如何应用功能指令进行编程呢?

二、相关知识

学习情境 1　功能指令的表达形式

"MOV K1 D0""ADDP D0 K1 D0""FROM K1 K29 K4M0 K1"等都是功能指令。这些功能指令不仅助记符不同,就连操作数也不一样。那么,功能指令是否就没有一定的规则呢?

功能指令都遵循一定的规则,其通常的表达形式也是一致的。一般功能指令都按功能编号(FNC00—FNC□□□)编排,在使用简易编程器的场合,输入功能指令时,首先输入的就是功能指令编号。

每条功能指令都有一个助记符。功能指令的助记符是该指令的英文缩写词。如加法指令“ADDITION”简写为ADD。采用这种方式容易了解指令的应用。有的只有助记符,有的则还有操作数(通常由1～4个组成),其通常的表达形式如图5-1所示。

[S.]叫作源操作数,其内容不随指令执行而变化,在可利用变址修改软元件的情况下,用加“.”符号的[S.]表示,源的数量多时,用[S1.]、[S2.]等表示。

X000
MEAN
[S.]
D0
[D.]
D4
[n.]
K3

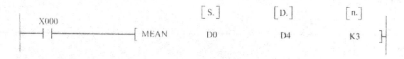

图5-1　功能指令通常的表达形式

[D.]叫作目标操作数,其内容随指令执行而改变,如果需要变址操作时,用加“.”的符号[D.]表示,目标的数量多时,用[D1.]、[D2.]等表示。

[n.]叫作其他操作数,既不作为源操作数,又不作为目标操作数,常用来表示常数或者作为源操作数或目标操作数的补充说明。可用十进制的K、十六进制的H和数据寄存器D来表示。在需要表示多个这类操作数时,可用[nl]、[n2]等表示,若具有变址功能,则用加“.”的符号[n.]表示。此外其他操作数还可用[m]来表示。

功能指令的功能号和指令助记符占1个程序步,操作数占2个或4个程序步(16位操作数时占2个程序步,32位操作数时占4个程序步)。

学习情境2　数据长度和指令类型

1. 数据长度

功能指令可处理16位数据和32位数据,如图5-2所示。

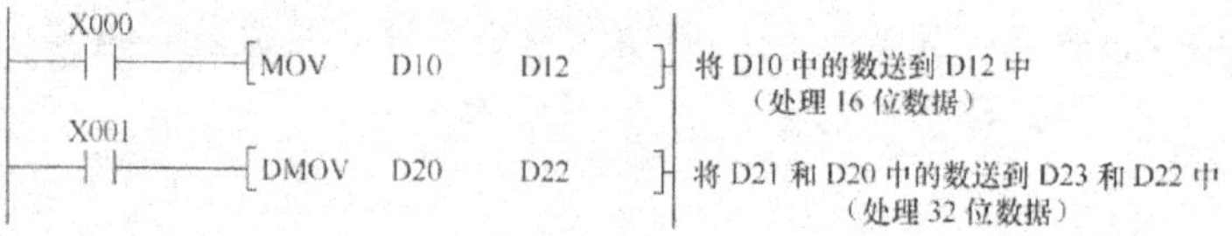

X000
MOV　D10　D12
将D10中的数送到D12中
(处理16位数据)
X001
DMOV　D20　D22
将D21和D20中的数送到D23和D22中
(处理32位数据)

图5-2　功能指令的数据长度

指令前有D符号表示是32位指令,无D符号的为16位指令。处理32位数据时,用元件号相邻的两个元件组成元件对。

要说明的是,32位计数器C200～C255的当前值寄存器不能用作16位数据的操作数,只能用作32位数据的操作数。

2. 指令类型

FX系列PLC的功能指令有连续执行型和脉冲执行型两种形式,如图5-3所示。

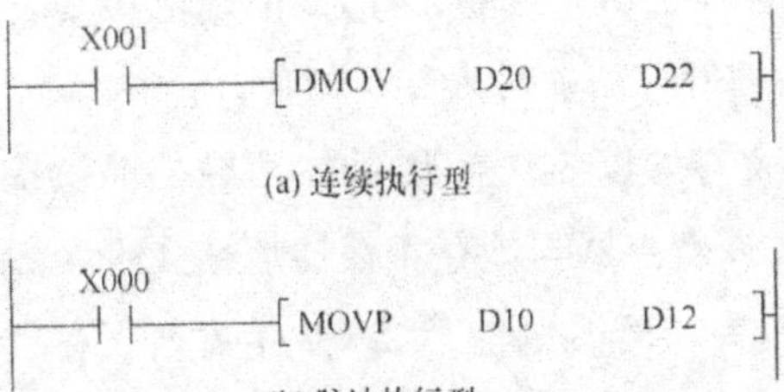

图 5-3　功能指令的执行类型

图 5-3(b)所示程序中 MOVP 中的 P 表示脉冲执行(Pulse),即仅在 X000 由 OFF 变为 ON 状态时执行一次。如果 MOV 指令后面没有 P,则在 X000 为 ON 的每一个扫描周期指令都要被执行,称为连续执行。某些指令如 XCH、INC、DEC、ALT 等,一般使用脉冲执行方式。

P 和 D 可同时使用,如 DMOVP 表示 32 位数据的脉冲执行方式。

学习情境 3　操作数

操作数按功能分有源操作数、目标操作数和其他操作数;按组成形式分有位元件、字元件和常数。

1. 数据寄存器

数据寄存器(D)是在模拟量检测与控制以及位置控制等场合来存储数据和参数的软元件,有通用数据寄存器、特殊数据寄存器、文件寄存器、断电保持寄存器(电池后备/锁存寄存器)和外部调节寄存器五种,其地址号(以十进制数分配)如表 5-1 所示。

表 5-1　FX 系列 PLC 的数据寄存器

PLC	FX1S	FX1N	FX2N 和 FX2NC
通用数据寄存器	128 点(D0～D127)	128 点(D0～D127)	200 点(D0～D199)
电池后备/锁存寄存器	128 点(D128～D255)	7872 点(D128～D7999)	7800 点(D200～D7999)
特殊数据寄存器	256 点(D8000～D8255)	256 点(D8000～D8255)	256 点(D8000～D8255)
文件寄存器(R)	1500 点(D1000～D2499)	7000 点(D1000～D7999)	7000 点(D1000～D7999)
外部调节寄存器(F)	2 点(D8030,D8031)	2 点(D8030,D8031)	—

数据寄存器都是 16 位(最高位为正负符号位)的,也可将两个数据寄存器组合,存储 32 位(最高位是正负符号位)的数值数据。

(1)通用数据寄存器。通用数据寄存器中一旦写入数据,只要不再写入其他数据,就不会变化。但是在运行中停止时或停电时,所有数据被清除为 0(如果驱动特殊的辅助继电器 M8033,则可以保持)。而停电保持用的数据寄存器在运行中停止与停电时可保持其内容。

(2)特殊数据寄存器。特殊数据寄存器 D8000～D8255 共 256 点(FX2N 系列 PLC),用来控制和监视 PLC 内部的各种工作方式和元件,如电池电压、扫描时间、正在动作的状态编号等。PLC 上电时,这些数据寄存器被写入默认的值。

(3)文件寄存器。文件寄存器以 500 点为单位,可被外部设备存取。文件寄存器实际上被设置为 PLC 的参数区,文件寄存器与锁存寄存器是重叠的,可保证数据不会丢失。

(4)电池后备/锁存数据寄存器。电池后备/锁存数据寄存器有断电保持功能,PLC 从 RUN 状态进入 STOP 状态时,电池后备/锁存数据寄存器的值保持不变。利用参数设定,可改变电池后备/锁存数据寄存器的范围。

(5)外部调节寄存器。FX1S 和 FX1N 有两个内置的设置参数用的小电位器,用小螺丝刀调节电位器,对应的数据寄存器 D8030 或 D8031 的值(0~255)随之而变。

2. 传送指令

传送(MOV)指令是将源操作数[S.]中的数据送到指定的目标操作数[D.]中,源操作数内的数据不变。MOV 指令的助记符、操作数等指令属性如表 5-2 所示。

表 5-2　MOV 指令的属性

指令名称	助记符	功能号	操作数	
			[S.]	[D.]
传送	MOV	FNC12	K、H、KnX、KnY、KnM、KnS、T、C、D、V、Z	KnY、KnM、KnS、T、C、D、V、Z

传送指令的表现形式有 MOV、MOVP、DMOV 和 DMOVP,16 位指令占用 5 步,32 位指令占用 9 步。

MOV 指令的使用说明如图 5-4 所示。

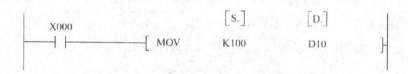

图 5-4　MOV 指令的使用说明 1

当 X000 变为 ON 时,源操作数[S.]中的常数 K100 传送到目标操作软元件 D10 中。当指令执行时,常数 K100 自动转换成二进制数。当 X000 变为 OFF 时,指令不执行,D10 中数据保持不变。

常数可以传送到数据寄存器,寄存器与寄存器之间也可以传送。此外,定时器、计数器的当前值也可以被传送到寄存器,如图 5-5 所示。

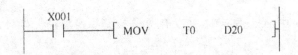

图 5-5　MOV 指令的使用说明 2

上述程序的功能是：当 X001 变为 ON 时，T0 的当前值被传送到 D20 中。

MOV 指令除了进行 16 位数据传送外，还可以进行 32 位数据传送，但必须在 MOV 指令前加 D，如图 5-6 所示。

X000 ———[DMOV　D0　　D10]—(D0、D1)送入(D10、D11)

X001 ———[DMOV　C235　D20]—(C235的当前值)送入(D20、D21)

图 5-6　MOV 指令的使用说明 3

3. 位元件和字元件

只处理 ON/OFF 状态的元件称为位元件，例如 X、Y、M 和 S。处理数据的元件称为字元件，例如 T、C 和 D 等。

4. 位元件的组合

位元件的组合就是由 4 个位元件作为一个基本单元进行组合，如 K1Y0 就是位元件的组合。通常的表现形式为 KnM×、KnS×、KnY×，其中 n 表示组数，M×、S×、Y×表示位元件组合的首元件。例如，K2M0 表示由 M7～M0 组成的 8 位数据，M0 是最低位，M7 是最高位。

当一个 16 位的数据传送到一个少于 16 位的目标元件（如 K2M0）时，只传送相应的低位数据，较高位的数据不传送（32 位数据传送也一样，下同）。在位元件的组合作为 16 位操作数时，在目标操作数中不足部分的高位均作 0 处理，这意味着只能处理正数（符号位为 0），其数据传送的过程如图 5-7 所示。

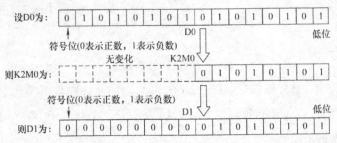

图 5-7　数据传送的过程

5.变址寄存器

在传送、比较指令中,变址寄存器 V、Z 用来修改操作对象的元件号,在循环程序中常使用变址寄存器。

对于 32 位指令,V、Z 自动组对使用,V 作高 16 位,Z 作低 16 位。这时变址指令只需指定 Z,Z 就能代表 V 和 Z 的组合。变址寄存器用法示例如图 5-8 所示。

即执行(D15)+(D35)→(D60)。

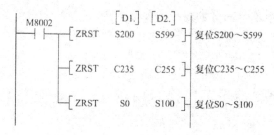

图 5-8　变址寄存器用法示例

学习情境 4　区间复位指令 ZRST

区间复位指令 ZRST 的助记符、操作数等指令属性如表 5-3 所示。

表 5-3　ZRST 指令的属性

指令名称	助记符	功能号	操作数	
			[D1.]	[D2.]
区间复位	ZRST	FNC40	Y、M、S、T、C、D	Y、M、S、T、C、D

区间复位指令的表现形式有 ZRST、ZRSTP,分别占用 5 步。

ZRST 指令的用法如图 5-9 所示。

```
  M8002        [D1.]   [D2.]
  ─┤├─┬─[ ZRST   S200    S599 ]─ 复位S200～S599
        │
        ├─[ ZRST   C235    C255 ]─ 复位C235～C255
        │
        └─[ ZRST   S0      S100 ]─ 复位S0～S100
```

图 5-9　ZRST 指令的用法

在 ZRST 指令中,目标操作数[D1.]和[D2.]指定的元件应为同类软元件,[D1.]指定的元件号应小于等于[D2.]指定的元件号。若[D1.]的元件号大于[D2.]的元件号,则只有[D1.]指定的元件被复位。

该指令为 16 位处理指令,但是可在[D1.]、[D2.]中指定 32 位计数器。不过不能混合指定,即不能在[D1.]中指定 16 位计数器,在[D2.]中指定 32 位计数器。

三、项目实施

1. 分配 I/O 地址

通过分析任务导入中的控制要求可知,该控制系统有两个输入:启动按钮 SBl——X001、停止按钮 SB——X000。有 8 个输出:8 盏灯——Y000～Y007,其 I/O 接线图如图 5-10 所示。

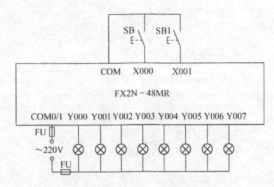

图 5-10　8 盏流水灯 I/O 接线图

根据控制要求列出传送数据与输出位组元件的对照表。在表 5-4 中,用"1"表示灯亮,用"0"表示灯熄灭。

表 5-4　传送数据与输出位组元件的对照表

传送数据	输出位组元件 K2Y0							
	Y007	Y006	Y005	Y004	Y003	Y002	Y001	Y000
H01	0	0	0	0	0	0	0	1
H02	0	0	0	0	0	0	1	0
H04	0	0	0	0	0	1	0	0
H08	0	0	0	0	1	0	0	0
H10	0	0	0	1	0	0	0	0
H20	0	0	1	0	0	0	0	0
H40	0	1	0	0	0	0	0	0
H80	1	0	0	0	0	0	0	0

2. 程序设计

8 盏流水灯的程序如图 5-11 所示。8 盏流水灯循环一个周期是 8s,所以在图 5-11 所示程序中使用 8 个定时器,然后采用定时器的常开触头将对应于每个时刻的十六进制数用

MOV 指令传送给 K2Y0,从而点亮相应位置的灯。在第 11 步中用 T7 的常闭触头对所有的定时器复位,开始下一周期的循环。

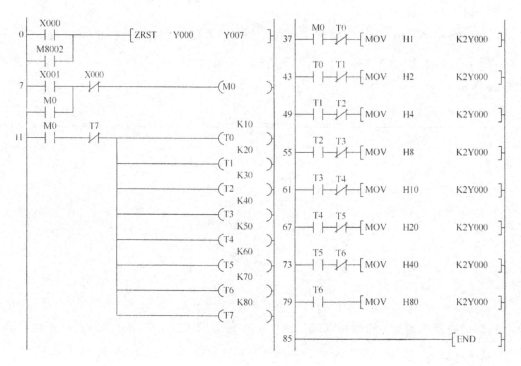

图 5-11 8 盏流水灯的程序

3. 系统调试

(1)将图 5-11 所示的程序用 GX Developer 软件编程并下载到 PLC 中。

(2)静态调试。按图 5-10 所示的 PLC 外围电路图正确连接好输入设备,进行 PLC 程序的静态调试,观察 PLC 的输出指示灯是否按要求指示,否则,检查并修改程序,直至输出指示正确。

(3)动态调试。按图 5-10 所示的 PLC 外围电路图正确连接好输出设备,进行系统的动态调试,观察指示灯是否按控制要求动作,否则,检查电路接线或修改程序,直至指示灯能按控制要求动作。

四、知识拓展

(一)取反传送指令 CML

取反传送指令 CML 是将源操作数[S.]中的数据按位取反后送到指定的目标操作数[D.]中,源操作数内的数据不变。CML 指令的助记符、操作数等指令属性如表 5-5 所示。

表 5-5　CML 指令的属性

指令名称	助记符	功能号	操作数	
			[S.]	[D.]
取反传送	CML	FNC14	K、H、KnX、KnY、KnM、KnS、T、C、D、V、Z	KnY、KnM、KnS、T、C、D、V、Z

取反传送指令的表现形式有 CML、CML P、DCML 和 DCML P,16 位指令占用 5 步,32 位指令占用 9 步。

CML 指令的使用说明如图 5-12 所示。

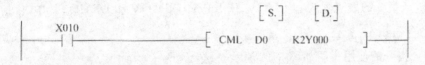

图 5-12　CML 指令的使用说明

当 X010 变为 ON 时,将源操作数 D0 中的二进制数按位取反后传送到目标操作操作数 Y007～Y000 中。

(二)块传送指令 BMOV

块传送指令 BMOV 是将源操作数[S.]指定的软元件开始的 n 个数据传送到指定的目标操作数[D.]开始的 n 点软元件中。如果元件号超出允许的范围,数据仅传送到允许的范围内。BMOV 指令的助记符、操作数等指令属性如表 5-6 所示。

表 5-6　BMOV 指令的属性

指令名称	助记符	功能号	操作数		
			[S1.]	[S2.]	n
块传送	BMOV	FNC15	KnX、KnY、KnM、KnS、T、C、D	KnY、KnM、KnS、T、C、D	K、H

块传送指令的表现形式有 BMOV、BMOVP,16 位指令占用 5 步,32 位指令占用 7 步。

BMOV 指令的使用说明如图 5-13 所示。

当 X010 变为 ON 时,将源操作数 D5～D7 中的数据传送到目标操作操作数 D10～D12 中。

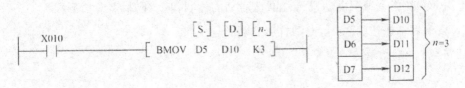

图 5-13　BMOV 指令的使用说明

(三)多点传送指令 FMOV

多点传送指令 FMOV 是将源操作数[S.]指定的软元件的内容向以目标操作数[D.]指定的软元件开始的 n 点软元件传送。如果元件号超出允许的范围,数据仅传送到允许的范围内。FMOV 指令的助记符、操作数等指令属性如表 5-7 所示。

表 5-7　FMOV 指令的属性

指令名称	助记符	功能号	操作数		
			[S1.]	[S2.]	n
多点传送	FMOV	FNC16	K,H,KnX,KnY,KnM, KnS,T,C,D,V,Z	KnY,KnM、 KnS,T,C,D、	K、H

多点传送指令的表现形式有 FMOV、FMOVP、DFMOV 和 DFMOVP,16 位指令占用 7 步,32 位指令占用 13 步。

FMOV 指令的使用说明如图 5-14 所示。

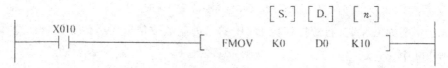

图 5-14　FMOV 指令的使用说明

当 X010 变为 ON 时,将 0 传送到目标操作操作数 D0~D9 共 10 个数据寄存器中,相当于给 D0~D9 共 10 个数据寄存器清零。

(四)传送指令的应用

有 8 个霓虹灯,由 Y000~Y007 控制,要求这 8 个霓虹灯每隔 1s 间隔交替闪烁,则控制程序可如图 5-15 所示。

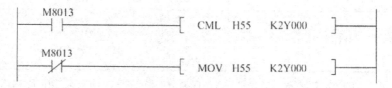

图 5-15　传送指令的应用

五、思考与练习

1. K2Y10、K4M100 分别由哪些软元件组成?

2. 用 MOV 指令编写电动机Y/△减压启动的控制程序,控制要求如下:

(1)按下启动按钮(X000),电动机形启动。

(2)6s 后,Y形结束。

(3)1s 后,电动机△运行。

(4)按停止按钮(X001),电动机停止。

项目二
数码管循环点亮的 PLC 控制

一、任务导入

用功能指令设计一个数码管循环点亮的控制系统,其控制要求如下。

(1)手动时,每按一次按钮,数码管显示数值加1,由0~9依次点亮,并实现循环。

(2)自动时,每隔1s数码管显示数值加1,由0~9依次点亮,并实现循环。

由控制要求可知,要使数字每次加1并正确地显示数字0~9,这就需要用到 INC(二进制加1运算)指令和 SEGD(七段译码)指令。

二、相关知识

学习情境1　加1运算指令 INC 和减1运算指令 DEC

二进制加1运算指令 INC 和二进制减1运算指令 DEC 的助记符、操作数等指令属性如表5-8所示。

表5-8　INC、DEC 指令的属性

指令名称	助记符	功能号	操作数	
			[S.]	[D.]
二进制加1	INC	FNC24	—	$KnY、KnM、KnS、$
二进制减1	DEC	FNC25		$T、C、D、V、Z$

INC 指令的使用说明如图5-16所示。

图5-16　INC 指令的使用说明

当 X000 由 OFF 至 ON 变化时,由[D.]指定的元件 D10 中的二进制数自动加1。若用连续指令时,每个扫描周期都加1。16位运算时,+32767再加上1则变为−32768,但标志位不动作。同样,在32位运算时,+2147483647再加1就变为−2147483648,标志位不动作。

DEC 指令的使用说明如图5-17所示。

图 5-17　DEC 指令的使用说明

当 X000 由 OFF 至 ON 变化时,由[D.]指定的元件 D10 中的二进制数自动减 1。若用连续指令时,每个扫描周期都减 1。在 16 位运算时,−32768 再减 1 就变为＋32767,但标志位不动作。同样,在 32 位运算时,−2147483648 再减 1 就变为＋2147483647,标志位不动作。

学习情境 2　比较指令 CMP

比较指令 CMP 的助记符、操作数等指令属性如表 5-9 所示。

表 5-9　CMP 指令的属性

指令名称	助记符	功能号	操作数		
			[S1.]	[S2.]	[D.]
比较	CMP	FNC10	K、H、KnX、KnY、KnM、KnS、T、C、D、V、Z	K、H、KnX、KnY、KnM、KnS、T、C、D、V、Z	Y、M、S

比较指令 CMP 是将两个源操作数[S1.]与[S2.]的大小比较,然后将比较的结果通过指定的位元件(占用连续的 3 个点)进行输出的指令,如果目标软元件指定 M0 时,则 M0、M1、M2 自动被占用。比较指令 CMP 的使用说明如图 5-18 所示。

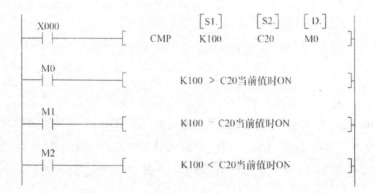

图 5-18　CMP 指令的使用说明

当 X000 为 ON 时,将计数器 C20 的当前值与 100 进行比较,当 C20＜K100 时,M0 为ON;当 C20＝K100 时,M1 为 ON;当 C20＞K100 时,M2 为 ON;当 X000 为 OFF 时,则指令

不执行,M0、M1、M2 的状态保持不变。如要清除比较结果,要采用复位 RST 或 ZRST 指令。

学习情境3　区间比较指令 ZCP

区间比较指令 ZCP 的助记符、操作数等指令属性如表 5-10 所示。

表 5-10　ZCP 指令的属性

指令名称	助记符	功能号	操作数			
			[S1.]	[S2.]	[S.]	[D.]
区间比较	ZCP	FNC11	K、H、KnX、KnY、KnM、KnS、T、C、D、V、Z	K、H、KnX、KnY、KnM、KnS、T、C、D、V、Z	K、H、KnX、KnY、KnM、KnS、T、C、D、V、Z	Y、M、S

ZCP 指令是将一个数据与两个源操作数进行比较的指令。源操作数[S1.]的值不能大于[S2.]的值,若[S1.]大于[S2.]的值,则执行 ZCP 指令时,将[S2.]看作等于[S1.]。区间比较指令 ZCP 的使用说明如图 5-19 所示。

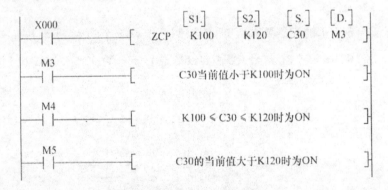

图 5-19　ZCP 指令的使用说明

当 X000 为 ON 时,将计数器 C30 的当前值与区间 100～120 进行比较,当 C30<K100 时,M3 为 ON;当 K100≤C30≤K120 时,M4 为 ON;当 C30>K120 时,M5 为 ON;当 X000 为 OFF 时,则指令不执行,M3、M4、M5 的状态保持不变。

学习情境4　七段译码指令 SEGD

七段译码指令 SEGD 的助记符、操作数等指令属性如表 5-11 所示。

表 5-11 SEGD 指令的属性

指令名称	助记符	功能号	操作数	
			[S1.]	[D.]
七段译码	SEGD	FNC73	K、H、KnX、KnY、KnM、KnS、T、C、D、V、Z	KnY、KnM、KnS、T、C、D、V、Z

SEGD 指令的使用说明如图 5-20 所示。

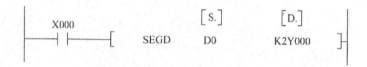

图 5-20 SEGD 指令的使用说明

当 X000 为 ON 时,将[S.]的低四位指定的 0～F(十六进制)的数据译成七段码,显示的数据存入[D.]的低 8 位,[D.]的高 8 位不变;当 X000 为 OFF 时,[D.]输出不变。

三、项目实施

1. 分配 I/O 地址

通过分析任务导入中的控制要求可知,该控制系统有 2 个输入:手动按钮——X000、手动/自动开关——X001。有 7 个输出:控制七段数码管——Y000～Y006,其 I/O 接线图如图 5-21 所示。

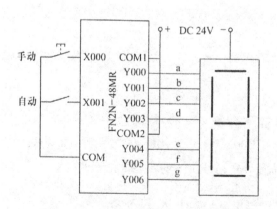

图 5-21 数码管循环点亮 I/O 接线图

2. 程序设计

数码管循环点亮的程序如图 5-22 所示。

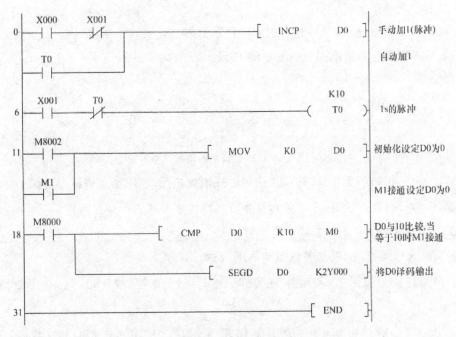

图 5-22　数码管循环点亮的程序

3. 系统调试

(1)将图 5-22 所示的程序用 GX Developer 软件编程并下载到 PLC 中。

(2)静态调试。按图 5-21 所示的 PLC 外围电路图正确连接好输入设备,进行 PLC 程序的静态调试,观察 PLC 的输出指示灯是否按要求指示,否则,检查并修改程序,直至输出指示正确。

(3)动态调试。按图 5-21 所示的 PLC 外围电路图正确连接好输出设备,进行系统的动态调试,观察数码管是否按控制要求显示数码,否则,检查电路接线或修改程序,直至数码管能按控制要求正确显示数码。

四、知识拓展——二进制数算术运算指令

二进制数算术运算指令除了前面所学的 INC 和 DEC 外,还包括 ADD、SUB、MUL、DIV (二进制数加、减、乘、除),这些指令的助记符、操作数等指令属性如表 5-12 所示。

表 5-12　ADD、SUB、MUL、DIV 指令的属性

指令名称	助记符	功能号	操作数	
			[S1.][S2.]	[D.]
二进制加法	ADD	FNC20	KnX、KnY、KnM、KnS、T、C、D、V、Z、K、H	KnX、KnY、KnM、KnS、T、C、D、V、Z
二进制减法	SUB	FNC21		
二进制乘法	MUL	FNC22	K、H、KnX、KnY、KnM、KnS、T、C、D、V、Z	KnX、KnY、KnM、KnS、T、C、D
二进制除法	DIV	FNC23		

1. 二进制加法指令 ADD

二进制加法指令 ADD 是将指定的源操作数中的二进制数相加,结果送到指定的目标操作数中去,ADD 指令的使用说明如图 5-23 所示。

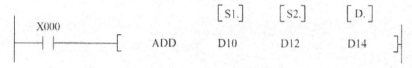

图 5-23　ADD 指令的使用说明 1

当 X000 为 ON 时,将 D10 与 D12 中的二进制数相加,其结果送到指定目标 D14 中。数据的最高位为符号位(0 为正,1 为负),符号位也以代数形式进行加法运算。

ADD 指令有 3 个常用标志辅助寄存器:

(1)M8020 为零标志,若运算结果为 0,则 M8020＝1。

(2)M8021 为借位标志,若运算结果小于－32767(16 位)或－2147483647(32 位),则 M8021＝1。

(3)M8022 为进位标志,如果运算结果超过 32767(16 位)或 2147483647(32 位),则 M8022＝1。

在 32 位运算中,被指定的起始字元件是低 16 位元件,约定下一个字元件则为高 16 位元件,如 D0(D1)。

源操作数和目标操作数可以用相同的元件号。若源操作数和目标操作数元件号相同而采用连续执行的 ADD、DADD 指令时,加法的结果在每个扫描周期都会改变,因此,可以根据需要使用脉冲执行指令的形式 ADDP 加以解决,如图 5-24 所示。

```
     X001
──────┤├──────[ ADDP    D0     K1     D0 ]
```

图 5-24　ADD 指令的使用说明 2

2. 二进制减法指令 SUB

二进制减法指令 SUB 是将指定的源操作数中的二进制数相减,其结果送到指定的目标操作数中。SUB 指令的说明如图 5-25 所示。

```
                          [S1.]    [S2.]    [D.]
     X001
──────┤├──────[ SUB      D10      D12      D14 ]
```

图 5-25　SUB 指令的使用说明

当 X001 为 ON 时,将 D10 与 D12 中的二进制数相减,其结果送到指定目标 D14 中。

各种标志的动作、32 位运算中软元件的指定方法、连续执行型和脉冲执行型的差异等均与上述加法指令相同。

3. 二进制乘法指令 MUL

二进制乘法指令 MUL 是将指定的源操作数中的二进制数相乘,其结果送到指定的目标操作数中。16 位 MUL 指令的使用说明如图 5-26 所示。

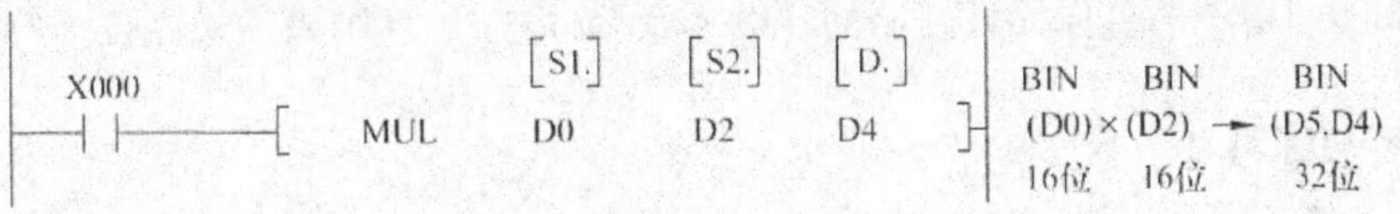

```
                    [S1.]   [S2.]   [D.]    BIN   BIN    BIN
    X000                                    (D0)×(D2) → (D5,D4)
    ──┤├──────────  MUL    D0      D2      D4
                                            16位  16位    32位
```

图 5-26　16 位 MUL 指令的使用说明

参与运算的两个 16 位源操作数内容的乘积,以 32 位数据的形式存入指定的目标操作数,其中低 16 位存放在指定的目标操作数中,高 16 位存放在指定目标的下一个操作数中,结果的最高位为符号位。

32 位 DMUL 指令的使用说明如图 5-27 所示。

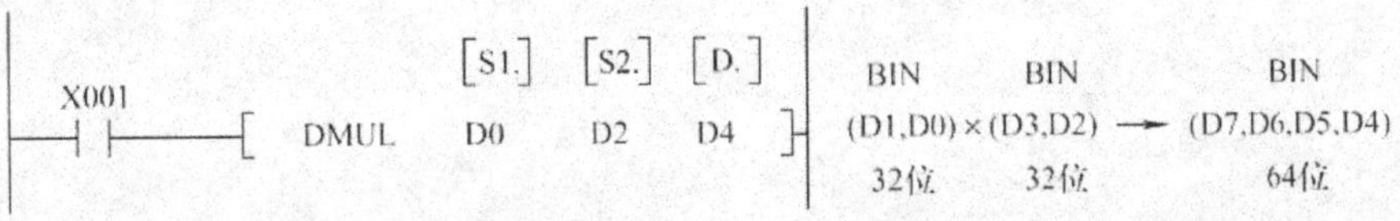

```
                    [S1.]   [S2.]   [D.]    BIN       BIN          BIN
    X001                                    (D1,D0)×(D3,D2) → (D7,D6,D5,D4)
    ──┤├──────────  DMUL   D0      D2      D4
                                            32位       32位          64位
```

图 5-27　32 位 DMUL 指令的使用说明

参与运算的两个 32 位源操作数内容的乘积,以 64 位数据的形式存入指定的目标操作数和紧接其后的 3 个操作数中,结果的最高位为符号位。

4. 二进制除法指令 DIV

二进制除法指令 DIV 使用说明如图 5-28 所示,它也分 16 位和 32 位两种运算情况。

16 位 DIV 指令运算的使用说明如图 5-28 所示。

```
                    [S1.]   [S2.]   [D.]    BIN    BIN    BIN     BIN
    X001                                    ( D0 )÷( D2 ) ►( D4 )···( D5 )
    ──┤├──────────  DIV    D0      D2      D4
                                            16位   16位   16位    余数
```

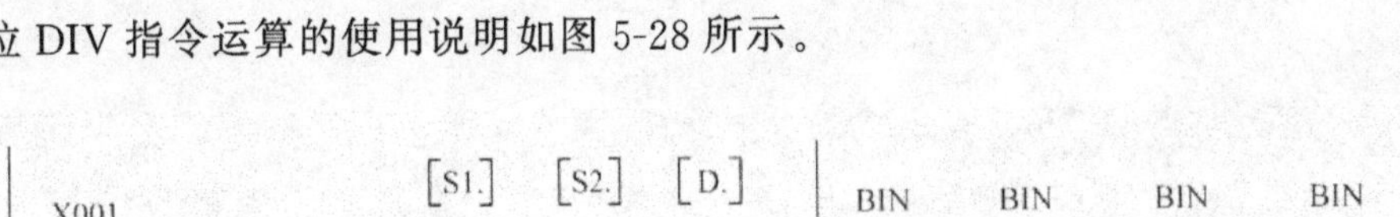

图 5-28　DIV 指令的使用说明

16 位 DIV 指令运算是将指定的源操作数中的二进制数相除,[S1.]为被除数,[S2.]为除数,商送到指定的目标操作数[D.]中,余数送到目标操作数[D.]的下一个操作数中。

32 位 DDIV 指令运算的使用说明如图 5-29 所示。

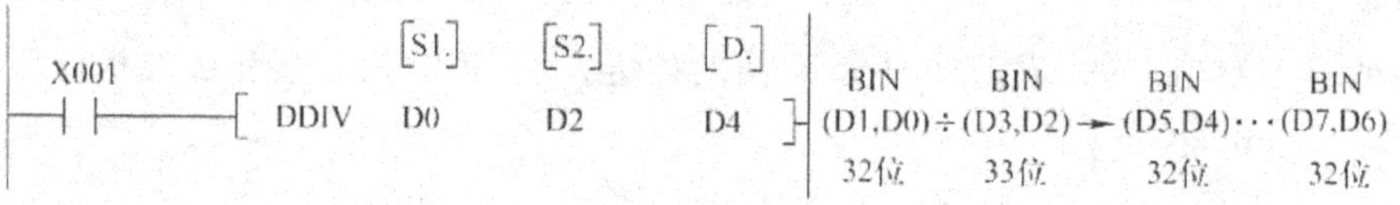

```
X001                    [S1.]      [S2.]      [D.]
 ├─┤ ├──────┤ DDIV      D0         D2         D4      BIN        BIN        BIN        BIN
                                                      (D1,D0)÷(D3,D2)──→(D5,D4)···(D7,D6)
                                                      32位        33位        32位        32位
```

图 5-29 DDIV 指令的使用说明

32 位 DDIV 除法指令运算中被除数为[S1.]指定的元件和与其相邻的下一元件组成的元件对的内容,除数是[S2.]指定的元件和与其相邻的下一元件组成的元件对的内容,其商和余数送到[D.]指定的目标元件开始的连续 4 个元件中,运算结果的最高位为符号位。

五、思考与练习

1.用 PLC 指令编写一个电铃控制程序,按一天的作息时间动作。电铃每次响 15s,如 6:15、8:20、11:45、20:00 各响一次。

2.要控制一个 D10 在 0～500 范围内连续变化,当按住增加按钮 X000 时,该数字连续增大,最大为 500。当按住减少按钮 X001 时,该数字量减少,最小为 0。试编写 PLC 控制程序。

项目三
彩灯循环点亮的 PLC 控制

一、任务导入

设计一个彩灯循环点亮的程序,其控制要求为:闭合启动按钮,彩灯依次按黄、绿、红的顺序点亮 1s,并循环;运行中,若按停止按钮彩灯立即熄灭。前面已介绍了使用顺序功能图的方法来设计程序,那能否采用功能指令来实现这一功能呢?

二、相关知识

学习情境 1　右循环移位指令 ROR 和左循环移位指令 ROL

右循环移位指令 ROR 和左循环移位指令 ROL 的助记符、操作数等指令属性如表 5-13 所示。

表 5-13　ROR、ROL 指令的属性

指令名称	助记符	功能号	操作数 [D.]	n
循环右移	ROR	FNC30	KnX、KnY、KnM、KnS、T、C、D、V、Z	K、H
循环左移	ROL	FNC31		

ROR、ROL 是使 16 位或 32 位数据的各位向右、左循环移位的指令,指令的执行过程如图 5-30 所示。

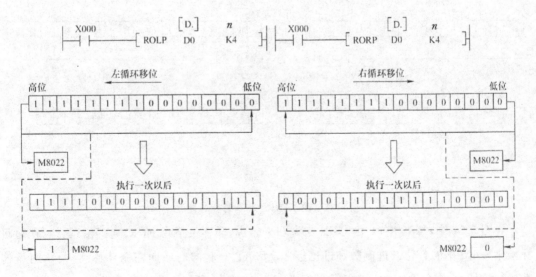

图 5-30　ROR、ROL 指令的执行过程

在图 5-30 中,每当 X000 由 OFF 变为 ON 时,循环移位指令 RORP 或 ROLP 执行,将目标操作数 D0 中的各位二进制数向右或向左循环移动 4 位,最后移出位的状态存入进位标志 M8022 中。

对于连续执行的指令,在每个扫描周期都会进行循环移位动作,所以一定要注意。在实际控制中,常采用脉冲执行方式。

若在目标元件中指定位元件组的组数时,只能用 K4(16 位)或 K8(32 位)才有效,如 K4M0、K8M0。

学习情境 2 带进位的右循环指令 RCR 和带进位的左循环指令 RCL

带进位的右循环指令(RCR)和带进位的左循环指令(RCL)的助记符、操作数等指令属性如表 5-14 所示。

表 5-14 RCR、RCL 指令的属性

指令名称	助记符	功能号	操作数	
			[D.]	n
带进位右移	RCR	FNC32	KnY、KnM、KnS、	K、H
带进位左移	RCL	FNC33	T、C、D、V、Z	

RCR、RCL 是使 16 位或 32 位数据连同进位标志 M8022 一起向右、左循环移位的指令,指令的执行过程如图 5-31 所示。

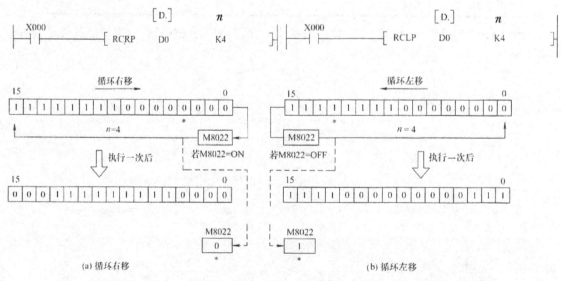

图 5-31 RCR、RCL 指令的执行过程

在图 5-31 中,每当 X000 由 OFF 变为 ON 时,循环移位指令 RCRP 或 RCLP 执行,将目标操作数 D0 中的各位二进制数和进位标志 M8022 一起向右或向左循环移动 4 位,对于连续执行的指令,在每个扫描周期都会进行循环移位动作,所以一定要注意。

三、项目实施

1.分配I/O地址

通过分析任务导入中的控制要求可知,该控制系统有2个输入:启动按钮 SB1——X001、停止按钮 SB2——X000。有3个输出:黄灯——Y000、绿灯——Y001、红灯——Y002。彩灯循环点亮的系统接线图如图5-32所示。

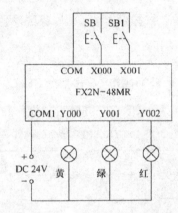

图5-32　彩灯循环点亮的系统接线图

2.程序设计

彩灯循环点亮的程序如图5-33所示。当按下启动按钮 X001 时,使 M0 置位并使 D0 为 1,然后将 D0 的值传送给 K1Y000,使 Y000 为 1,其他的输出为 0,故启动后首先使黄灯点亮。1s后,将 D0 的值左移一位,使 D0 为 2,故 Y001 为 1,绿灯点亮;再过 1s 后,将 D0 的值又左移一位,使 D0 为 4,故 Y002 为 1,红灯点亮;再过 1s 后,将 D0 的值又左移一位,使 D0 为 8,这时,Y003 为 1,使 D0 为 1,开始新的循环。当按下停止按钮时,使 M0 复位并使所有的灯马上熄灭。

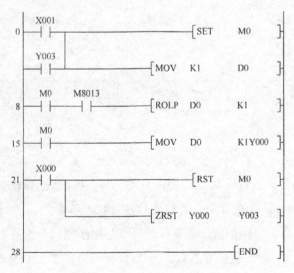

图5-33　彩灯循环点亮的程序

3. 系统调试

（1）将图 5-33 所示的程序用 GX Developer 软件编程并下载到 PLC 中。

（2）静态调试。按图 5-32 所示的 PLC 外围电路图正确连接好输入设备，进行 PLC 程序的静态调试，观察 PLC 的输出指示灯是否按要求指示，否则，检查并修改程序，直至输出指示正确。

（3）动态调试。按图 5-32 所示的 PLC 外围电路图正确连接好输出设备，进行系统的动态调试，观察黄灯、绿灯和红灯是否按控制要求动作，否则，检查电路接线或修改程序，直至黄灯、绿灯和红灯能按控制要求动作。

四、知识拓展——位右移指令 SFTR 和位左移指令 SFTL

位右移指令 SFTR 和位左移指令 SFTL 的助记符、操作数等指令属性如表 5-15 所示。

表 5-15   SFTR、SFTL 指令的属性

指令名称	助记符	功能号	操作数			
			[S.]	[D.]	$n1$	$n2$
位右移	SFTR	FNC34	X、Y、M、S	Y、M、S	K、H，$n2 \leqslant$	
位左移	SFTL	FNC35			$n1 \leqslant 1024$	

1. 位右移指令 SFTR

SFTR 是位右移指令，该指令的源操作数和目标操作数都是位元件，指令的执行过程如图 5-34 所示。

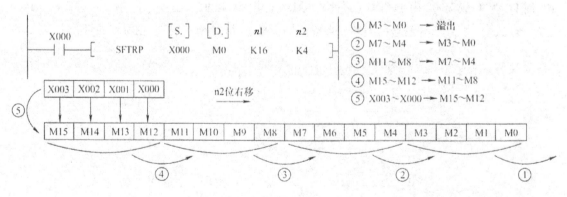

图 5-34   SFTR 指令的执行过程

位右移就是源操作数从目标操作数的高位移入 $n2$ 位，目标操作数各位向低位方向移 $n2$ 位，目标操作数中的低 $n2$ 位溢出。源操作数各位状态不变。

在图 5-34 中，[S.]为源操作数的最低位，[D.]为被移位的目标操作数的最低位。[$n1$] 为目标操作数长度，[$n2$]指定移位的位数。当 X000 由 OFF 变为 ON 时，执行 SFTR 指令，将源操作数 X003～X000 中的 4 个数送入目标操作数的高 4 位 M15～M12 中去，并依次将

M15～M0 中的数顺次向右移,每次移 4 位,低 4 位 M3～M0 溢出。

对于连续执行的指令,在每个扫描周期都会进行移位动作,所以一定要注意。在实际控制中,常采用脉冲执行方式。

2.位左移指令 SFTL

SFTL 是位左移指令,该指令的源操作数和目标操作数都是位元件,指令的执行过程如图 5-35 所示。

位左移就是源操作数从目标操作数的低位移入 $n2$ 位,目标操作数各位向高位方向移 $n2$ 位,目标操作数中的高 $n2$ 位溢出,源操作数各位状态不变。

在图 5-35 中,[S.]为源操作数的最低位,[D.]为被移位的目标操作数的最低位。[$n1$]为目标操作数长度,[$n2$]指定移位的位数。当 X000 由 OFF 变为 ON 时,执行 SFTL 指令,将源操作数 X003～X000 中的 4 个数送入到目标操作数的低 4 位 M3～M0 中去,并依次将 M15～M0 中的数顺次向左移,每次移 4 位,高 4 位 M15～M12 溢出。

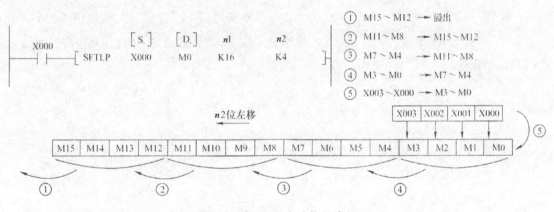

图 5-35　SFTL 指令的执行过程

对于连续执行的指令,在每个扫描周期都会进行移位动作,所以一定要注意。在实际控制中,常采用脉冲执行方式。

3.移位指令的应用

有 10 个彩灯,接在 PLC 的 Y000～Y011,要求每隔 1s 依次由 Y000～Y011 轮流点亮 1个,循环进行。试编写 PLC 控制程序。

由于是从 Y000 向 Y011 点亮,是由低位移向高位,因此应使用脉冲执行方式的左移位指令 SFTLP,且 $n1$＝K10,$n2$＝K1;又因为每次只亮一个灯,所以开始从低位传入一个 1 后,就应该传送一个 0 进去,这样才能保证只有一个灯亮。当这个 1 从高位溢出后,又从低位传入一个 1 进去,如此循环就能达到控制要求,控制程序梯形图如图 5-36 所示。

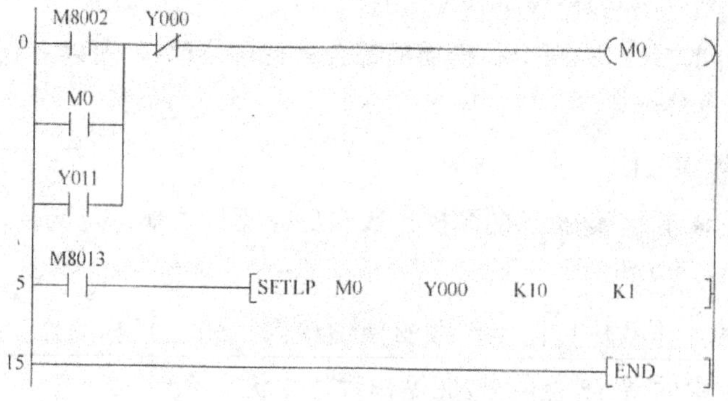

图 5-36　控制程序梯形图

五、思考与练习

1.某台设备有 8 台电动机,为了减小电动机同时启动对电源的影响,利用位移指令实现间隔 10s 的顺序通电控制。按下停止按钮时,同时停止工作。

2.有 10 个彩灯,接在 PLC 的 Y000~Y011,要求每隔 1s 点亮 1 个,依次由 Y000 亮至 Y011,当全亮时,又从 Y000 熄灭至 Y011,然后又从 Y000 开始点亮,如此循环进行。试编写 PLC 控制程序。

项目四

8站小车呼叫系统的PLC控制

一、任务导入

某车间有8个工作台,送料车往返于工作台之间送料,如图5-37所示。每个工作台设有一个到位开关(SQ)和一个呼叫按钮(SB)。具体控制要求如下。

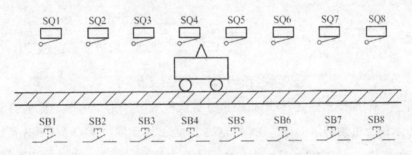

图5-37 8站小车的呼叫示意图

(1)车所停位置号小于呼叫号时,小车右行至呼叫号处停车。

(2)车所停位置号大于呼叫号时,小车左行至呼叫号处停车。

(3)小车所停位置号等于呼叫号时,小车原地不动。

(4)小车运行时呼叫无效。

(5)具有左行、右行定向指示、原点不动指示。

(6)具有小车行走位置的七段数码管显示。

根据控制要求可知,需要将小车当前所处的位置信息用SQ1～SQ8行程开关检测出来,并将此信息转换成小车相应的位置号,此时需要用到PLC的编码指令(ENCO指令)。

二、相关知识

学习情境1 解码指令DECO

解(译)码指令DECO的助记符、操作数等指令属性如表5-16所示。

表5-16 DECO指令的属性

指令名称	助记符	功能号	操作数		
			[S.]	[D.]	n
译码	DECO	FNC41	K、H、X、Y、M、S、T、C、D、V、Z	Y、M、S、T、C、D	K、H

DECO指令将源操作数[S.]中的n位二进制代码用$2n$位目标操作数中的对应位置1,

其他位清零表示,指令的执行过程如图 5-38 所示。

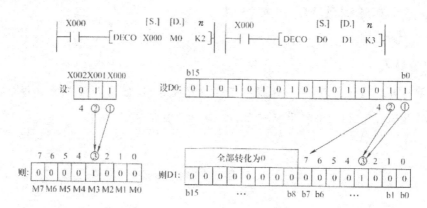

图 5-38　DECO 指令的执行过程

当[D.]是 Y、M、S 位元件时,解码指令根据源操作数[S.]指定的起始地址的 n 位连续的位元件所表示的十进制码值 Q,对[D.]指定的 2^n 位目标元件的第 Q 位(不含目标元件位本身)置 1,其他位置 0。图中 3 个连续源操作数十进制码值 $Q=2^1+2^0=3$,因此从 M10 开始的第 3 位 M13 为 1。若源操作数 $Q=0$,则第 0 位(即 M10)为 1。

当[D.]是 T、C、D 字元件时,则 $n\leqslant4$,源操作数的低 n 位被译码至目标操作数。$n\leqslant3$ 时,目标的高位都变为 0;$n=0$ 时不处理;$n=0\sim4$ 以外时为运算错误。

驱动输入为 OFF 时,不执行指令,上一次解码输出置 1 的位保持不变。

若指令是连续执行型,则在各个扫描周期都执行,必须注意。

学习情境 2　编码指令 ENCO

编码指令 ENCO 的助记符、操作数等指令属性如表 5-17 所示。

表 5-17　ENCO 指令的属性

指令名称	助记符	功能号	操作数		
			[S.]	[D.]	n
编码	ENCO	FNC42	X、Y、M、S、T、C、D、V、Z	T、C、D、V、Z	K、H

ENCO 指令与译码指令相反,在源操作数[S.]的 2^n 位数据中,将最高位为 1 的位置编码用目标操作数的 n 位二进制代码表示出来,指令的执行过程如图 5-39 所示。

当[S.]是 Y、M、S 位元件时,在以[S.]为起始地址、长度为 2^n 位连续的位元件中,最高位为 1 的位置编号被编码,然后存放到目标[D.]所指定的元件中,[D.]中的数值的范围由 n 确定。若源操作数[S.]第一个位元件(第 0 位)为 1,则目标操作数[D.]中全部存放 0。当源操作数中没有 1 时,运算出错。

当[S.]是 T、C、D 字元件时,ENCO 指令将其最低的 2^n 位数据中,最高位为 1 的位置编号被编码,然后存放到目标操作数[D.]所指定的元件中。

驱动输入为 OFF 时,不执行指令,编码输出保持不变。

若指令是连续执行型,则在各个扫描周期都执行,必须注意。

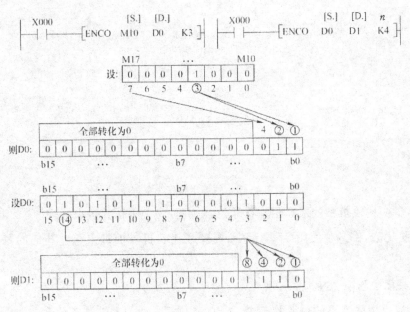

图 5-39 ENCO 指令的执行过程

学习情境 3 触头比较指令

触头比较指令是使用 LD、AND、OR 与关系运算符组合而成,通过对两个数值的关系运算来实现触头通和断的指令,总共有 18 个,如表 5-18 所示。

表 5-18 触头比较指令

FNC NOO	指令记号	导通条件	FNCNO	指令记号	导通条件
224	LD=	S1=S2	236	AND < >	S1≠S2
225	LD >	S1 > S2	237	AND≤	S1≤S2
226	LD <	S1 < S2	238	AND≥	S1≥S2
228	LD < >	S1≠S2	240	OR=	S1=S2
229	LD≤	S1≤S2	241	OR >	S1 > S2
230	LD≥	S1≥S2	242	OR <	S1 < S2
232	AND=	S1=S2	244	OR < >	S1≠S2
233	AND >	S1 > S2	245	OR≤	S1≤S2
234	AND <	S1 < S2	246	OR > =	S1≥S2

1.触头比较指令 LD×

LD×是连接到母线的触头比较指令,它又可以分为 16 位触头比较 LD=、LD>、LD<、LD<>、LD≥、LD≤,以及 32 位触头比较 LDD=、LDD>、LDD<、LDD<>、LDD≥、LDD≤指令。其编程举例如图 5-40 所示。

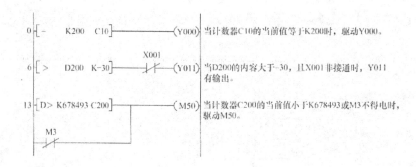

图 5-40 触头比较程序举例 1

LD×触头比较指令的最高位为符号位,最高位为 1 则作为负数处理。C200 及以后的计数器的触头比较,都必须使用 32 位指令,需要在比较符号前加上 D。其他的触头比较指令与此相似。

2.触头比较指令 AND×

AND×是串联连接的触头比较指令,它又可以分为 16 位触头比较 AND=、AND>、AND<、AND<>、AND≥、AND≤,以及 32 位触头比较 ANDD=、ANDD>、ANDD<、ANDD<>、ANDD≥、ANDD≤指令。其编程举例如图 5-41 所示。

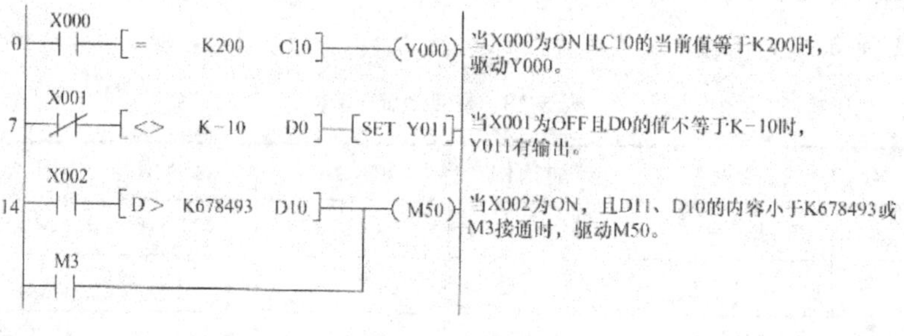

图 5-41 触头比较程序举例 2

3.触头比较指令 OR×

OR×是并联连接的触头比较指令,它又可以分为 16 位触头比较 OR=、OR>、OR<、OR<>、OR≥、OR≤,以及 32 位触头比较 ORD=、ORD>、ORD<、ORD<>、ORD≥、ORD≤指令。其编程举例如图 5-42 所示。

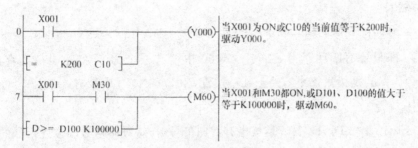

图 5-42　触头比较程序举例 3

三、项目实施

1.110 分配

输入信号有 16 个：X000——1 号位呼叫 SB1；X001——2 号位呼叫 SB2；X002——3 号位呼叫 SB3；X003——4 号位呼叫 SB4；X004——5 号位呼叫 SB5；X005——6 号位呼叫 SB6；X006——7 号位呼叫 SB7；X007——8 号位呼叫 SB8；X010——SQ1；X011——SQ2；X012——SQ3；X013——SQ4；X014——SQ5；X015——SQ6；X016——SQ7；X017——SQ8。

输出信号有 11 个：Y000——正转 KM1；Y001——反转 KM2；Y004——左行指示；Y005——右行指示；Y010～Y016——数码管 abcdefg。

彩灯循环点亮的系统接线图如图 5-43 所示。

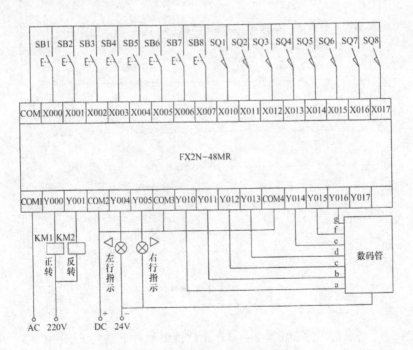

图 5-43　8 站小车呼叫的系统接线图

2. 程序设计

8 站小车呼叫的程序如图 5-44 所示。步 0～步 21 中"LD＞K2X000 K0"是指当呼叫信号组大于零,即只要有呼叫信号,X007～X000 中就有一个为 1,将呼叫信息存入 D0 中;"LD＞K2X010 K0"是指只要小车处于某一位置,X017～X010 中就有一个为 1,将位置信息存入 D10 中。

步 22～步 59 中"LD＞D0 K0"是指当有呼叫信号时,将呼叫信号和位置信号的大小进行比较,以此确定小车的运行方向。若 D0＞D10,则 M0＝1,小车右行;若 D0＝D10,则 M1＝1,复位比较结果;若 D0＜D10,则 M2＝1,小车左行。若 D0＝K0,说明没有呼叫信号,则对以前的呼叫信息清零。

步 60～步 80 中 ENCO 指令是将小车的位置信息 D10 进行编码后送入 D11 中,然后还原位置信息,在七段数码管上显示位置信息。

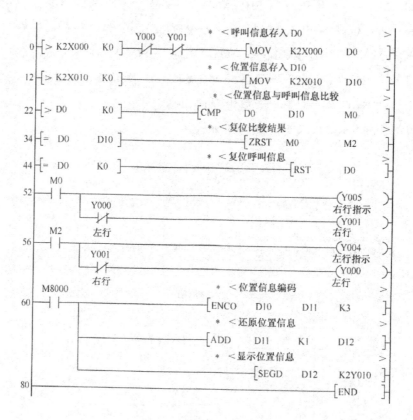

图 5-44　8 站小车的呼叫程序

3. 系统调试

(1)将图 5-44 所示的程序用 GX Developer 软件编程并下载到 PLC 中。

(2)静态调试。按图 5-43 所示的 PLC 外围电路图正确连接好输入设备,进行 PLC 程序的静态调试,观察 PLC 的输出指示灯是否按要求指示,否则,检查并修改程序,直至输出指示正确。

（3）动态调试。按图 5-43 所示的 PLC 外围电路图正确连接好输出设备,进行系统的动态调试,观察接触器动作情况、方向指示情况以及数码管显示情况,否则,检查电路接线或修改程序,直至按控制要求动作。

四、知识拓展

(一)置 1 位总和指令 SUM

置1位总和指令 SUM 的助记符、操作数等指令属性如表 5-19 所示。

表 5-19　SUM 指令的属性

指令名称	助记符	功能号	操作数	
			[S.]	[D.]
置 1 位总和	SUM	FNC43	K、H、KnX、KnY、KnM、 KnS、T、C、D、V、Z	KnY、KnM、KnS、 T、C、D、V、Z

SUM 指令的功能是判断源操作数[S.]中有多少个 1,结果存放在目标操作数[D.],指令的执行过程如图 5-45 所示。

图 5-45 中源操作数 D0 中有 9 个位置为 1,当 X000 为 ON 时,将 D0 中置 1 的总和 9 存入目标操作数 D2 中。若 D0 中为 0,则 0 标志 M8020 动作。若图 5-45 中使用的是 DSUM 或 DSUMP 指令,是将 D1、D0 中 32 位置 1 的位数之和写入 D2,与此同时 D3 全部为 0。

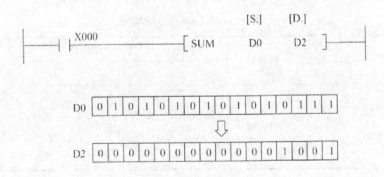

图 5-45　SUM 指令的执行过程

(二)置 1 位判别指令 BON

置1位判别指令 BON 的助记符、操作数等指令属性如表 5-20 所示。

表 5-20　BON 指令的属性

指令名称	助记符	功能号	操作数		
			[S.]	[D.]	n
置 1 位判别	BON	FNC44	K、H、KnX、KnY、KnM、KnS、T、C、D、V、Z	Y、M、S	K、H

BON 指令的功能是判断源操作数[S.]中的第 n 位是否为 1。如果是 1,则相应的目标操作数的位元件置 ON;否则置 OFF。指令的执行过程如图 5-46 所示。

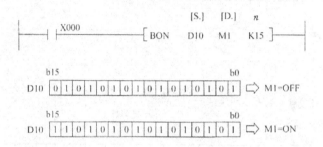

图 5-46　BON 指令的执行过程

在图 5-46 中,当 X000 为 ON 时,判断 D10 中第 15 位,若为 1,则 M1 为 ON,反之为 OFF。X000 变为 OFF 时,M1 状态不变化。执行的是 16 位指令时,n＝0~15;执行的是 32 位指令时,n＝0~31。

(三)平均值指令 MEAN

平均值指令 MEAN 的助记符、操作数等指令属性如表 5-21 所示。

表 5-21　MEAN 指令的属性

指令名称	助记符	功能号	操作数		
			[S.]	[D.]	n
平均值	MEAN	FNC45	KnX、KnY、KnM、KnS、T、C、D	KnY、KnM、KnS、T、C、D	K、H

平均值指令 MEAN 是将[S.]指定的 n 个元件中的源操作数据的平均值(用 n 除代数和)存入目标操作数[D.]中,舍去余数。MEAN 指令的说明如图 5-47 所示。如 n 超出元件规定地址号范围时,n 值自动减小。n 在 1~64 以外时,会发生错误。

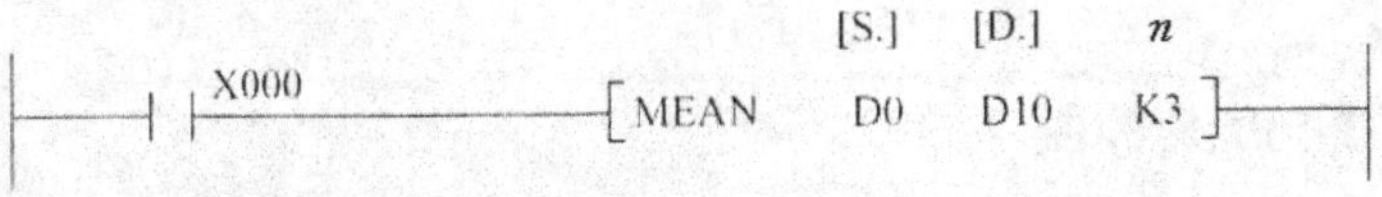

$$\frac{(D0)+(D1)+(D2)}{3} \Rightarrow D10$$

图 5-47 MEAN 指令的执行过程

五、思考与练习

1.用解码指令实现单开关控制 5 台电动机的启停，控制要求为：合上开关时，M1～M5 按顺序间隔 6s 的时间启动运行；断开开关时，5 台电动机同时停止。

2.用一个按钮控制 5 台电动机的启停，操作方法如下：假设要启动第 3 台电动机，按按钮是两短一长（按住按钮超过 2s 为长），按动 3 下，则第 3 台电动机启动，第 3 台电动机启动后，再按一下，电动机停止。其他电动机也按此方法进行控制，试编写 PLC 控制程序。

一、任务导入

图 5-48 所示是一个将工件从左工作台(A 点)搬运到右工作台(B 点)的机械手,运动形式分为垂直和水平两个方向。机械手在水平方向可以做左右移动,在垂直方向可以做上下移动。机械手的全部动作均由气缸驱动,而气缸又由相应的电磁阀控制。其中上升/下降和左移/右移采用双线圈两位电磁阀控制。例如,当下降电磁阀得电,机械手下降;当下降电磁阀断电时,机械手下降停止。只有当上升电磁阀得电时,机械手才上升;当上升电磁阀断电时,机械手上升停止。同样,左移/右移分别由左移电磁阀和右移电磁阀控制。机械手的放松/夹紧由一个单线圈两位电磁阀(称为夹紧电磁阀)控制。电磁阀线圈得电时,机械手夹紧;线圈断电时,机械手放松。机械手的动作过程如下。

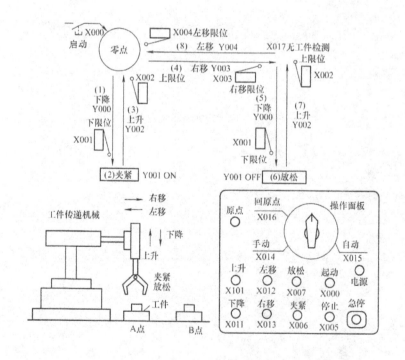

图 5-48　机械手传送示意及操作面板图

(1)机械手在原点位置时,上限位 SQ2 (X002)、左限位 SQ4 (X004)闭合,同时不夹紧工件,原点指示灯 Y005 点亮,按下启动按钮 SB0 后,原点指示灯 Y005 灭,机械手下降电磁阀 Y000 得电,机械手开始下降。

（2）机械手下降到位后，压动下限位开关 SQ1（X001），Y000 灯灭，夹紧电磁阀 Y001 得电，机械手夹紧工件。

（3）完全夹紧后，上升电磁阀 Y002 得电，机械手上升。

（4）上升到上限位 SQ2（X002）后，Y002 断电，机械手右移电磁阀 Y003 得电，机械手右移。

（5）右移到右限位 SQ3（X003）后，Y003 断电，机械手下降电磁阀 Y000 得电，机械手下降。

（6）下降到下限位 SQ1（X001）后，Y000 断电，机械手夹紧电磁阀 Y001 复位，机械手将工件松开。

（7）完全松开后，机械手上升电磁阀 Y002 得电，机械手上升。

（8）上升到上限位 SQ2（X002）后，Y002 断电，机械手左移电磁阀 Y004 得电，机械手左移，左移到位后，压下左限位开关 SQ4（X004），Y004 断电，机械手回到原点，至此一个周期的动作结束。

机械手电气控制系统，除了有多工步特点之外，还要求有连续控制和手动控制等操作方式。工作方式的选择可以在操作面板上表示出来。当旋钮打向回原点时，系统自动地回到左上角位置待命。当旋钮打向自动时，系统自动完成各工步操作，且循环动作。当旋钮打向手动时，每一工步都要按下该工步按钮才能实现。系统具有多种操作方式时，该如何编写程序呢？

二、相关知识

学习情境 1　跳转指令 CJ（FNC 00）

指针 P（Point）用于分支和跳步程序。在梯形图中，指针放在左侧母线的左边。FXIS 有 74 点指针（P0～P73），FX1N、FX2N 和 FX2NC 有 128 点指针（P0～P127）。

条件跳转指令 CJ（FNC 00）用于跳过顺序程序中的某一部分，这样可以减少扫描时间，并使双线圈成为可能，它常常与主程序结束指令 FEND 配合使用。

图 5-49 为一段手动/自动程序选择的梯形图。图中输入继电器 X025 为手动/自动转换开关。当 X025 为 ON 时，由"CJ P5"指令跳转到标号为 P5 的程序处开始执行，跳过了手动程序，只执行自动程序；当 X025 为 OFF 时，执行手动程序，手动程序执行完后，由"CJP6"指令跳转到标号为 P6 的程序处开始执行（即程序结束 END），跳过了自动程序，只执行手动程序。

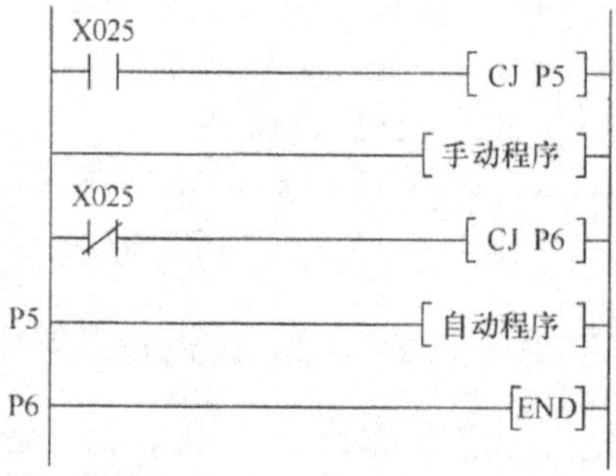

```
        X025
        ─┤├─────────────────────[ CJ P5 ]
                                 [ 手动程序 ]
        X025
        ─┤/├────────────────────[ CJ P6 ]
  P5─                            [ 自动程序 ]
  P6─                            [ END ]
```

图 5-49 手动/自动选择程序

在跳转执行期间,即使被跳过程序的驱动条件改变,其线圈或结果仍保持跳转前的状态,因为跳转期间根本没有执行这段程序。

如果在跳转开始时定时器和计数器已在工作,则在跳转执行期间它们将停止工作,到跳转条件不满足后又继续工作。但对于正在工作的定时器 T192～T199 和高速计数器 C235～C255,不管有无跳转仍继续工作。若积算型定时器和计数器的复位指令(RST)在跳转区外,即使它们的线圈被跳转,对它们的复位仍然有效。

学习情境 2   主程序结束指令 FEND(FNC 06)

主程序结束指令 FEND(FNC 06)不对软元件进行操作,不需要触头驱动,占用 1 个程序步。FEND 指令表示主程序结束,执行此指令时与 END 的作用相同。CJ 和 FEND 指令的执行过程如图 5-50 所示。

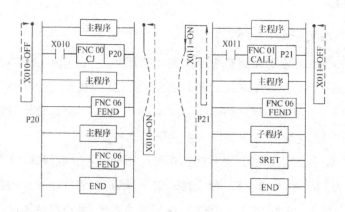

图 5-50 CJ 和 FEND 指令的执行过程

调用子程序和中断子程序必须在 FEND 指令之后,且必须有 SRET(子程序返回)或 IRET(中断返回)指令。FEND 指令可以重复使用,但必须注意,子程序必须安排在最后一个 FEND 指令和 END 指令之间,否则出错。

三、项目实施

若系统具有多种工作方式,如手动和自动等,其程序设计基本思路如下。

(1)将系统的程序按照工作方式和功能分成若干部分,如公共程序、手动程序、自动程序等部分。

(2)公共程序和手动程序相对较为简单,一般采用经验设计法编程。

(3)自动程序相对较为复杂,对于顺序控制系统一般采用顺序功能图设计程序,先画出其自动工作过程的顺序功能图,再运用前面学过的转换方法将顺序功能图转换成梯形图程序。

1. I/O分配

根据控制要求输入信号有15个,均为开关量,其中选择开关一个,用来确保手动操作、自动操作、回原点操作只能有一个处于接通状态;输出信号有6个。I/O分配如表5-22所示。

表5-22　机械手搬运系统I/O分配表

名称	代号	输入	名称	代号	输入	名称	代号	输出
启动	SB1	X000	手动上升	SB5	X010	下降电磁阀	YV1	Y000
下限位开关	SQ1	X001	手动下降	SB6	X011	夹紧电磁阀	YV2	Y001
上限位开关	SQ2	X002	手动左移	SB7	X012	上升电磁阀	YV3	Y002
右限位开关	SQ3	X003	手动右移	SB8	X013	右行电磁阀	YV4	Y003
左限位开关	SQ4	X004	手动操作	SA	X014	左行电磁阀	YV5	Y004
停止	SB2	X005	自动操作	SA	X015	原点指示	EL	Y005
夹紧	SB3	X006	回原点操作	SA	X016			
放松	SB4	X007						

机械手搬运系统的系统接线图如图5-51所示。

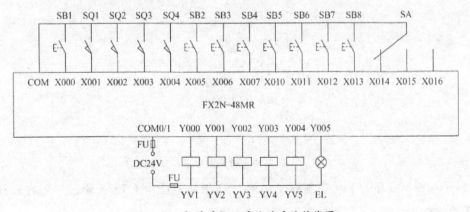

图5-51　机械手搬运系统的系统接线图

2.程序设计

机械手搬运系统的程序设计包括回原点程序、手动单步操作程序和自动连续操作程序，程序整体结构如图 5-52 所示。

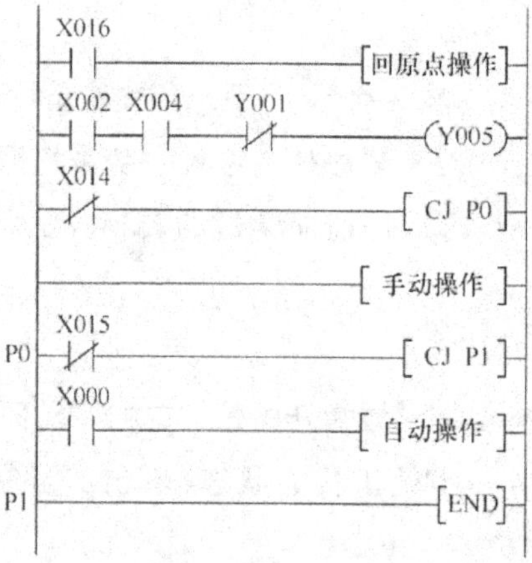

```
X016
─┤├───────────────────────────[回原点操作]
X002  X004  Y001
─┤├───┤├────┤/├─────────────────────( Y005 )
X014
─┤├───────────────────────────[ CJ P0 ]

─────────────────────────────[ 手动操作 ]
        X015
P0──────┤/├────────────────────[ CJ P1 ]
        X000
────────┤├─────────────────────[ 自动操作 ]

P1────────────────────────────[END]
```

图 5-52　机械手搬运系统的程序整体结构图

其原理是:把选择开关 SA 置于回原点位置处,X016 接通,系统自动回原点,Y005 驱动指示灯亮。再把选择开关 SA 置于手动位置处,则 X014 接通,其常闭触头断开,程序不跳转,执行手动程序。之后,由于 X015 常闭触头闭合,执行 CJ P1 指令时,跳转到 P1 所指的结束位置。如果把选择开关 SA 置于自动位置处(即 X014 常闭触头闭合,X015 常闭触头断开),则程序执行时跳过手动程序,直接执行自动程序。

(1)回原点程序。回原点程序如图 5-53 所示。用 S10～S12 作回原点操作元件。

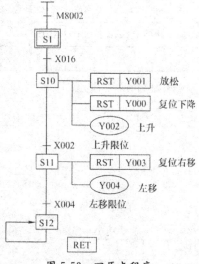

图 5-53　回原点程序

(2)手动控制程序。手动控制程序如图 5-54 所示。图中上升/下降、左移/右移都有联锁和限位保护。

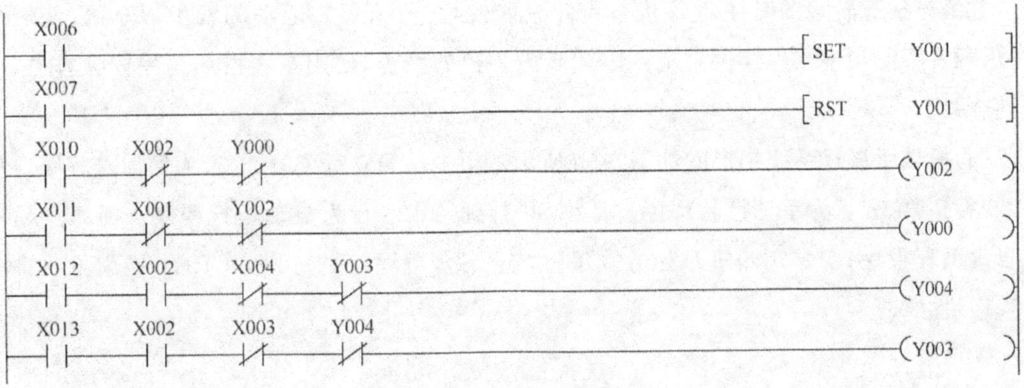

```
   X006                                              ┌─ SET    Y001 ─┐
───┤├─────────────────────────────────────────────────┤              ├
   X007                                              ┌─ RST    Y001 ─┐
───┤├─────────────────────────────────────────────────┤              ├

   X010    X002    Y000                                         ( Y002 )
───┤├──────┤/├──────┤/├────────────────────────────────────────
   X011    X001    Y002                                         ( Y000 )
───┤├──────┤/├──────┤/├────────────────────────────────────────
   X012    X002    X004    Y003                                 ( Y004 )
───┤├──────┤├──────┤/├──────┤/├─────────────────────────────────
   X013    X002    X003    Y004                                 ( Y003 )
───┤├──────┤├──────┤├──────┤/├──────────────────────────────────
```

图 5-54　手动控制程序

（3）自动循环程序。自动循环程序状态转移图如图 5-55 所示。当机械手处于原位时，按下启动按钮 X000，状态转移到 S20，驱动 Y000 下降，当到达下限位时，行程开关 X001 接通，状态转移到 S21，而 S20 自动复位。S21 驱动 Y001 置位，延时 1s，以使电磁力达到最大夹紧力。当 T0 接通，状态转移到 S22，驱动 Y002 上升，当上升到达上限位时，X002 接通，状态转移到 S23。S23 驱动 Y003 右移。当移到右限位时，X003 接通，状态转移到 S24，驱动 Y000 下降。当到达下限位时，X001 接通，状态转移到 S25 电磁铁放松。为了使电磁力完全失掉，延时 1s。延时时间到，T1 接通，状态转移到 S26，驱动 Y002 上升。当上升到达上限位时，X002 接通，状态转移到 S27，驱动 Y004 左移。当左移到左限位时，X004 接通，返回 S20 状态，自动开始第二次循环动作。

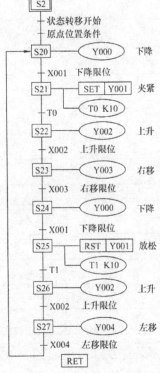

图 5-55　自动循环程序

在编写状态转移图时注意各状态元件只能使用一次,但它驱动的线圈,却可以使用多次,但两者不能出现在连续位置上。因此步进顺控的编程,比用基本指令编程较为容易,可读性较强。

(4)机械手搬运系统梯形图如图 5-56 所示。图中从第 0 行到第 28 行为回原点程序。从第 29 行到第 58 行为手动控制程序。从第 59 行到第 128 行为自动运行程序。回原点程序和自动循环程序,都是用步进顺控方式编程。在各步进顺控末行,都以 RET 结束本步进顺控程序块。

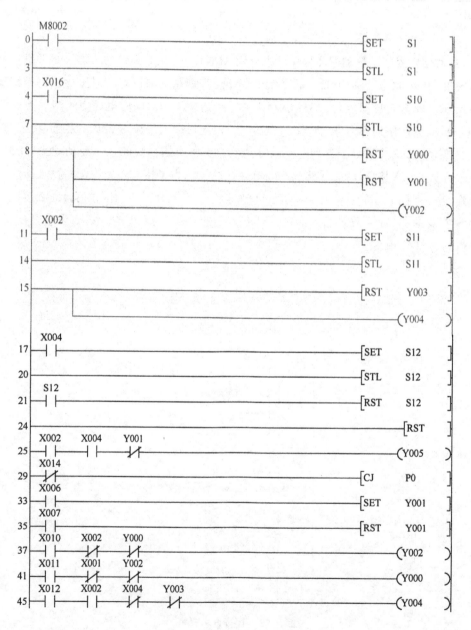

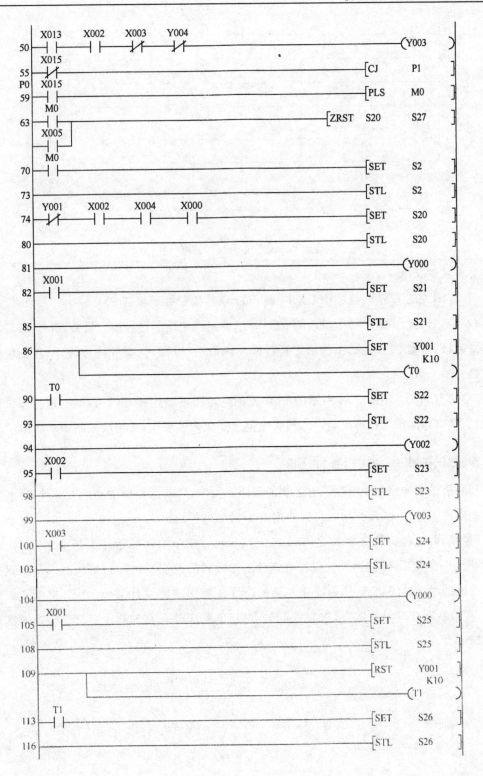

图 5-56

图 5-56　机械手搬运系统梯形图

3.系统调试

(1)将图 5-56 所示的程序用 GX Developer 软件编程并下载到 PLC 中。

(2)静态调试。按图 5-51 所示的 PLC 外围电路图正确连接好输入设备,进行 PLC 程序的静态调试,观察 PLC 的输出指示灯是否按要求指示,否则,检查并修改程序,直至输出指示正确。

(3)动态调试。按图 5-51 所示的 PLC 外围电路图正确连接好输出设备,进行系统的动态调试,观察电磁阀动作情况,否则,检查电路接线或修改程序,直至按控制要求动作。

四、知识拓展——IST 指令的应用

如果机械手的控制要求除了有上述的回原点操作、自动操作和手动操方式外,还有单步和单周期的工作方式,那么这时可以使用 IST 指令进行编程。

FX 系列 PLC 的状态初始化(IST, Initial State)指令的功能指令编号为 FNC60,它与 STL 指令一起使用,专门用来设置具有多种工作方式的控制系统的初始状态以及设置有关的特殊辅助继电器的状态,从而简化复杂的顺序控制程序的设计工作。IST 指令只能使用一次,应放在程序开始的地方,被它控制的 STL 电路应放在它的后面。IST 指令的格式如图 5-57 所示。

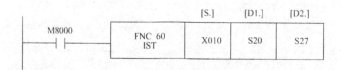

图 5-57　初始化指令的格式

在图 5-57 中的源操作数[S.]指定与控制多种工作方式有关的信号起始地址,指令 IST 控制多种工作方式共需要 8 个连续的触头信号,触头可以是输入继电器 X、输出继电器 Y 或

辅助继电器 M,图 5-57 中实际上指定了 X010 开始的 8 个输入继电器,它们具有以下意义。

X010:手动操作方式,即用各自的按钮使各个负载单独接通或断开的方式。

X011:回原点操作方式,该方式下按下回原点按钮时,机械自动向原点回归。

X012:单步操作方式,即按一次启动按钮,机械前进一个工步的方式。

X013:单周期操作方式,即在原点位置按启动按钮,自动运行一个周期后再在原点停止。在中途按停止按钮时就停止运行,再按启动按钮则从断点处开始运行,完成之后回到原点自动停止。

X014:连续运行操作方式,即在原点位置按启动按钮,开始连续的循环运行。若在中途按停止按钮,则完成一个循环之后回到原点才停止。

X015:回原点操作启动式。

X016:自动操作启动式。

X017:自动操作停止。

X010~X014 中同时只能有一个处于接通状态,因此必须使用选择开关,从而确保这 5 个输入中不可能有两个同时为 ON。

目标操作数[D1.]指定自动操作模式中使用状态元件的起始地址;目标操作数[D2.]指定自动操作模式中使用状态元件的结束地址。因此,图 5-57 中自动操作模式所使用的状态元件为 S20~S27。

IST 指令的执行条件满足时,以下状态继电器和辅助继电器被自动指定为以下功能,不可以作为其他用途。

S0:用于手动操作的初始状态,当把工作方式选择开关置于 XOIO 时,SO 为 ON,进入手动程序。

S1:用于回原点操作的初始状态,当把工作方式选择开关置于 X011 时,S1 为 ON,进入自动回原点程序。

S2:用于自动操作的初始状态,当把工作方式选择开关置于 X012、X013 或 X014 时,S2 为 ON,进入自动程序。

M8040:禁止状态转移控制信号,其线圈 ON 时,禁止所有的状态转移。手动方式时,它一直为 ON,即禁止在手动操作时步的活动状态的转移。在回原点和单周期工作方式时,按下启动按钮后,M8040 变为 OFF,系统在完成一个工作循环后,自动将 M8040 变为 ON;若在运行过程中按下停止按钮,M8040 变为 ON 并自保持,转移被禁止,系统将在完成当前步的工作后,停在当前步,当再按下启动按钮后,M8040 又变为 OFF,转移被允许,此时系统能继续完成剩下的工作后停止。在单步操作方式时,M8040 一直为 ON,只有按了启动按钮后 M8040 才瞬间变为 OFF,此时才允许顺序转移一步。在连续操作方式时,按下启动按钮后,M8040 变为 OFF,允许转移。

M8041:状态转移启动标志。它是自动程序中的初始步 S2 到下一步的转移条件之一。它在手动和自动回原点方式时不起作用;在单步和单周期操作方式中只是在按启动按钮时起作用(无保持功能);在连续工作方式时按启动按钮时 M8041 变为 ON 并自保持,按停止按钮后变为 OFF,从而保证系统的连续运行。

M8042:启动脉冲标志。若在非手动工作方式时按启动按钮和回原点启动按钮,它闭合一个扫描周期。

以下辅助继电器为 PLC 内部控制信号,需要通过程序的设计予以应答或控制。

M8043:回原点完成标志。在回原点操作方式中,系统自动返回原点时,通过用户程序用 SET 指令将它置位。

M8044:回原点条件标志。在系统满足原点条件时为 ON。

M8045:禁止对全部输出的复位。

M8047:启动对执行状态元件的监控。

下面将用 IST 指令实现机械手控制程序分段说明。

1. 机械手 I/O 分配

根据控制要求输入信号有 15 个,均为开关量,其中选择开关一个,用来确保手动操作、自动操作、回原点操作只能有一个处于接通状态;输出信号有 6 个,I/O 分配如表 5-23 所示。

表 5-23　机械手搬运系统 I/O 分配表

名称	代号	输入	名称	代号	输入	名称	代号	输出
下限位开关	SQ1	X001	自动操作启动	SB2	X016	夹紧电磁阀	YV1	Y000
上限位开关	SQ2	X002	停止	SB3	X017	上升电磁阀	YV2	Y001
右限位开关	SQ3	X003	夹紧	SB4	X020	右行电磁阀	YV3	Y002
左限位开关	SQ4	X004	放松	SB5	X021	左行电磁阀	YV4	Y003
手动操作	SA	X010	手动上升	SB6	X022	原点指示	YV5	Y004
回原点操作	SA	X011	手动下降	SB7	X023	EL	EL	Y005
单步运行	SA	X012	手动左移	SB8	X024			
单周期运行	SA	X013	手动右移	SB9	X025			
连续运行	SA	X014						
回原点启动	SB1	X015						

机械手搬运系统的系统接线图如图 5-58 所示。

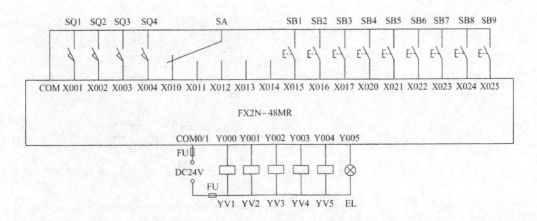

图 5-58　机械手搬运系统的系统接线图

2. 初始化指令

程序的初始化指令主要用于指定原点到达信号与 IST 指令的参数,如图 5-59 所示。程序第一行用于指定原点到达信号,原点位置在上限位、左限位以及机械手放松的状态。程序第二行为 IST 指令的参数设置,当 PLC 处于运行状态时,指令一直执行,控制信号的输入地址为 X010～X017,自动操作时使用的状态元件为 S20～S27。

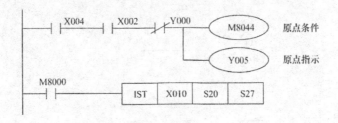

图 5-59　初始化指令

3. 手动操作程序

手动操作时,用 X020～X025 对应的 6 个按钮控制机械手的夹紧、放松、上升、下降、右移和左移。这些操作都是点动控制,为了保证系统的安全运行,在手动程序中设置了一些必要的联锁,例如上升与下降之间、右移与左移之间的互锁,以防止功能相反的两个输出继电器同时为 ON;同时上、下、左、右的限位开关的常闭触头分别与控制机械手上、下、左、右移动的线圈串联,以防止机械手移动超过极限位置出现的事故。手动控制程序用初始状态继电器 S0 控制,如图 5-60 所示。

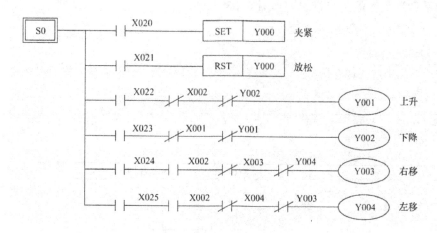

图 5-60 手动控制程序

4.回原点操作程序

回原点操作程序如图 5-61 所示。回原点操作程序用初始状态继电器 S1 控制,并且应使用 S10~S19 作为回原点程序用的状态继电器。回原点结束后,用 SET 指令将 M8043 置为 ON,用 RST 指令将回原点程序中的最后一步 S12 复位。

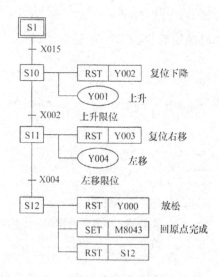

图 5-61 回原点操作程序

5.自动操作程序

自动操作程序如图 5-62 所示。自动操作程序用初始状态继电器 S2 控制,并且指令通过参数规定了状态继电器为 S20~S27,不可以使用其他状态继电器。特殊辅助继电器 M8041(转移启动)和 M8044(原点条件)是从自动程序的初始步 S2 转移到下一步 S20 的转移条件。

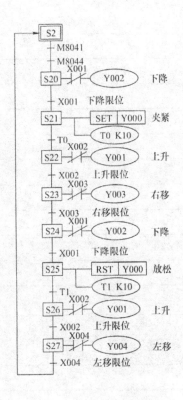

图 5-62　自动操作程序

6.完整的控制程序

机械手完整的控制程序由以上 4 部分程序依次叠加即可,其步进梯形图如图 5-63 所示。使用 IST 指令后,系统的手动、单周期、单步、连续和回原点这 5 种工作方式的切换是由系统程序自动完成,为类似程序的设计提供了极大的方便,因此,常被称为"方便指令"。

7.指令使用注意事项

(1)当 IST 指令参数中定义的控制信号为直接输入信号时,信号的输入必须严格按照指令要求的地址,进行连续、一一对应的布置。如果采用这样的布置在实际设计中存在困难,原则上应将 IST 指令中的控制信号地址定义成辅助继电器 M,这样便于通过简单的指令,利用内部辅助继电器 M,将外部不连续的控制信号输入地址 X 转化为连续的内部继电器号。

(2)如果实际控制中不需要指令定义的某些操作,如手动、单步等操作,则应将以上动作的控制输入信号(或内部继电器信号)设定为 0(或将输入置 0)。

```
       X002   X004   Y000
  0 ─┤ ├──┤ ├──┤/├──┬────────────────────────────( M8044 )
                    │
                    └────────────────────────────( Y005 )

       M8000
  6 ─┤ ├─────────────────────────[ IST   X010    S20    S27 ]

 14 ────────────────────────────────────────────[ STL    S0 ]
       X020
 15 ─┤ ├─────────────────────────────────────────[ SET    Y000 ]
       X021
 17 ─┤ ├─────────────────────────────────────────[ RST    Y000 ]
       X022   X002   Y002
 19 ─┤ ├──┤/├──┤/├────────────────────────────────( Y001 )
       X023   X001   Y001
 23 ─┤ ├──┤/├──┤/├────────────────────────────────( Y002 )
       X024   X002   X003   Y004
 27 ─┤ ├──┤ ├──┤/├──┤/├────────────────────────────( Y003 )
       X025   X002   X004   Y003
 32 ─┤ ├──┤ ├──┤/├──┤/├────────────────────────────( Y004 )

 37 ────────────────────────────────────────────[ STL    S1 ]
       X015
 38 ─┤ ├─────────────────────────────────────────[ SET    S10 ]

 41 ────────────────────────────────────────────[ STL    S10 ]

 42 ─────────────────┬────────────────────────────[ RST    Y002 ]
                     │
                     └────────────────────────────( Y001 )
       X002
 44 ─┤ ├─────────────────────────────────────────[ SET    S11 ]

 47 ────────────────────────────────────────────[ STL    S11 ]

 48 ─────────────────┬────────────────────────────[ RST    Y003 ]
                     │
                     └────────────────────────────( Y004 )
       X004
 50 ─┤ ├─────────────────────────────────────────[ SET    S12 ]

 53 ────────────────────────────────────────────[ STL    S12 ]

 54 ─────────────────┬────────────────────────────[ SET    M8043 ]
                     │
                     └────────────────────────────[ RST    Y000 ]
       S12
 57 ─┤ ├─────────────────────────────────────────[ RST    S12 ]

 60 ────────────────────────────────────────────[ STL    S2 ]
       M8041  M8044
 61 ─┤ ├──┤ ├─────────────────────────────────────[ SET    S20 ]

 65 ────────────────────────────────────────────[ STL    S20 ]
       X001
 66 ─┤/├──────────────────────────────────────────( Y002 )
       X001
 68 ─┤ ├─────────────────────────────────────────[ SET    S21 ]

 71 ────────────────────────────────────────────[ STL    S21 ]
```

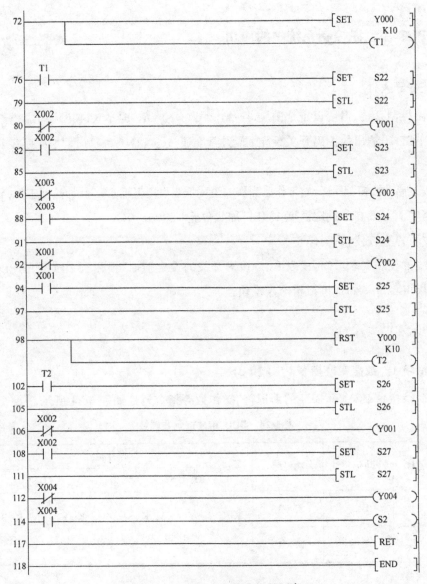

图 5-63　机械手完整的控制程序

五、思考与练习

1. 跳转发生后，CPU是否还对被跳转指令跨越的程序段逐行扫描、逐行执行？被跨越的程序中的输出继电器、定时器及计数器的工作状态如何？

2. 某台设备具有自动/手动两种操作方式。SB0是操作方式选择开关，当SB0处于断开状态时，选择手动操作方式；当SB0处于接通方式时，选择自动操作方式。手动操作方式时，按下启动按钮SB1，电动机运行，按下停止按钮SB2，电动机停止。自动操作方式时，按下启动按钮SB1，电动机连续运行1min后，自动停机；按下停止按钮SB2，电动机立即停机。

项目六
PLC 在恒温控制系统中的应用

一、任务导入

某恒温控制系统,温度设定范围 150～1159℃(D10＝K150～K1159),构成控制系统时,温度可由 BCD 码输出的拨码开关设定;实测温度通过 FX2N－2AD 模块的通道 1 采集,采样周期为 2s。

(1)按下启动按钮,系统开始工作。当实测温度低于设定温度 1℃时,加热器工作(Y000＝1)。

(2)当实测温度高于设定温度 1℃时,加热停止(Y000＝0)。

(3)按下停止按钮,系统停止。

由系统的控制要求可知,读取 BCD 拨码开关的设定值时,要用到 PLC 的 BCD 指令,实测温度要用 FX2N—2AD 模拟量输入模块。

二、相关知识

学习情境 1　数据变换指令 BCD 和 BIN

数据变换指令 BCD 和 BIN 的助记符、操作数等指令属性如表 5-24 所示。

表 5-24　BCD、BIN 指令的属性

指令名称	助记符	功能号	操作数	
			[S1.][S2.]	[D.]
BCD 变换	BCD	FNC18	KnX、KnY、KnM、KnS、 T、C、D、V、Z	KnY、KnM、KnS、 T、C、D、V、Z
BIN 变换	BIN	FNC19		

1.BCD 变换指令

在 PLC 中,参加运算和存储的数据无论是以十进制形式输入还是以十六进制形式输入,都是以二进制的形式存储的。如果直接使用 SEGD 指令对数据进行编码,则会出现错误。例如,十进制数 21 的二进制形式为 0001 0101,对高 4 位应用 SEGD 指令编码,则得到 1 的七段显示码;对低 4 位应用 SEGD 指令编码,则得到 5 的七段显示码,显示的数码 15 是十六进制数,而不是十进制数 21。显然,要想显示 21,就要先将二进制数 0001 0101 转换成反映十进制进位关系的 0010 0001,然后对高 4 位和低 4 位分别用 SECD 指令编出七段显示码。

这种用二进制形式反映十进制进位关系的代码称为 BCD 码,其中最常用的是 8421

BCD码,它是用4位二进制数来表示1位十进制数。8421 BCD码从低位起每4位为一组,高位不足4位补0,每组表示1位十进制数。

BCD指令是将源操作数中的二进制数转换成8421BCD码送到目标操作数中。BCD转换指令的使用说明如图5-64所示。当X000为ON时,源操作数D10中的二进制数转换成BCD码送到目标操作数Y000-Y007中,可用于驱动七段显示器。

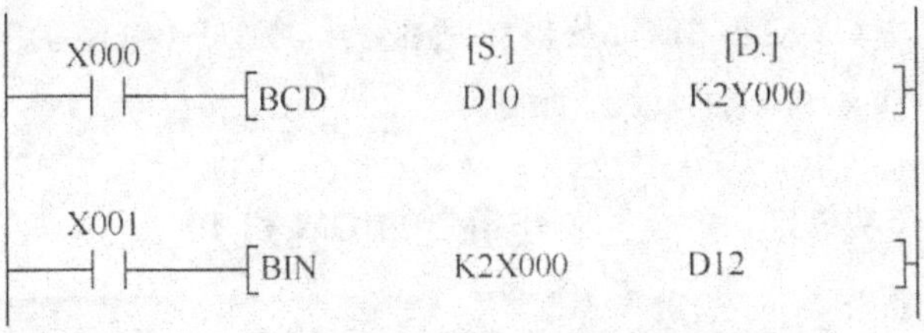

图5-64　BCD转换指令的使用说明

如果是16位操作,转换的BCD码若超出0～9999范围,将会出错;如果是32位操作,转换结果超出0～99999999的范围,将会出错。

BCD指令可用于PLC内的二进制数据变为七段显示等需要用BCD码向外部输出的场合。

2. BIN变换指令

BIN变换指令是将源元件中BCD码转换成二进制数送到目标元件中。源操作数范围:16位操作为0～9999;32位操作为0～99999999。

BIN转换指令的使用说明如图5-64所示。当X001为ON时,源操作数X000～X007中BCD码转换成二进制数送到目标元件D12中去。

学习情境2　特殊功能模块

PLC的应用领域越来越广泛,控制对象也越来越多样化。在使用PLC组成的控制系统中,通常会处理一些特殊信号,如流量、压力、温度等,这就要用到特殊功能模块。FX系列PLC的特殊功能模块有模拟量输入/输出模块、数据通信模块、高速计数模块、位置控制模块及人机界面等。

模拟量输入模块(A—D模块)是将现场仪表输出的标准信号DC 0～10mA、4～20mA、1～5V等模拟信号转换成适合PLC内部处理的数字信号。输入的模拟信号经运算放大器放大后进行A—D转换,再经光耦合器为PLC提供一定位数的数字信号。模拟量输出模块(D—A模块)是将PLC处理后的数字信号转化为现场仪表可以接受的标准信号DC 4～20mA、1～5V等模拟信号输出,以满足生产过程现场连续控制信号的需求。FX系列常用的PLC模拟量输入/输出模块如下:

(1)模拟量扩展板(FXIN-2AD-BD、FXIN-IDA-BD)。

(2)普通模拟量输入模块(FX2N-2AD、FX2N-4AD、FX2NC-4AD、FX2N-8AD、FX3U-4AD、FX3UC-4AD)。

(3)模拟量输出模块(FX2N-2DA、FX2N-4DA、FX2NC-4DA、FX3U-4DA)。

(4)模拟量输入/输出混合模块(FX2N-5A、FXON-3A)。

(5)温度传感器用输入模块(FX2N-4AD-PT、FX2N-4AD-TC、FX2N-8AD)。

(6)温度调节模块(FX2N-2LC)及模拟适配器(FX3U-4AD-ADP、FX3U-4DA-ADP、FX3U-4AD-PT-ADP、FX3U-4AD-TC-ADP)等。

学习情境3 特殊功能模块的读写操作指令 FROM 和 T0

1.缓冲寄存器读出指令 FROM

缓冲寄存器(BFM)读出指令 FROM 的助记符、操作数等指令属性如表 5-25 所示。

表 5-25 FROM 指令的属性

指令名称	助记符	功能号	操作数			
			m1	m2	[D.]	n
读特殊功能模块	FROM	FNC78	K、H (m1=0~7)	K、H (m2=0~31)	KnY、KnM、KnS、T、C、D、V、Z	K、H (m2=1~32)

FROM 指令是将特殊功能模块中缓冲寄存器(BFM)的内容读到可编程序控制器的指令,其使用说明如图 5-65 所示。

图 5-65 FROM 指令的使用说明

当 X002 为 OFF 时,FROM 指令不执行;当 X002 为 ON 时,将 1 号特殊功能模块内的29 号缓冲存储器(BFM# 29)的内容读出传送到 PLC 的 K4M0 中。

图 5-65 所示程序中各软元件、操作数代表的意义如下。

(1)X002:FROM 指令执行的启动条件。启动指令可以是 X、Y、M 等。

(2)m1:特殊功能模块编号(范围0~7)。特殊功能模块通过扁平电缆连接在 PLC 右边的扩展总线上,最多可以连接 8 块特殊功能模块,它们的编号从最靠近基本单元的那一个开始顺次编为0~7号。不同系列的 PLC 可以连接的特殊功能模块的数量是不一样的。如图

5-66 所示,该配置使用 FX2N-48MR 基本单元,连接 FX2N-2AD、FX2N-2DA 两块模拟量模块,它们的编号分别为 0 号、1 号。

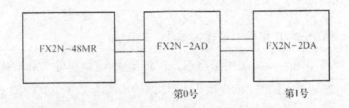

图 5-66　PLC 基本单元与特殊功能模块的连接图

(3)m2:特殊功能模块缓冲存储器(BFM)首元件编号(范围 0~31)。特殊功能模块内有 32 个 16 位 RAM 存储器,这叫作缓冲存储器(BFM),其内容根据各模块的控制目的而决定。

(4)[D.]:指定存放数据的首元件号。

(5)n:传送数据个数,指定传送的字点数。

2.BFM 写入指令

BFM 写入(T0)指令的助记符、操作数等指令属性如表 5-26 所示。

表 5-26　T0 指令的属性

指令名称	助记符	功能号	操作数			
			m1	m2	[D.]	n
写特殊功能模块	T0	FNC79	K、H (m1=0~7)	K、H (m2=0~31)	KnY、KnM、KnS、T、C、D、V、Z	K、H (m2=1~32)

T0 指令是将可编程序控制器的数据写入特殊模块的缓冲寄存器(BFM)的指令,其使用说明如图 5-67 所示。

图 5-67　T0 指令的使用说明

当 X000 为 OFF 时,T0 指令不执行;当 X000 为 ON 时,将 PLC 数据寄存器 D0、D1 的内容写到 1 号特殊功能模块内 12、13 号缓冲存储器中。

图 5-67 所示程序中各软元件、操作数代表的意义如下。

(1)X000:T0 指令执行的启动条件。启动指令可以是 X、Y、内部继电器 M 等。

(2)m1:特殊功能模块号(范围 0~7)。

(3)m2:特殊功能模块缓冲寄存器首地址(范围 0～31)。

(4)[D.]:指定被读出数据的元件首地址。

(5)n:传送点数(范围 0～32),指定传送的字点数。

学习情境 4   FX2N-2AD 型模拟量输入模块

FX2N-2AD 型模拟量输入模块用于将两路模拟量输入(电压输入和电流输入)信号转换成 12 位的数字量,并通过 FROM 指令读入 PLC 的数据寄存器中。FX2N-2AD 可以连接到 FXON、FX2N 和 FX2NC 系列的 PLC 中。两个模拟输入通道可接受输入为 DC0-10V、DC0-5V 或 DC4-20mA 信号。

1.技术指标

FX2N-2AD 的技术指标如表 5-27 所示。

表 5-27   FX2N-2AD 的技术指标

项目	输出电压	输出电流
模拟量输入范围	DC 0～10V,DC 0～5V	4～20mA
数字输出	12 位	
分辨率	2.5mV(10V/4000) 1.25mV(5V/4000)	4μA(16mA/4000)
集成准确度	满量程 1%	
处理时间	2.5ms/通道	
电源规格	主单元提供 5V/30mA 和 24V/85mA	
占用 I/O 点数	占用 8 个 I/O 点,可分配为输入或输出	
适用的 PLC	FX1N,FX2N,FX2NC	

2.接线方式

FX2N-2AD 的接线方式如图 5-68 所示,模拟输入信号通过双绞屏蔽电缆来接收。在使用时,FX2N-2AD 不能将一个通道作为模拟电压输入,而将另一个作为电流输入,这是因为两个通道使用相同的偏移值和增益值。对于电流输入,请将 VIN 和 IIN 进行短路,如图 5-68 所示。

3.缓冲存储器分配

特殊功能模块内部均有数据缓冲存储器(BFM),它是 FX2N-2AD 与 PLC 基本单元进行数据通信的区域,由 32 个 16 位的寄存器组成,编号为 BFM♯0～BFM♯31,见表 5-28,具体如下。

(1)BFM♯0:存储由 BFM♯17(低 8 位数据)指定的通道的输入数据当前值,当前值数据以二进制形式存储。

(2)BFM#1：存储输入数据当前值（高端4位数据），当前值数据以二进制形式存储。

(3)BFM#17：b0——指定进行模拟到数字转换的通道（CH1、CH2）。b0＝0——CH1，b0＝1——CH2。b1——通过将0变成1，A－D转换过程开始。

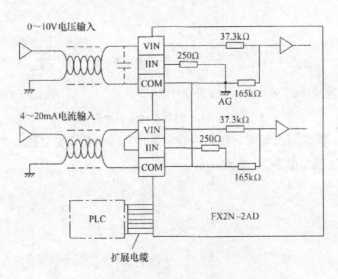

图5-68　FX2N-2AD布线图

表5-28　FX2N-2AD的缓冲存储器（BFM）分配

BFM 编号	b15～b8	b7～b4	b3	b2	b1	b0
♯0	保留	输入数据的当前值（低8位数据）				
♯1	保留		输入数据的当前值（高4位数据）			
♯2～♯16	保留					
♯17	保留				模拟到数字转换开始	模拟到数字转换通道
♯18 或更大	保留					

4.增益和偏置的调整

模块出厂时，对于电压输入为DC 0～10V，增益值和偏置值调整到数字值为0～4000。当FX2N-2AD用作电流输入或DC 0～5V，或根据工程设定的输入特性进行输入时，就有必要进行增益值和偏置值的再调整。增益值和偏置值的调整是对实际的模拟输入值设定一个数字值，这是由FX2N-2AD的容量调节器来调整的。

(1)增益调整。增益值可以设为任意数值，但是，为了将12位分辨率展示到最大，可使用的数字范围为0～4000，图5-69所示为FX2N-2AD的增益调整特性。

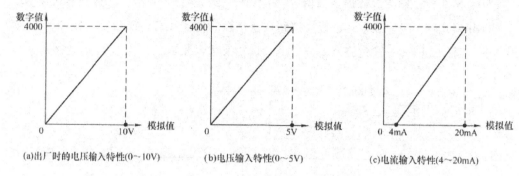

(a)出厂时的电压输入特性(0~10V)　　(b)电压输入特性(0~5V)　　(c)电流输入特性(4~20mA)

图 5-69　FX2N-2AD 的增益调整特性

(2)偏置调整。偏置值可设置为任意的数字值,但是,当模拟值以图 5-70 所示的方式输入时,建议设定数字值如图 5-70 所示。

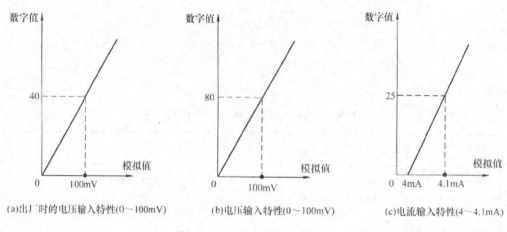

(a)出厂时的电压输入特性(0~100mV)　　(b)电压输入特性(0~100mV)　　(c)电流输入特性(4~4.1mA)

图 5-70　数字值设定方式举例

例如,当模拟范围为 0～10V,而使用的数字范围为 0～4000 时,数字值为 40 等于 100mV 的模拟输入(40×10V/4000 数字点)。

(3)注意事项。

①对于 CH1 和 CH2 的增益调整和偏置调整是同时完成的。当调整了一个通道的增益值/偏置值时,另一个通道的值也会自动调整。

②反复交替调整增益值和偏置值,直到获得稳定的数值。

③对模拟输入电路来说,每个通道都是相同的。通道之间几乎没有差别。但是,为获得最大的准确度,应独自检查每个通道。

④当数字值不稳定时,需调整增益值/偏置值。

⑤当调整增益/偏置时,按增益调节和偏置调节的顺序进行。

5.编程实例

FX2N-2AD 模块的应用编程实例如图 5-71 所示。

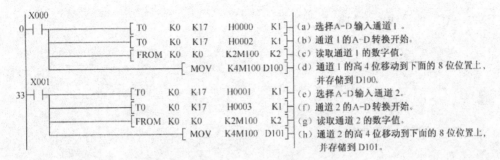

图 5-71　FX2N-2AD 模块的应用编程实例

(1)通道 1 的输入执行模拟到数字的转换：X000。

(2)通道 2 的输入执行模拟到数字的转换：X001。

(3)A—D 输入数据 CHI：D100(用辅助继电器 M100～M115 替换，只分配一次这些编号)。

(4)A—D 输入数据 CH2：D101(用辅助继电器 M100～M115 替换，只分配一次这些编号)。

(5)FX2N-2AD 处理时间：从 X000～X001 打开至模拟到数字转换值存储到主单元的数据存储器之间的时间(2.5ms/通道)。

学习情境 5　FX2N-2DA 型模拟量输出模块

FX2N-2DA 型模拟量输出模块用于将 12 位的数字量转换成两路模拟量信号输出(电压输出和电流输出)。根据接线方式的不同，模拟量输出可在电压输出和电流输出中进行选择，也可以是一个通道为电压输出，另一个通道为电流输出。电压输出时，两个模拟输出通道输出信号为 DC 0～10V，DC 0～5V；电流输出时为 DC 4～20mA。PLC 可使用 FROM/T0 指令与它进行数据传输。

1.技术指标

FX2N-2DA 的技术指标如表 5-29 所示。

表 5-29　FX2N-2DA 的技术指标

项目	输出电压	输出电流
模拟量输入范围	DC 0～10V，DC 0～5V	DC 4～20mA
数字输出	12 位	
分辨率	2.5mV(10V/4000) 1.25mV(5V/4000)	4μA(16mA/4000)
集成准确度	满量程 1%	
处理时间	4ms/通道	
电源规格	主单元提供 5V/30mA 和 24V/85mA	
占用 I/O 点数	占用 8 个 I/O 点，可分配为输入或输出	
适用的 PLC	FX1N，FX2N，FX2NC	

2.接线方式

FX2N-2DA 的接线方式如图 5-72 所示。

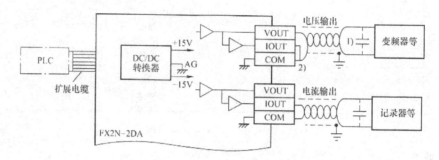

图 5-72　FX2N-2DA 的接线方式

（1）当电压输出存在波动或有大量噪声时，在图中位置处连接 0.1～0.47mF DC 25V 的电容。

（2）对于电压输出，需将 IOUT 和 COM 进行短路。

3.缓冲存储器分配

FX2N-2DA 缓冲存储器(BFM)分配如表 5-30 所示。

（1）BFM＃16：存放由 BFM＃17(数字值)指定的通道的 D—A 转换数据，D—A 数据以二进制形式，并以低 8 位和高 4 位两部分顺序进行存放和转换。

（2）BFM＃17：b0——通过将 1 变成 0,通道 2 的 D—A 转换开始；b1——通过将 1 变成 0,通道 1 的 D—A 转换开始；b2——通过将 1 变成 0,D—A 转换的低 8 位数据保持。

表 5-30　FX2N-2DA 缓冲存储器(BFM)分配

BFM 编号	b15～b8	b7～b3	b2	b1	b0
＃0～＃15	保留				
＃16	保留	输出数据的当前值(8 位数据)			
＃17		保留	D—A 低 8 位数据保持	通道 1 的 D—A 转换开始	通道 2 的 D—A 转换开始
＃18 或更大	保留				

4.增益和偏置的调整

模块出厂时，增益值和偏置值是经过调整的，数字值为 0～4000,电压输出为 0～10V。当 FX2N-2DA 用作电流输出，或使用的输出特性不是出厂时的输出特性时，就有必要进行增益值和偏置值的再调整。增益值和偏置值的调整是对数字值设置实际的输出模拟值，这是由 FX2N-2DA 的容量调节器来完成。

（1）增益调整。增益值可以设为任意数值，但是，为了将 12 位分辨率展示到最大，可使用的数字范围为 0～4000。图 5-73 所示为 FX2N-2DA 的增益调整特性。

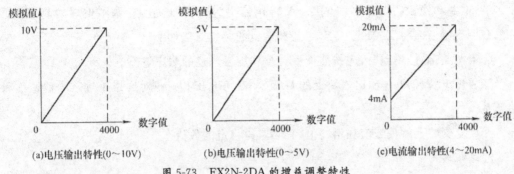

图 5-73 FX2N-2DA 的增益调整特性

电压输出时,对于 10V 的模拟输出值,数字量调整到 4000。

电流输出时,对于 20mA 的模拟输出值,数字量调整到 4000。

(2)偏置调整。电压输入时,偏置值为 0V;电流输入时,偏置值固定为 4mA。但是,如果需要,增益值/偏置值可随时调整。当进行调整时,按图 5-74 所示的方式进行。

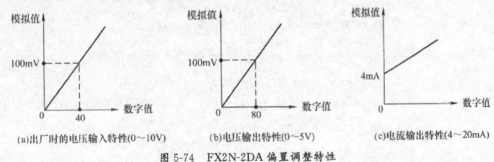

图 5-74 FX2N-2DA 偏置调整特性

例如,当使用的数字范围为 0~4000,模拟范围为 0~10V,数字值为 40 等于 100mV 的模拟输出(40×10V/4000 数字点)。

FX2N-2DA 的偏置和增益的调整程序如图 5-75 所示。

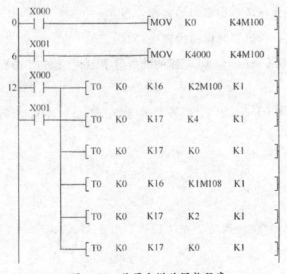

图 5-75 偏置和增益调整程序

(3)增益和偏置的调整方法。D—A 转换输出为 CH1 通道,在调整偏置时将 X000 置 ON,在调整增益时将 X001 置 ON,增益和偏置的调整方法如下。

①当调整偏置/增益时,应按照偏置调整和增益调整的顺序进行。

②通过 FX2N-2DA 输出模块上的 GAIN 和 OFFSET 旋钮对通道 1 进行增益调整和偏移调整。

③反复交替调整偏置值和增益值,直到获得稳定的数值。

5.编程实例

FX2N-2DA 模块的应用编程实例如图 5-76 所示。

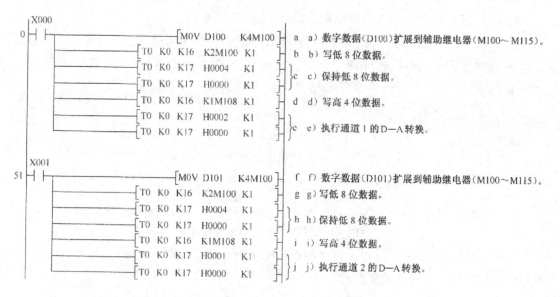

图 5-76 FX2N-2DA 模块的应用编程实例

(1)通道 1 的输入执行数字到模拟的转换:X000。

(2)通道 2 的输入执行数字到模拟的转换:X001。

(3)D—A 输出数据 CHI:D100(以辅助继电器 M100~M115 进行替换,对这些编号只进行一次分配)。

(4)D—A 输出数据 CH2:D101(以辅助继电器 M100~M115 进行替换,对这些编号只进行一次分配)。

三、项目实施

1.I/O 分配

输入信号有 18 个:X000~X017——4 位拨码开关输入;X020——停止按钮;X021——启动按钮。

输出信号有 1 个:Y000——加热器控制 KM。

恒温控制系统的接线图如图 5-77 所示。

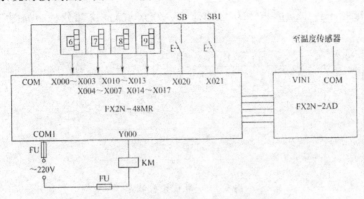

图 5-77　恒温控制系统的接线图

2.程序设计

按照控制要求,归纳以下几个控制要点。

(1)系统温度的读取。实测温度通过 FX2N-2AD 模块的通道 1 采集,采样周期为 2s。这部分程序如图 5-78 所示。

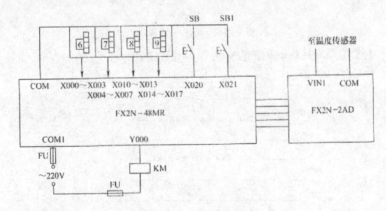

图 5-78　温度读取程序

(2)设定值的读取。温度设定范围 150~1159℃（D10＝K150~K1159）,构成控制系统时,可由 BCD 码输出的拨码开关设定。这部分程序如图 5-79 所示。

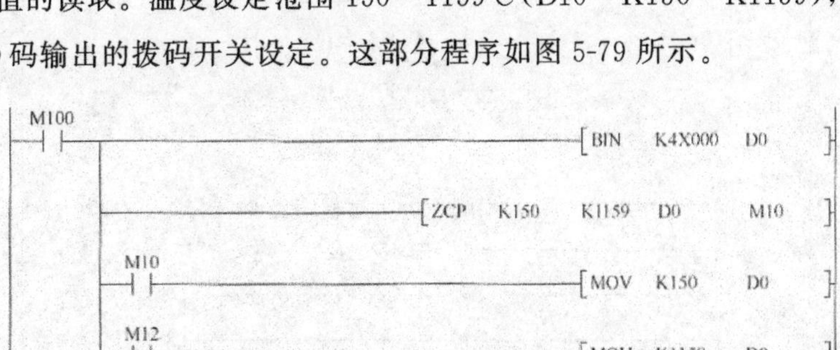

```
M100
─┤├──────────────────────────────[ BIN   K4X000   D0 ]
                                ─[ ZCP   K150   K1159   D0   M10 ]
M10
─┤├──────────────────────────────[ MOV   K150   D0 ]
M12
─┤├──────────────────────────────[ MOV   K1159   D0 ]
```

图 5-79　设定值读取程序

（3）进行数值比较，控制 Y000 输出。当实测温度低于设定温度1℃时，加热器工作(Y000＝1)；当实测温度高于设定温度1℃时，加热停止(Y000＝0)。这部分程序如图5-80所示。

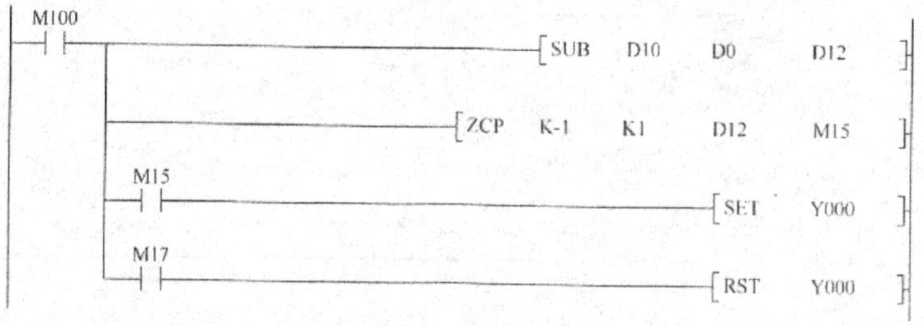

图 5-80　数值比较程序

（4）实现启停控制。按下启动按钮，系统开始工作。按下停止按钮，系统停止。这部分程序如图5-81所示。

图 5-81　启停控制程序

综合以上四部分，可得恒温控制系统的程序如图5-82所示。

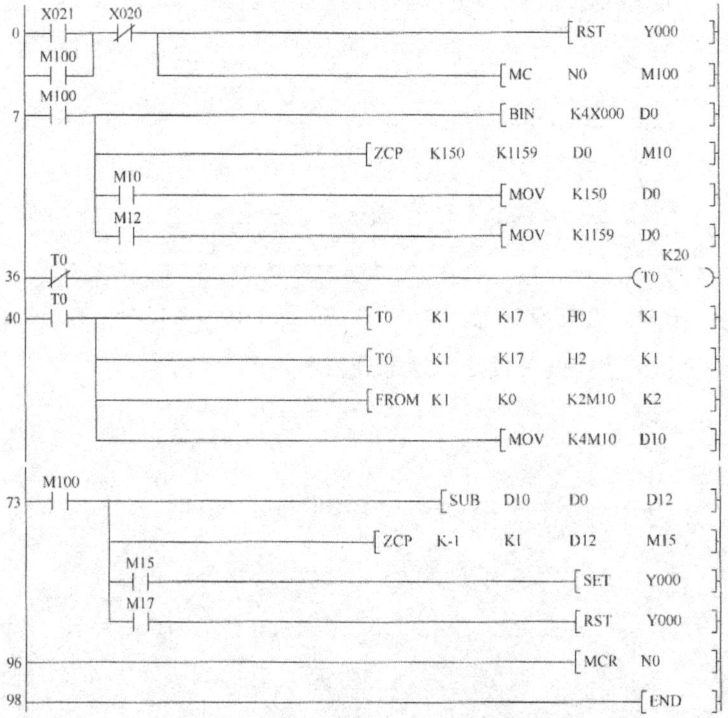

图 5-82　恒温控制系统的程序

3. 系统调试

(1)将图 5-82 所示的程序用 GX Developer 软件编程并下载到 PLC 中。

(2)静态调试。按图 5-77 所示的 PLC 外围电路图正确连接好输入设备,进行 PLC 程序的静态调试,观察 PLC 的输出指示灯是否按要求指示,否则,检查并修改程序,直至输出指示正确。

(3)动态调试。按图 5-77 所示的 PLC 外围电路图正确连接好输出设备,进行系统的动态调试,观察接触器动作情况是否正确,否则,检查电路接线或修改程序,直至按控制要求动作。

四、知识拓展——FXON-3A 型模拟输入/输出模块

FXON-3A 有 2 个模拟输入通道和 1 个模拟输出通道,输入通道将现场的模拟信号转化为数字量送给 PLC 处理,输出通道将 PLC 中的数字量转化为模拟信号输出给现场设备。FXON-3A 最大分辨率为 8 位,可以连接 FX2N、FX2NC、FXIN、FXON 系列的 PLC,FXON-3A 占用 PLC 的扩展总线上的 8 个 I/O 点,8 个 I/O 点可以分配给输入或输出。

1. 接线方式

FXON-3A 的接线方式如图 5-83 所示。

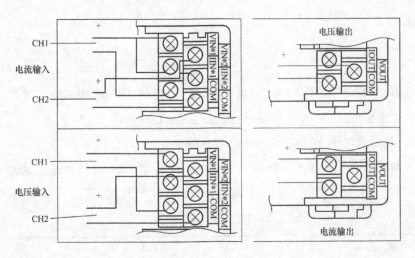

图 5-83 FXON-3A 接线图

(1)当电压输出/输入存在波动或有大量噪声时,在两输入/输出端子位置处并联连接 0.1~0.47mF DC 25V 的电容。

(2)当使用电流输入时,确保标记为[VIN * 1]和[IIN * 1]的端子已连接。当使用电流输出时,不要连接[VOUT]和[IOUT]端子。

2. FXON-3A 的 BFM 分配

FXON-3A 的 BFM 分配如表 5-31 所示。

表 5-31　FX2N-2DA 的缓冲存储器(BFM)分配

BFM 编号	b15～b8	b7～b3	b2	b1	b0
＃0	保留	存放 A—D 通道的当前值输入数据(8 位数据)			
＃16		存放 A—D 通道的当前值输出数据(8 位数据)			
＃17	保留		D—A 启动	A—D 启动	A—D 通道选择
＃0～15,＃18 或更大	保留				

BFM ＃17:b0 ＝0 选择通道 1,b0 ＝1 选择通道 2;b1 由 0 变为 1 启动 A—D 转换,b2 由 1 变为 0 启动 D—A 转换。

3. A—D 通道的校准

(1)A—D 校准程序如图 5-84 所示。

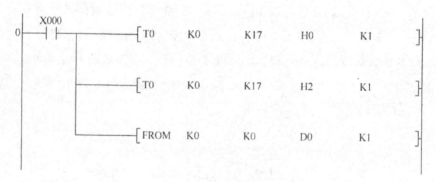

图 5-84　A—D 校准程序

(2)输入偏置校准。运行图 5-84 所示程序,使 X000 为 ON,在模拟输入通道 CH1 输入表 5-32 所示的模拟电压/电流信号,调整其 A—D 的 OFFSET 旋钮,使读入 D0 的值为 1。顺时针调整为数字量增加,逆时针调整为数字量减少。

(3)输入增益校准。运行图 5-84 所示程序,使 X000 为 ON,在模拟输入通道 CH1 输入表 5-33 所示的模拟电压/电流信号,调整其 A—D 的 GAIN 旋钮,使读入 D0 的值为 250。

表 5-32　输入偏移参照表

模拟输入范围	0～10V	0～5V	4～20mA
输入的偏移校准值	0.04V	0.02V	4.064mA

表 5-33　输入增益参照表

模拟输入范围	0～10V	0～5V	4～20mA
输入的增益校准值	10V	5V	20mA

4. D—A 通道的校准

(1) D—A 校准程序如图 5-85 所示。

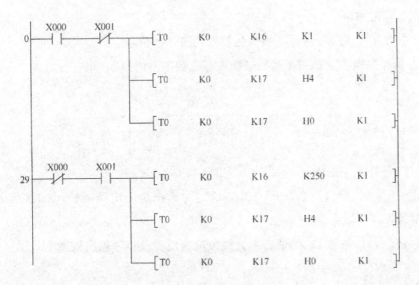

图 5-85　D—A 校准程序

（2）输出偏置校准。运行图 5-85 所示程序，使 X000 为 ON，X001 为 OFF，调整模块 D—A 的 OFFSET 旋钮，使输出值满足表 5-34 所示的电压/电流值。

表 5-34　输出偏置参照表

模拟输出范围	0～10V	0～5V	4～20mA
输出的偏置校准值	0.04V	0.02V	4.064mA

（3）输出增益校准。运行图 5-85 所示程序，使 X000 为 OFF，X001 为 ON，调整模块 D—A 的 CAIN 旋钮，使输出值满足表 5-35 所示的电压/电流值。

表 5-35　输出增益参照表

模拟输出范围	0～10V	0～5V	4～20mA
输出的增益校准值	10V	5V	20mA

5. FXON-3A 模块专用读写指令 RD3A 和 WR3A

对于 FXIN、FX2N 型 PLC，除了可以利用 FROM 和 T0 指令对 FXON-3A 模块进行读写外，还有两个专用指令 RD3A 和 WR3A 可以对 FXON-3A 模块进行读写操作，其中 RD3A 是 FXON-3A 模拟量模块的模拟量输入值的读取指令，其应用如图 5-86 所示。

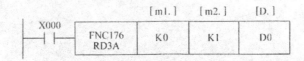

图 5-86　RD3A 指令的应用

其中，[m1]为特殊模块号，K0～K7；[m2]为模拟量输入通道号，K1 或 K2；[D.]保存读取自模拟量模块的数值。

当 X000 闭合时,则 D0 保存了模拟量输入通道 1 的值。

WR3A 指令是向 FXON-3A 模拟量模块写入数字值的指令,其应用如图 5-87 所示。

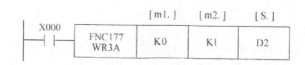

图 5-87 WR3A 指令的应用

其中,[m1.]为特殊模块号,K0~K7;[m2.]为模拟量输出通道号,仅 K1 有效;[S.]指定写入模拟量模块的数字值。

当 X000 闭合时,则将 D2 的值转换为模拟量输出到模拟量输出通道 1。

五、思考与练习

1. FX2N-2DA 模块作为电压输出和电流输出时,接线有什么不同? 应注意什么?

2. 有一 FX2N-2DA 模块,按如下控制要求进行输出:

(1)按下按钮 SB1~SB5 时,可分别输出 1V、2V、3V、4V、5V 的模拟电压。

(2)按下按钮 SB6 可实现输出补偿增加,按下按钮 SB7 可实现输出补偿减少,补偿范围为 −1~1V。

参考文献

[1]阮友德. 电气控制与 PLC[M]. 北京:人民邮电出版社,2009.

[2]阮友德. 电气控制与 PLC 实训教程[M]. 北京:人民邮电出版社,2008.

[3]郭艳萍. 电气控制与 PLC 应用[M]. 北京:人民邮电出版社,2010.

[4]程子华,刘小明. PLC 原理与编程实例分析[M]. 北京:国防工业出版社,2007.

[5]李俊秀. 可编程控制器应用技术[M]. 北京:化学工业出版社,2008.

[6]曹菁. 三菱 PLC 触摸屏和变频器应用技术[M]. 北京:机械工业出版社,2011.

[7]郭艳萍. 电气控制与 PLC 实训[M]. 北京:北京师范大学出版社,2008.

[8]苏家健,顾阳. 可编程序控制器应用实训(三菱机型)[M]. 北京:电子工业出版社,2009.

[9]王建,张宏. 三菱 PLC 入门与典型应用[M]. 北京:中国电力出版社,2009.

[10]赵俊生. 电气控制与 PLC 技术项目化理论与实训[M]. 北京:电子工业出版社,2009.